TRAITÉ

DE

STÉRÉOTOMIE

(CHARPENTE ET COUPE DES PIERRES)

TEXTE ET DESSINS

PAR

JULES PILLET

Professeur de Géométrie descriptive à l'École des Beaux-Arts,
Professeur de Perspective et de Stéréotomie à l'École des Ponts et Chaussées,
Maître de Dessin de Machines à l'École polytechnique,
Inspecteur de l'Enseignement du Dessin.

<table>
<tr><td>POUR LA FRANCE</td><td>POUR L'ÉTRANGER</td></tr>
<tr><td>LIBRAIRIE CH. DELAGRAVE</td><td>LIBRAIRIE H. LESOUDIER</td></tr>
<tr><td>15, Rue Soufflot, 15</td><td>3, Kœnigsstrasse, 3</td></tr>
<tr><td>PARIS</td><td>LEIPZIG</td></tr>
</table>

1887

TRAITÉ

DE

STÉRÉOTOMIE

(CHARPENTE ET COUPE DES PIERRES)

TEXTE ET DESSINS

PAR

JULES PILLET

Professeur de Géométrie descriptive à l'Ecole des Beaux-Arts.
Professeur de Perspective et de Stéréotomie à l'Ecole des Ponts et Chaussées,
Maître de Dessin de Machines à l'Ecole polytechnique,
Inspecteur de l'Enseignement du Dessin.

POUR LA FRANCE	POUR L'ÉTRANGER
LIBRAIRIE CH. DELAGRAVE	LIBRAIRIE H. LESOUDIER
15, Rue Soufflot, 15	3, Kœnigsstrasse, 3
PARIS	LEIPZIG

1887

A

MONSIEUR

ÉMILE TRÉLAT

PROFESSEUR

AU CONSERVATOIRE DES ARTS ET MÉTIERS

DIRECTEUR DE L'ÉCOLE SPÉCIALE D'ARCHITECTURE

———

Hommage de respectueuse amitié

Le dépôt légal de cet ouvrage a été fait au Ministère de l'Intérieur

dans le mois d'Octobre 1886.

Les figures de cet ouvrage ont été dessinées sur zinc par

M. L. PÉRONNE, à Paris.

Elles ont été gravées par M. COMTE, à Paris.

BAR-LE-DUC. — IMPRIMERIE ET LITHOGRAPHIE COMTE-JACQUET

RUE DE LA ROCHELLE, 58

PREFACE

—

I. — Monge a créé la géométrie descriptive en classant et en généralisant les méthodes de trait employées, avant lui, par les charpentiers et par les appareilleurs.

La stéréotomie a donc, en réalité, précédé la géométrie descriptive; ses méthodes étaient simples et claires; elles permettaient de résoudre dans les meilleures conditions les problèmes auxquels on les appliquait, et Monge ne les a pas modifiées. C'est pourquoi elle sera toujours la meilleure étude qu'un élève, et même qu'un professeur, puisse entreprendre pour se familiariser avec les bonnes méthodes de mise en projection, de recherche d'intersections, de développement, etc., etc.

Il est d'autant plus important de faire ici cette remarque que, depuis Monge, l'enseignement de la géométrie descriptive semble s'être écarté de la voie où son illustre créateur l'avait engagé.

De ce qui n'est et ne doit être, en somme, qu'une application de la géométrie au dessin on a voulu faire, en quelque sorte, une science abstraite. C'est à ce point que quelques professeurs posent, comme principe de pédagogie, que pour bien enseigner la géométrie descriptive il ne faut pas faire voir, aux élèves, dans l'espace. Partant de cette idée, ils suppriment toute espèce de figure ou de modèle en relief, et, s'ils ne bannissent pas complètement les constructions susceptibles de faire image, du moins ils ne les recherchent pas. Une épure n'est plus qu'un réseau de lignes, une sorte de toile d'araignée; elle a d'autant plus de valeur qu'elle est plus embrouillée.

Agir ainsi, c'est aller contre les intentions de Monge, et l'on ne peut s'expliquer cette erreur de quelques personnes que par la connaissance incomplète qu'elles ont des applications de la géométrie descriptive à la charpente, à la coupe des pierres, et aux ombres.

Pour bien faire, il faudrait qu'un professeur de géométrie descriptive fût un peu architecte ou ingénieur.

II. — Pour les charpentiers et pour les appareilleurs, la stéréotomie, enseignée en se basant sur la géométrie descriptive, leur rendra de bien plus grands services que s'ils l'apprenaient comme autrefois et comme on le fait encore dans certaines écoles dites : *pratiques*, c'est-à-dire en accumulant des recettes et des procédés sans liens théoriques les uns avec les autres.

Ce mode d'enseignement s'expliquait jadis lorsque les corporations existaient encore, parce qu'alors, avant de passer maître, l'ouvrier était obligé de faire un long stage sur les chantiers et de donner la preuve de ses connaissances et de son habileté en construisant ce que l'on nommait un *chef-d'œuvre*. On l'initiait peu à peu à son art ; les divers tracés lui étaient enseignés avec une sorte de mystère et lui étaient donnés comme des secrets, en récompense de son travail et de ses progrès.

Aujourd'hui les conditions sont toutes différentes.

D'abord les corporations ont cessé d'exister. Il n'y a plus de secrets dans l'art du trait, et si quelques maîtres ouvriers, très habiles d'ailleurs, s'imaginent en posséder encore, c'est de leur part une illusion puérile qui prouve leur ignorance de toute théorie.

De plus, c'est à peine si un ouvrier consent, de nos jours, à faire une année ou deux d'apprentissage. Comment donc fera-t-il, s'il veut devenir appareilleur ou gâcheur (1), pour apprendre à tracer les épures et à résoudre par lui-même les problèmes si variés, si imprévus, que la construction moderne lui proposera? Cette instruction ne peut s'acquérir pour lui qu'en étudiant dans les livres ou en suivant des cours de sciences appliquées et de dessin comme il en existe à Paris et dans beaucoup de villes de province.

A la rigueur, on peut admettre qu'un ouvrier qui, pendant huit ou dix années consécutives, aura tracé et taillé des charpentes ou des voûtes dans les conditions les plus diverses puisse, s'il est intelligent et s'il a l'esprit de généralisation, arriver à dégager de ces travaux des méthodes qui seront peut-être inconscientes, mais qui lui permettront de résoudre par lui-même des problèmes nouveaux pour lui.

Mais, dans un cours, auquel il ne viendra que deux ou trois fois par semaine et qu'il ne suivra que l'hiver, pendant deux ou trois années, tout au plus, comment espérer lui faire acquérir le moindre savoir en suivant la même marche, c'est-à-dire en lui faisant étudier, comme des cas particuliers, sans liens les uns avec les autres, des épures plus ou moins variées, plus ou moins intéressantes?

Il faut en prendre son parti, bien franchement, et consentir à donner aux ouvriers charpentiers ou tailleurs de pierre qui viennent aux cours de dessin des connaissances suffisantes en géométrie descriptive pour comprendre les épures de stéréotomie au point de vue théorique. C'est cela et rien que cela que l'ouvrier doit acquérir dans un cours, à savoir la méthode géométrique et l'esprit de généralisation, autrement il n'a que faire d'y venir et il n'y apprendra rien de plus que sur le chantier.

Un professeur sérieux doit imposer à ses élèves ce qu'il considère comme bon et utile.

Il arrive souvent, dans les cours publics de dessin, que les élèves, les ouvriers surtout, quittent le cours lorsque le professeur veut leur faire de la théorie ou bien se refuse à les laisser exécuter une épure à laquelle ils ne sont pas préparés. Leur amour-propre d'élève ne peut s'accommoder ni d'une contrainte, ni d'un refus. Un professeur faible, cède, et, dès ce moment, il peut être assuré de ne plus être le maître dans sa classe. Il est conduit par ses élèves au lieu de les conduire ; il n'obtiendra plus aucun résultat sérieux, et son cours sera plus rapidement déserté encore que s'il s'était montré plus sévère et moins porté à respecter les susceptibilités de l'ignorance.

III. — Le traité de stéréotomie que je présente aujourd'hui au public a été conçu dans un double but que les quelques lignes qui précèdent laissent facilement deviner. Aux personnes qui s'occupent plus spécialement de géométrie descriptive, il donnera un résumé des principales applications de cette science et les mettra au courant des méthodes, toujours très simples et très frappantes, qui sont suivies par les constructeurs ; aux ouvriers qui aspirent à devenir maîtres charpentiers ou appareilleurs, aux professeurs spéciaux et à tous ceux qui s'occupent de construction, architectes, ingénieurs, conducteurs des ponts et chaussées, etc...., il expliquera les cas généraux desquels il leur sera toujours facile de déduire les cas particuliers qui se présenteront dans l'application ; il leur montrera chaque fois les liens qui rattachent la stéréotomie à la géométrie descriptive, et, comme conséquence, il les mettra à même de trouver, par eux-mêmes, la solution de toutes les questions nouvelles qui pourraient leur être posées.

Il résulte de ce qui précède, que ce livre ne peut être lu avec fruit que par les personnes qui connaissent suffisamment la géométrie descriptive.

Paris, le 15 octobre 1886.

---

(1) On nomme *gâcheur* le maître-ouvrier, charpentier, et *appareilleur* le maître-ouvrier, tailleur de pierre, chargés de tracer les épures.

STÉRÉOTOMIE

INTRODUCTION

§ 1. — **Définition et objet de la stéréotomie. — Sa division en charpente et coupe des pierres.**

La stéréotomie a pour objet l'étude des procédés employés pour approprier les matériaux à la construction, en prenant ces matériaux tels que nous les donne la nature.

C'est donc en enlevant de la matière et non pas en en ajoutant que l'on passera de la forme brute des matériaux naturels à la forme définitive qui leur convient.

Il résulte de là que le fer, la fonte, les terres cuites, etc..., dont la forme appropriée s'obtient par le laminage, le forgeage, le moulage, ou le tournassage, ne font pas partie des matériaux auxquels s'applique la stéréotomie.

Le bois et la pierre rentrent seuls dans le domaine de la stéréotomie. Cette science se divise donc en deux parties, qui sont :

La charpente ou *stéréotomie du bois* ;

La coupe des pierres ou *stéréotomie de la pierre*.

§ 2. — **Marche à suivre dans toute opération de stéréotomie.**

Le bois ou la pierre qui entrent dans une construction doivent y être employés avec des dimensions et sous des figures que la mécanique appliquée (résistance des matériaux et stabilité des constructions) apprend à déterminer. Dans une œuvre architecturale ces figures sont, le plus souvent, créées par l'architecte, en vue d'un effet plastique à obtenir.

Une fois ces figures et ces dimensions bien arrêtées sur un ou plusieurs dessins d'ensemble, qui constituent ce que l'on nomme *le projet*, il faut, pour exécuter ce projet, choisir et tailler des pièces de bois ou des morceaux de pierre qui par leur assemblage ou leur juxtaposition réalisent matériellement l'œuvre prévue.

Pour y arriver, on commence par exécuter une épure en grandeur d'exécution sur laquelle sont figurées, par les projections nécessaires, l'*ensemble* des masses solides qui constituent la construction. C'est l'*épure d'ensemble*.

Cela fait, on détaille cet ensemble et on le décompose, soit en pièces de bois, soit en morceaux de pierre ayant les figures et les dimensions voulues. Cette seconde partie constitue ce que l'on pourrait nommer la *décomposition de l'ensemble*. En coupe des pierres cette décomposition se nomme l'*appareillage*, et en charpente l'*assemblage de la construction*.

Dans une troisième phase de l'opération on prend, à part, chaque pièce de bois ou chaque morceau de pierre et par des projections, par des rabattements, par des coupes, par des développements, etc..., c'est-à-dire par des opérations de géométrie descriptive proprement dite, on prépare tout ce qui est nécessaire à la réalisation matérielle de chacun des éléments de la construction : cette troisième partie constitue ce que l'on nomme la *préparation du trait*.

A ce moment l'épure géométrique est terminée, et ce qui reste à faire s'exécutera sur le chantier de construction.

Enfin la quatrième et dernière partie constitue ce que l'on nomme l'*application du trait* sur la pierre ou sur le bois. Elle ne peut être exécutée que par des ouvriers spéciaux, munis des instruments voulus, et demande une main-d'œuvre très soignée. Elle consiste à utiliser tous les éléments fournis par l'épure pour faire apparaître dans une pierre brute ou dans un morceau de bois grossièrement équarri et tel qu'il vient de la forêt, les surfaces planes ou courbes qui, par leur contact aussi parfait que possible, permettront d'assembler les éléments de la construction dans les conditions prévues par le projet.

PREMIÈRE PARTIE

CHARPENTE

CHAPITRE PREMIER

ASSEMBLAGES

A. GÉNÉRALITÉS

§ 3. — Caractères d'une construction en charpente. — Assemblages.

Les pièces de bois qui entrent dans une charpente peuvent être caractérisées comme il suit :

1° Elles ont, en général, une longueur qui est considérable par rapport à leur largeur et à leur épaisseur. (Les dimensions en largeur et en épaisseur déterminent ce que l'on nomme l'*équarrissage* de la pièce.)

2° Elles ont un poids spécifique généralement assez faible, inférieur à celui de l'eau, et, *à fortiori*, inférieur à celui des pierres.

Par conséquent, pour ces deux raisons, les pièces de bois posées verticalement ne peuvent avoir séparément une stabilité suffisante pour se maintenir en place.

Il est nécessaire de rendre solidaires entre elles les pièces de bois d'une même construction, comme le sont les barreaux d'une cage, de telle sorte que si l'une d'elles tend à se renverser, elle ne puisse le faire qu'en entraînant toutes les autres. De cette façon la stabilité est obtenue pour l'ensemble de l'édifice et non pour un de ses éléments, pris séparément.

Cette solidarité s'obtient par des *assemblages* qui sont, en réalité, des pénétrations des pièces les unes dans les autres. Les assemblages sont consolidés et renforcés par des *ferrures* ou *ferrements*.

Ainsi donc les différentes pièces d'une charpente sont assemblées entre elles, tandis que dans une maçonnerie elles sont simplement juxtaposées.

§ 4. — Triangulation.

Si l'on ne considère que les axes des pièces de bois, ces lignes appartiennent à des surfaces qui sont en général définies géométriquement. Si les axes sont dans un même plan, le système qui résulte de la combinaison des pièces forme un *pan de charpente* qui prend différents noms suivant les positions dans lesquelles il se trouve employé. Les pans verticaux constituent des *murs* ou des *cloisons*; les pans horizontaux constituent des *planchers* ou des *enrayures*; on trouve des pans inclinés dans les combles.

Pour assurer l'invariabilité dans les positions des différentes pièces d'un pan de bois, on est obligé de le *trianguler*.

Un parallélogramme *a b c d* (fig. 1) dont les quatre côtés seraient articulés entre eux aux sommets, serait une figure essentiellement déformable ; cela résulte de ce que, avec quatre longueurs données comme côtés, on

Fig. 1

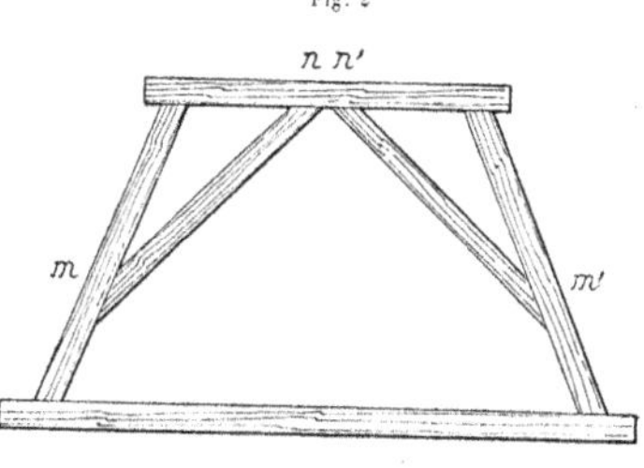

Fig. 2

peut construire, géométriquement, une infinité de quadrilatères. Au contraire, avec trois longueurs données, comme côtés, on ne peut construire qu'un seul triangle.

C'est pourquoi on placera soit des pièces en diagonale, telles que *a d*, *c b* (fig. 1), formant *croix de saint André*, soit (fig. 2) des pièces d'angle, telles que *m n*, *m' n'*, portant le nom d'*aisseliers*.

On dit de ces pièces obliques qu'elles sont mises *en écharpe*. Elles servent à trianguler le pan de bois.

§ 5. — Parties constitutives d'un assemblage ; définitions.

On appelle *joint* les deux surfaces par lesquelles deux pièces de bois A et B, qui se rencontrent, s'appliquent exactement l'une sur l'autre. Le joint est toujours limité par des lignes *a b c d* qui marquent les intersections des faces d'une pièce l'une sur l'autre.

L'extrémité *a' b' c' d'* de la pièce B qui vient buter sur la pièce A, se nomme l'*about*, tandis que la figure *a b c d* de la pièce A sur laquelle viendra s'appliquer l'about, se nomme *occupation* ou *portée* de l'about.

On nomme *faces de parement a d m n* d'une pièce, celles qui sont parallèles au plan des axes et *face d'épaisseur* ou *face normale* ou encore *face d'assemblage* les deux autres.

Si deux pièces A et B se réunissent par simple contact, on dit qu'elles sont à *plat joint*. Ce mode de jonction n'oppose aucun obstacle au glissement de l'about sur sa portée, à moins qu'on n'y ajoute des clous ou des broches en fer, ce qui est, en général, mauvais.

Il vaut mieux pratiquer des entailles qui seront saillantes sur une des pièces et creuses dans l'autre, et qui constitueront ce que l'on nomme *un assemblage*.

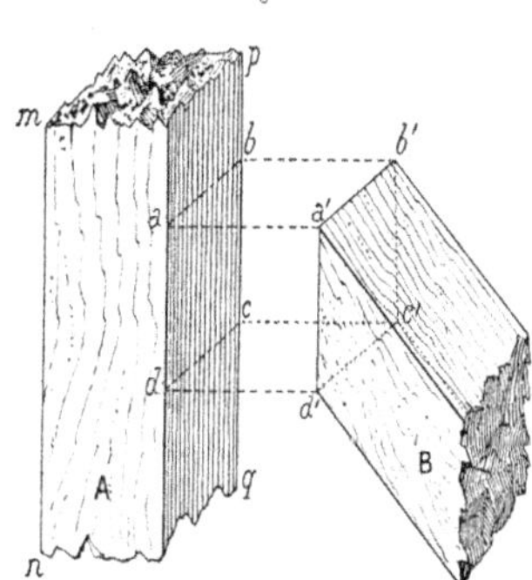

Fig. 3

§ 6. — Classification des assemblages.

La rencontre de deux pièces de bois peut avoir lieu de trois manières qui sont résumées dans le tableau suivant :

(A) Les pièces se rencontrent en formant un angle.	1° Les deux pièces se croisent et passent chacune d'un côté à l'autre de leur point de croisement.	Assemblages par entailles.
	2° L'une des pièces porte en un point de la longueur de l'autre.	Assemblages à tenons et mortaises.
	3° Les deux pièces se joignent par leur bout en formant un angle et sans se dépasser	Assemblages d'angles.
(B) Les pièces se joignent en ligne droite ou bout à bout.	1° Elles doivent résister à une compression	Assemblages par entures.
	2° Elles doivent résister à une traction.	

(C) Les pièces s'assemblent longitudinalement. { Les pièces sont en contact tout le long d'une face longitudinale. . . . . } Assemblages jumelés.

Etudions les principaux de ces assemblages. Nous n'entrerons que dans peu de détails sur les questions de projection, qui ne présentent aucune difficulté pour les lecteurs familiarisés avec la géométrie descriptive élémentaire.

B. ASSEMBLAGES DE PIÈCES QUI SE RENCONTRENT EN FORMANT UN ANGLE

(a) Assemblages par entailles. — Les pièces se croisent et passent chacune d'un côté à l'autre de leur point de croisement.

§ 7. — **Assemblage oblique à mi-bois** (fig. 4).

On voit en A et B les deux pièces assemblées. On prend ensuite, séparément, chaque pièce et *on lui donne quartier*, ce qui revient à la faire tourner de 90°, mais après l'avoir désassemblée.

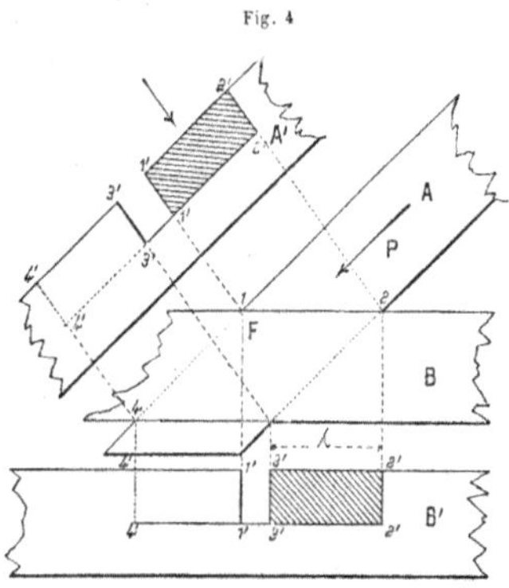

Fig. 4

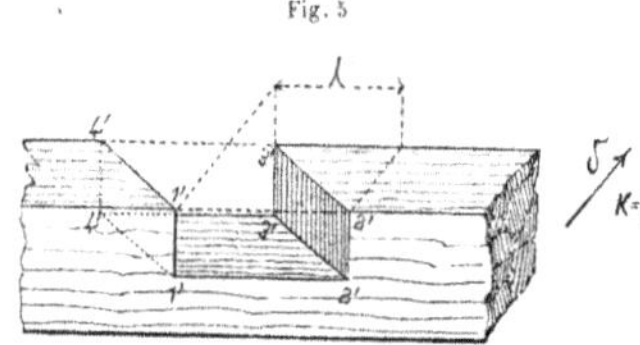

Fig. 5

Ainsi la pièce B a reçu quartier en B′ et la pièce A en A′.

On est dans l'habitude de placer des hachures sur les parties de l'assemblage où les fibres du bois sont coupées, et de serrer d'autant plus ces hachures que la section se rapproche plus d'une coupe normale à la direction des fibres.

Nous donnons, figure 5, une perspective cavalière de la pièce B′. Pour la dessiner nous avons d'abord reproduit exactement, sans aucune réduction, la figure B′, représentant la face de la pièce qui est de front.

Nous avons ensuite choisi une direction fuyante δ pour les droites normales à cette face et nous avons adopté un rapport de réduction K (ici K = 2/3) et c'est sur la figure B que nous avons pris toutes les longueurs vraies des fuyantes, que nous avons réduites ensuite dans le rapport constant de réduction, K = 2/3.

§ 8. — **Assemblage oblique, à mi-bois, avec embrèvement.**

Lorsque les pièces à assembler sont assez obliques, et, surtout, lorsque l'une d'elles, la pièce A par exemple (fig. 4), doit transmettre une pression P assez énergique, il y aurait à craindre que l'angle aigu F, ne fît l'effet d'un coin dans la pièce B et n'en fît éclater le bois.

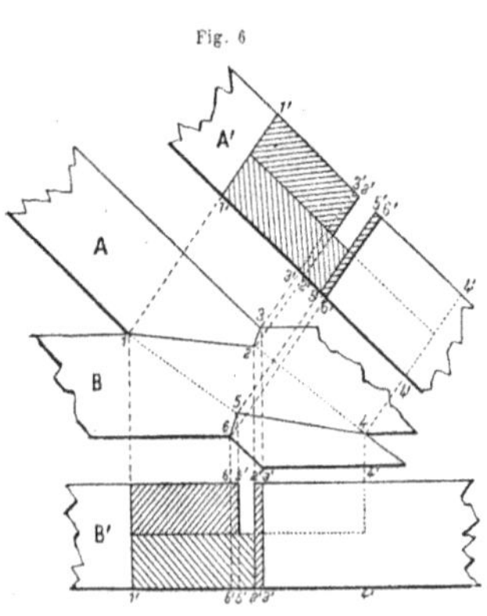

Fig. 6

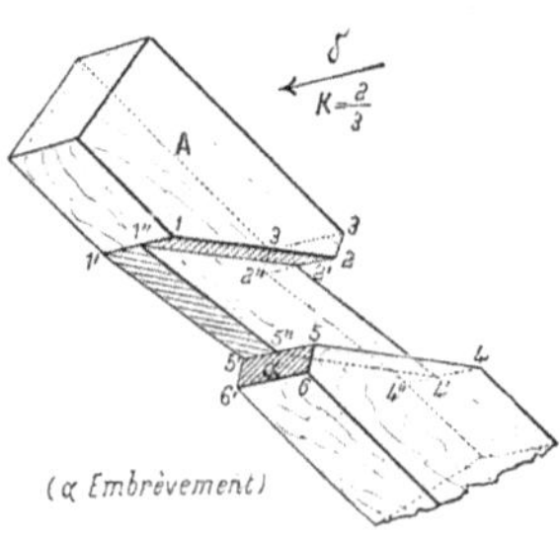

Fig. 7

(α *Embrèvement*)

Dans ce cas on pratique ce que l'on nomme un *embrèvement* (fig. 6).

C'est une sorte d'épaulement 2, 3 ou 5, 6 régnant sur toute la profondeur de la pièce et dont la fonction est, plus spécialement, de recevoir et de répartir la pression sur une surface d'une étendue suffisante.

En général, la direction 2, 3, de l'about de l'embrèvement est donnée par la bissectrice de l'angle des faces des deux pièces.

On voit en A′ et B′ les deux pièces désassemblées et ayant, chacune, reçu quartier.

La perspective cavalière (fig. 7) de la pièce A a été faite en prenant comme étant de front la figure A. Les profondeurs, réduites dans le rapport $K = \frac{2}{3}$, ont été prises sur la figure A'.

§ 9. — Assemblage par moises, entaillées à $\frac{1}{m}$ de bois.

La figure 8 représente trois pièces de bois ; l'une A est un *tirant* de ferme, elle est horizontale ; l'autre C inclinée est un *arbalétrier* ; la troisième B, verticale, est ce que l'on nomme une *moise*. Elle est formée de deux pièces jumelles B_1 et B_1 (fig. 9), qui viennent serrer entre elles les deux premières et trianguler la charpente aux environs du point d'assemblage.

Les moises, ainsi que les pièces qu'elles serrent, sont entaillées chacune sur une profondeur α qui peut être $1/4$, $1/6$, $1/8$, $1/m$ de bois. Le recouvrement apparent, ε, des pièces (fig. 9) est égal à la somme des deux entailles. Si l'entaille est à mi-bois $(\frac{1}{2})$ le recouvrement est à bois complet, comme dans les assemblages étudiés figure 4 et figure 6. Si l'entaille est, comme ici, faite à $1/6$ de bois, le recouvrement est de $1/3$ de bois.

Pour maintenir les pièces moisantes assemblées avec les pièces moisées, il faut ajouter des boulons $m\,m' - m\,m'$.

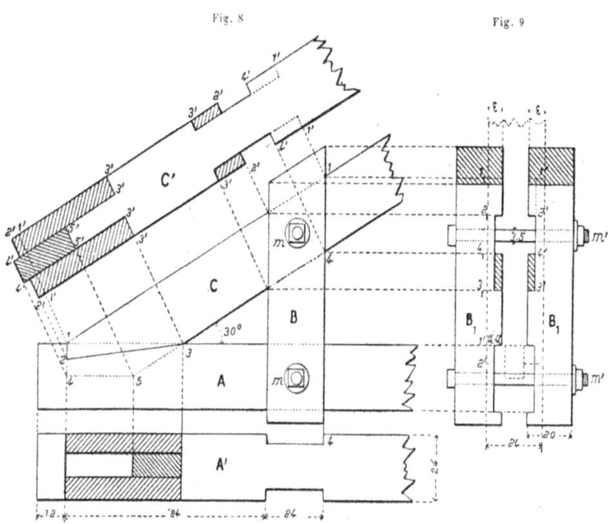

On voit en C', A' (fig. 8), et en B_1 B_1 (fig. 9), les pièces séparées après qu'elles ont reçu quartier.

(b) Assemblages à tenons et mortaises. — *L'une des pièces porte en un point de la longueur de l'autre et s'y arrête.*

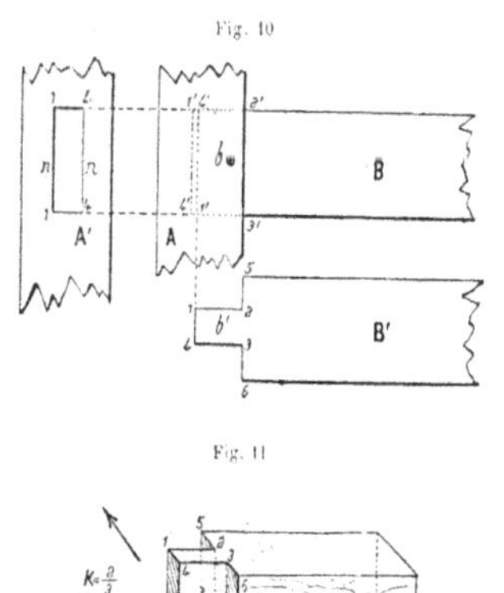

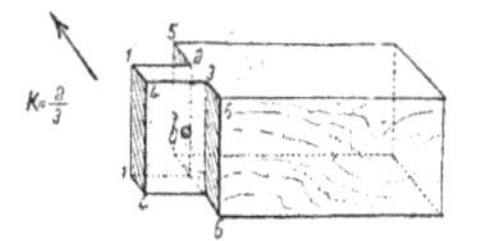

§ 10. — Assemblage droit à tenon et mortaise (fig. 10 et 11).

On nomme *tenon*, $b\,b'$, une saillie taillée à l'extrémité de la pièce B. Les plans tels que 1, 2 et 4, 3 (fig. B'), se nomment les *joues* du tenon. Elles sont entaillées dans le sens des fibres du bois et parallèlement aux faces de parement.

Le plan 1, 4 (fig. B') entaillé perpendiculairement aux fibres se nomme le *bout* du tenon.

La partie 2, 3, suivant laquelle il se rattache à la pièce est sa *racine*.

Les plans 2, 5 et 3, 6 se nomment *l'about* de la pièce ; ils forment une partie du *rectangle d'occupation*.

La *mortaise* est une partie creuse qui existe dans la pièce A A' et qui doit recevoir très exactement le tenon.

Les surfaces telles que 1, 1 et 4, 4 qui seront en contact avec les joues du tenon se nomment aussi les *joues* de la mortaise. Les petites masses solides n et n comprises entre la mortaise et les parements de la pièce sont les *jouées*.

Dimensions ordinaires. — La largeur 1, 4 (fig. B') du tenon est prise, en général, égale au tiers de la profondeur de la pièce. La longueur du tenon 1, 2 (fig. B′) est variable. On recommande de la prendre égale aux 2/3 de la largeur de la pièce. La profondeur de la mortaise est toujours un peu supérieure à la longueur du tenon, afin d'être sûr que le rectangle d'occupation supporte bien la pression.

CHEVILLE D'ASSEMBLAGE. — Afin de maintenir momentanément en place les pièces pendant le montage, on place une cheville, *b*, cylindrique, ou plutôt légèrement conique, en bois dur.

Le trou de la cheville doit être percé à la tarière, à 1/3 de la longueur du tenon à partir de sa racine. Son diamètre est environ de 1/4 de l'épaisseur du tenon.

On ne doit pas compter sur les chevilles pour la solidité de la construction, mais uniquement sur la perfection dans le contact des parties assemblées.

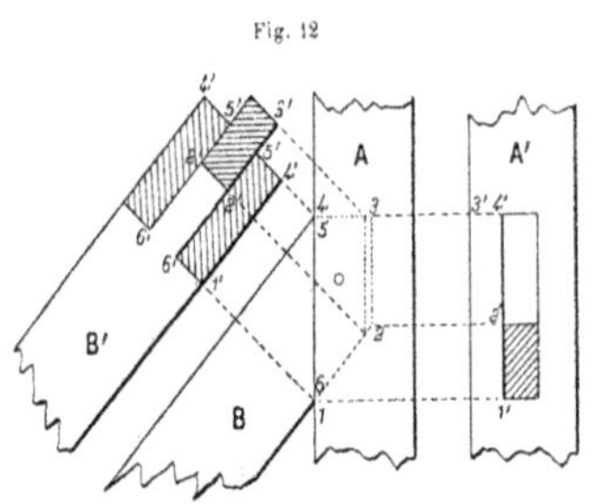

Fig. 12

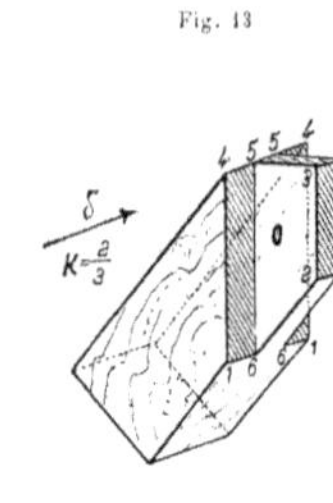

Fig. 13

§ 11. — **Assemblage oblique à tenon et mortaise** (fig. 12).

Il est inutile de décrire la figure 12. On remarquera que le tenon est tronqué (fig. A) par un plan 4, 3 perpendiculaire aux fibres de la pièce creusée ; ce plan 4, 3 se nomme l'*about du tenon* ; la partie correspondante de la mortaise se nomme l'*about de la mortaise*.

On voit que c'est par les surfaces d'about que se transmet du tenon à la mortaise la presque totalité de la pression.

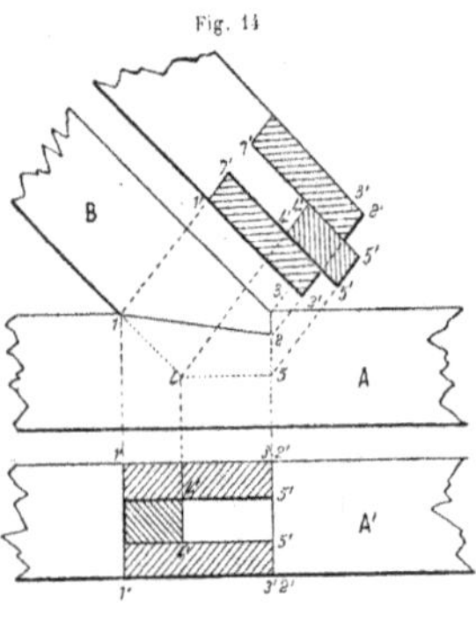

Fig. 14

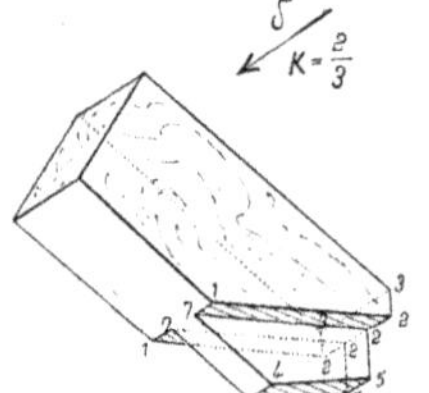

Fig. 15

§ 12. — **Assemblage oblique à tenon et mortaise avec embrèvement** (fig. 14).

Pour les raisons indiquées déjà au § 8, lorsque les pièces de bois ont un effort sérieux à se transmettre on ajoute au tenon un embrèvement 3, 2 (fig. 14, A). Les petits triangles 1, 2, 3 ainsi ajoutés au tenon, se nomment les *épaulements* de l'embrèvement et le plan 2, 3 est l'*about* de l'embrèvement.

L'avantage de l'embrèvement est double : 1° Il répartit les pressions sur une surface beaucoup plus considérable que sur l'about du tenon tout seul de la figure 12. 2° Il supprime, en le tronquant, le coin aigu qui aurait pour effet de faire fendre la pièce mortaisée.

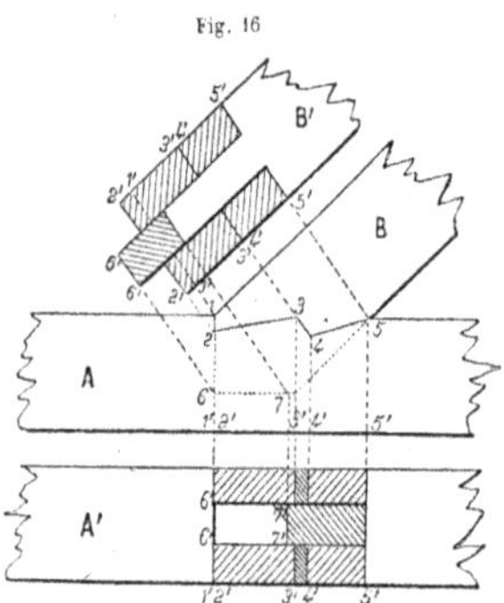

Fig. 16

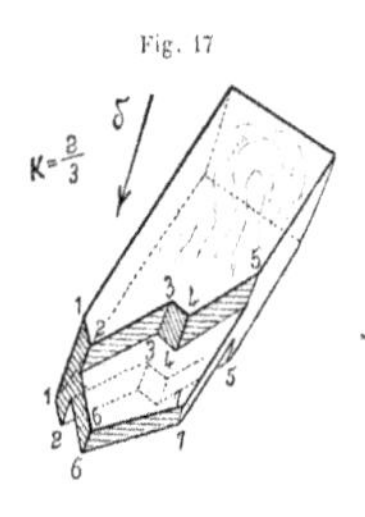

Fig. 17

§ 13. — **Assemblage oblique à tenon et mortaise, à deux abouts** (fig. 16 et 17).

Dans les pièces de grande dimension on trace l'embrèvement en forme de redent. Il présente alors deux abouts, le premier, 1 2, est perpendiculaire aux fibres de la pièce A, l'autre, 3 4, l'est à celles de la pièce B.

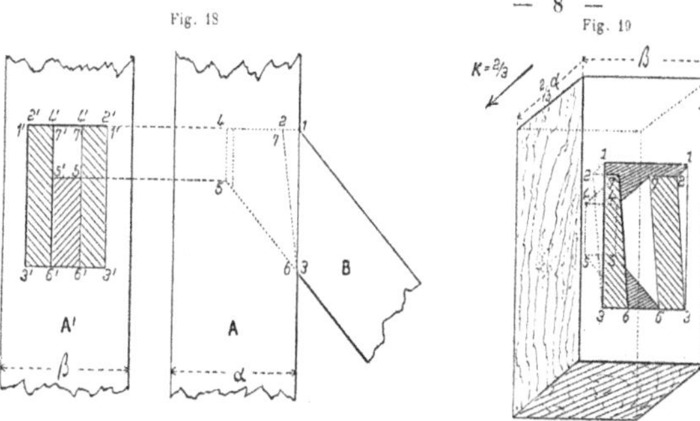

Fig. 18   Fig. 19

§ 14. — **Assemblage oblique à tenon et mortaise avec embrèvement et encastrement** (fig. 18 et 19).

Cet assemblage s'emploie lorsque la pièce mortaisée A A′, présente une plus grande largeur que la pièce à tenon. Alors les épaulements de l'embrèvement sont logés dans une sorte de boîte, 1 1, 2 2, 3 3 (fig. 19), qui constitue l'encastrement. Cela donne un assemblage très bien maintenu.

§ 15. — **Assemblage oblique par embrèvement et enfourchement** (fig. 20 et 21).

Cet assemblage s'emploie surtout dans les charpentes provisoires. On voit que le tenon est supprimé et remplacé par une cloison centrale pleine, 2 2, 4 4, 5 (fig. 21), de chaque côté de laquelle les épaulements de l'embrèvement forment comme une sorte de fourchette.

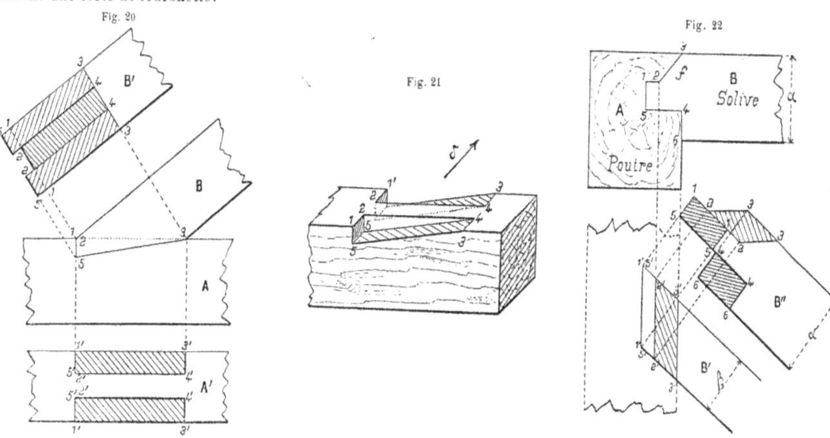

Fig. 20   Fig. 21   Fig. 22

§ 16. — **Assemblage oblique, à tenon et mortaise avec renfort en chaperon** (fig. 22).

Cet assemblage s'emploie surtout dans les planchers pour réunir une solive B à une poutre A.

Le chaperon f, a pour objet de donner plus de solidité à la racine du tenon, et de l'empêcher de se rompre sous la charge du plancher.

§ 17. — **Assemblage droit, à tenon en queue d'hironde** (fig. 23).

Lorsque les deux pièces, une fois assemblées, doivent pouvoir résister à un effort qui tendrait à les séparer, on donne au tenon et à la mortaise (fig. 24) une forme en trapèze. La partie étranglée, 3 2, du tenon, se nomme le *colet* du tenon, ou l'entrée de la mortaise.

L'assemblage des deux pièces ne peut se faire que par le côté.

Un effort exercé (fig. B′) dans le sens de la flèche F, séparerait les deux pièces. Si l'on veut que la queue d'hironde soit un véritable tenon, noyé dans la mortaise, il faut lui adjoindre une clef, comme dans l'exemple suivant.

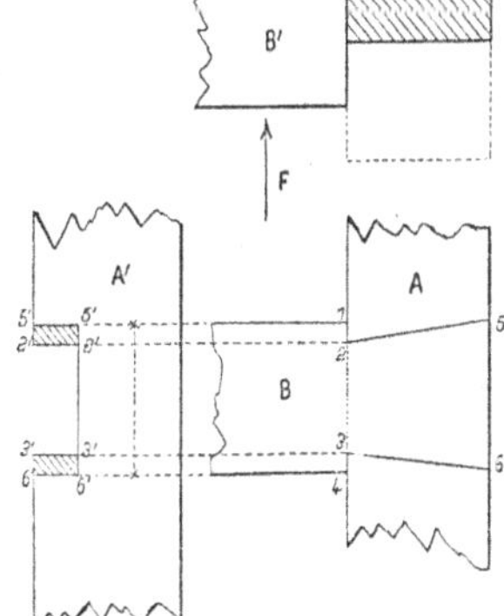

Fig. 23

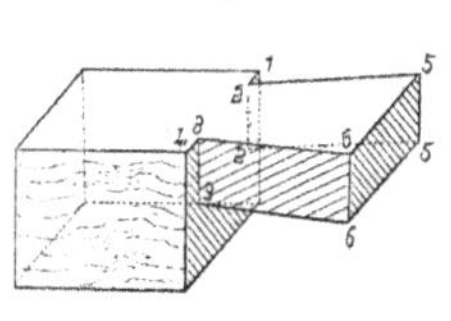

Fig. 24

§ 18. — Assemblage oblique à tenon et mortaise en queue d'hironde, avec clef (fig. 25).

Le tenon (fig. B) 1 2 6 7 à la forme d'un trapèze. Le colet 1 2 est moins long que le bout 6 7 de la quantité 2 3 = α. Par conséquent pour pouvoir faire pénétrer le tenon dans la mortaise, il faut donner à cette dernière une ouverture de colet 2 4 — 2′4′ au moins égale à la dimension 6 7 du bout du tenon.

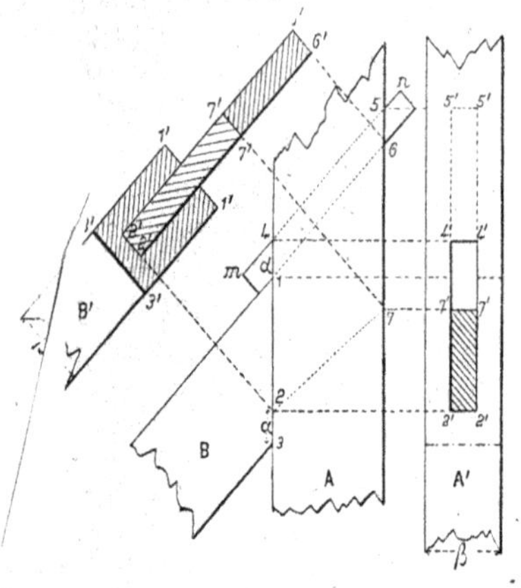

Une fois les pièces assemblées, on comble l'intervalle laissé libre par une clef en bois mn.

Nota. — Cette clef doit être un peu moins épaisse d'un bout que de l'autre, afin de former coin, ce qui permet de serrer très énergiquement l'assemblage.

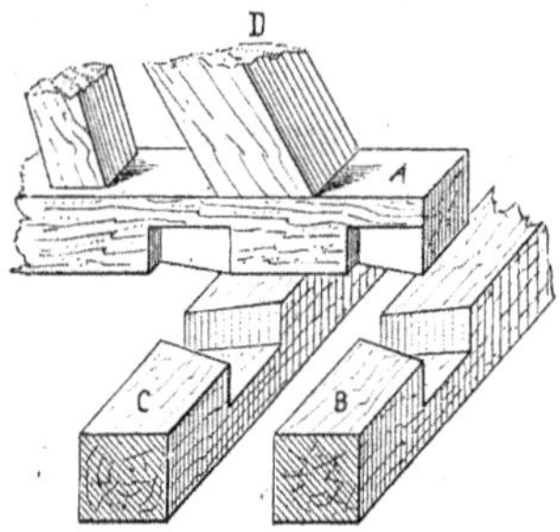

La forme en queue d'hironde est souvent employée, même dans des assemblages à mi-bois, lorsque l'on veut assurer d'une manière invariable l'écartement de deux pièces.

La figure 26 montre, en perspective, une disposition très usitée au moyen âge pour réunir aux *sablières* B et C, et rendre ainsi bien solidaires avec elles, les pièces, telles que A, qui reçoivent les pieds des *chevrons* D. (Voir plus loin les Combles.)

Fig. 25

Fig. 26

Fig. 27

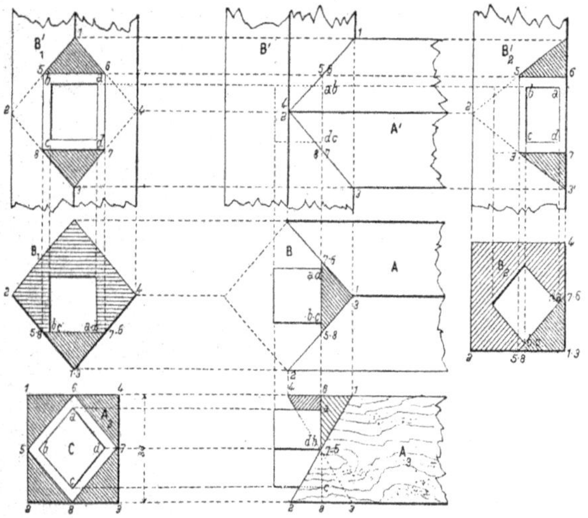

§ 19. — Assemblage droit à tenon et mortaise sur l'arête (fig. 28 et 29).

Nous avons déjà décrit cet assemblage à propos de la perspective cavalière (1).

On voit en A′B′, au centre de la figure, les deux pièces assemblées. Nous avons fait le tenon avec un bout carré. (Sur la figure dessinée dans le traité de perspective, le bout du tenon était rectangulaire.)

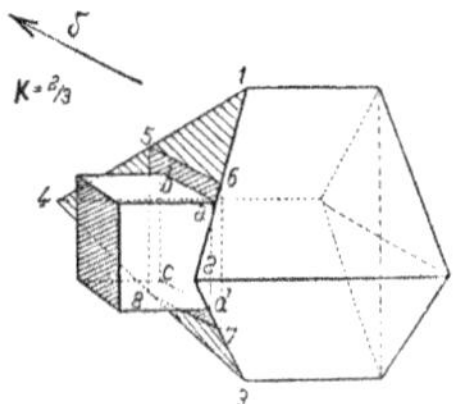

Fig. 28

On a donné quartier à la mortaise, en B′₁ à gauche, et au tenon, en A, au-dessous. Mais pour tailler les pièces, il faut avoir les projections sur chaque face.

(1) Traité de perspective linéaire.

C'est pourquoi on donne demi-quartier en $B_2 B'_2$ et en $A_3 A'_3$ à chaque pièce. Donner *demi-quartier* veut dire que l'on fait tourner la pièce d'un demi-angle droit et non d'un angle droit complet.

Pour se retrouver dans les lignes aussi bien en projection (fig. 27) qu'en perspective (fig. 28), nous rappelons qu'il faut, avant tout, bien déterminer le quadrilatère gauche d'occupation, 1 2 3 4, puis ensuite le plan d'embase du tenon, 5 6 7 8, qui est ici un carré et en déduire la racine du tenon $abcd$.

§ 20. — Pièces délardées. — **Assemblage oblique à tenon et mortaise** (fig. 29).

On dit qu'une pièce est *délardée* lorsque sa section droite, au lieu d'être un rectangle, est un parallélogramme. Délarder ou débillarder une pièce, c'est lui enlever du bois.

Imaginons deux pièces G et K. Nous supposons ici qu'elles reposent sur le plan horizontal. La section droite de la pièce G est le parallélogramme $M'N'P'Q'$, dont la hauteur (fig. K' et G') est Z. La seconde pièce a pour direction de ses arêtes 1A, 4D, etc. (fig. K). Sa section droite, de hauteur Z également, est le parallélogramme ABCD.

On en déduit immédiatement le parallélogramme d'occupation, 1 2 3 4 (fig. K).

Les joues du tenon se tracent immédiatement (fig. K') en 6 — 10 et 5 — 9 ; elles sont menées au tiers de la hauteur et parallèles aux faces de parement de la pièce.

Le bout du tenon est 9 — 10, mené parallèlement à M'N'. La racine du tenon est le parallélogramme 5 6 7 8 (fig. K), dont les côtés sont parallèles à ceux de l'occupation.

Quant à l'about du tenon 7 8, 11 12, on l'obtient par la condition que son plan passe, d'une part, par le côté 4 7 de l'occupation et soit, d'autre part, perpendiculaire au plan N'M' de la face rencontrée.

A cet effet : 1° on a mené en 46 — N'θ' une normale au plan M'N' ;

2° On a pris en θ'θ son intersection avec le plan 6 — 10 de la joue du tenon ;

Et 3° La ligne θ 7 donne l'arête d'about du tenon.

On donne quartier à la pièce K (fig. K″) en la faisant reposer sur le sol par la face AD, au lieu de reposer par la face AB. Il a donc fallu, pour cela, la faire tourner d'un angle α (fig. K), plus grand qu'un angle droit.

A cet effet, le parallélogramme A″B″C″D″ est une reproduction exacte de ABCD, obtenue en se servant de la deuxième hauteur Df, reportée en D″f″.

Les arêtes une fois mises en place (fig. K″), on obtient, par lignes de rappel, l'occupation 1' 2' 3' 4'.

Les points 5' 6' et 7' 8 de la racine du tenon sont pris au tiers des côtés 2' 3' et 1' 4', et tous les autres points du tenon sont obtenus par les rencontres des lignes de rappel menées des points correspondants de la figure K avec des parallèles à

des lignes déjà connues et tracées sur la figure K″. L'about 7' 8' — 11' 12' se trace en dernier lieu en joignant les sommets 7' 8' 11' 12' obtenus par les constructions qui précèdent.

(c) *Assemblages d'angle.*

§ 21. — **Assemblage d'onglet à tenons croisés** (fig. 30 et 31).

Cet assemblage sert plutôt en menuiserie qu'en charpente.

L'occupation (fig. 31) se fait suivant le plan

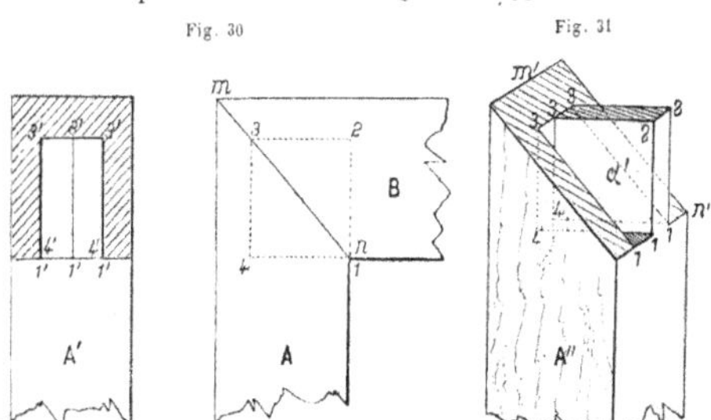

incliné à 45° *m′ n′*. Chaque pièce porte un tenon *α′*, triangulaire sur une joue et carré sur l'autre, à côté duquel se trouve une mortaise de capacité égale.

C. ASSEMBLAGES DE PIÈCES SE JOIGNANT EN LIGNE DROITE. — ENTURES.

(*a*) *Entures pour pièces comprimées.*

§ 22. — Enture par quartier à mi-bois (fig. 32 et 33). -- Explications inutiles.

§ 23. — Enture à tenon et tenaille en croix (fig. 34 et 35).
Il est inutile de donner des explications pour ces entures extrêmement simples. Elles s'emploient surtout pour enter l'une sur l'autre des pièces de bois destinées à constituer un poteau.

Enture par quartier à mibois.   *Enture à tenon et tenaille en croix.*

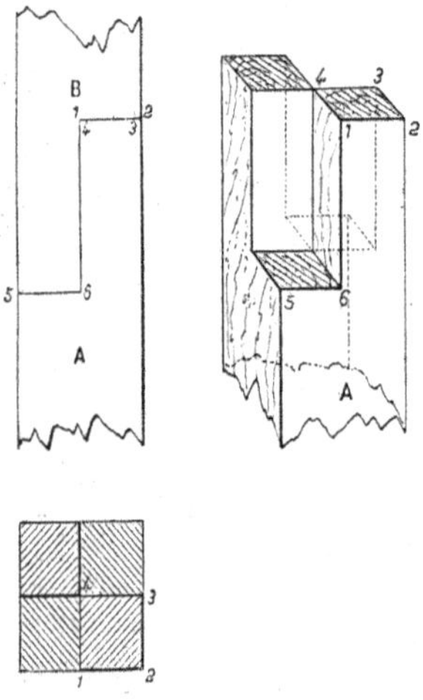

Fig. 32   Fig. 33   Fig. 34   Fig. 35

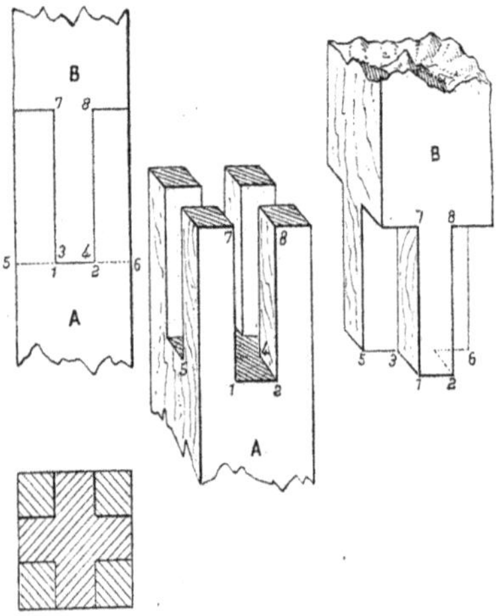

(*b*) *Entures pour pièces tirées.*

Fig. 36

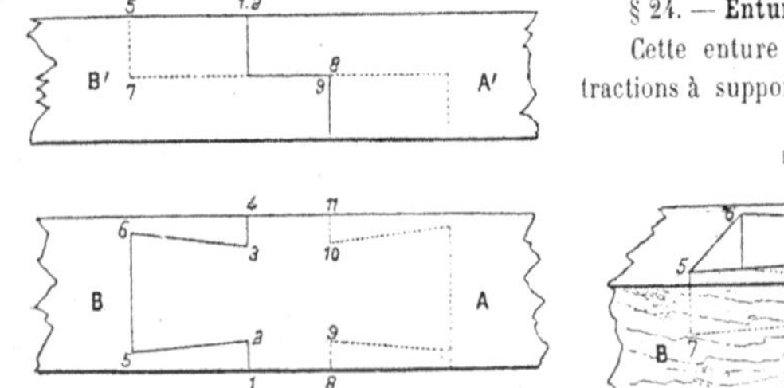

§ 24. — Enture en queue d'hironde à mi-bois (fig. 36 et 37).
Cette enture s'emploie pour le cas où les pièces ont de légères tractions à supporter et où elles reposent sur le sol ou sur une plate-forme horizontale ; car, si elles étaient suspendues en l'air, elles se sépareraient l'une de l'autre par déplacement de haut en bas, les queues d'hironde sortiraient de leurs boîtes.

Fig. 37

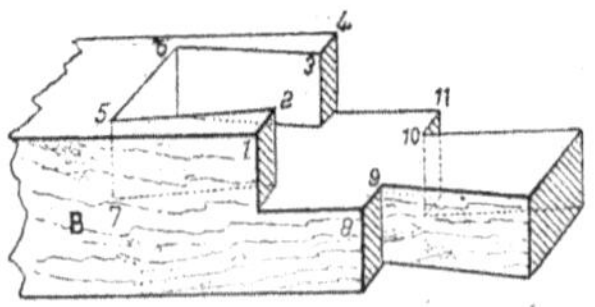

§ 25. -- Enture à trait de Jupiter avec abouts en coupe brisée et avec clef (fig. 38 et 39).
Soient A′ et B′ les deux pièces à réunir bout à bout.

On trace en *mn* la ligne oblique indiquant la direction générale du joint. Sa pente est ordinairement comprise entre un tiers et un quart. On prend en 0 son milieu, et autour de ce point on trace la clef rectangulaire 5 6 9 10. C'est le centre

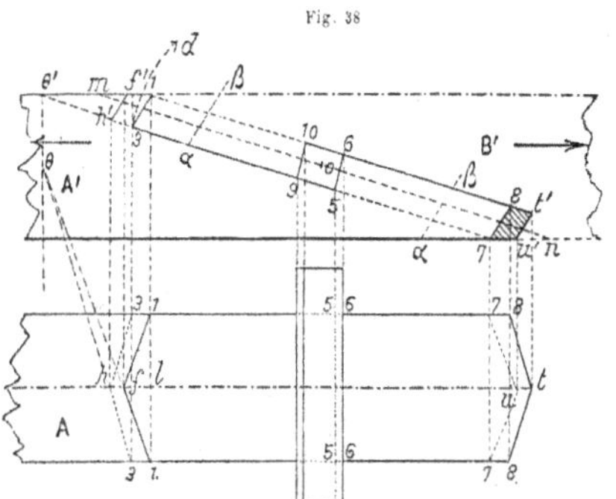

Fig. 38

de l'enture. La hauteur 6 5 de la clef est perpendiculaire à la direction *mn* et comprise entre un cinquième et un sixième de la hauteur de la pièce de bois.

A l'assemblage à plat joint *mn* qui n'empêcherait pas la disjonction, on substitue le joint brisé 1 3 5 6 8 7.

La pièce B′ a pour joint la ligne 7 8 10 9 3 1. Il faut avoir soin que les lignes d'about 1 3 et 7 8 ne soient pas perpendiculaires sur *mn*, mais fassent en *m* 1 3 et en *n* 7 8 un angle légèrement aigu.

Une fois les pièces réunies, elles laissent entre elles un vide 5 6 9 10 dans lequel on chasse la clef. (Cette dernière doit être légèrement taillée en coin.)

A ce moment, l'assemblage est serré, et la séparation des pièces par traction est impossible, à moins de rompre le bois.

En effet, cette séparation ne se pourrait faire que par un soulèvement de la pièce B′ et par une sorte de rotation de cette pièce autour du point 5, ce qui forcerait le point 3 à se déplacer suivant l'arc de cercle 3 *d*. Or, cela est impossible à cause de la saillie de la pointe 1 en dedans de ce cercle.

Cette pointe est donc nécessaire. C'est pourquoi nous avons dit tout à l'heure qu'il fallait que l'angle *m* 1 3 fût légèrement aigu.

Toute la force de l'assemblage dépend donc de la résistance de la saillie *m* 1 3. C'est pourquoi, si l'on veut augmenter cette résistance, on devra substituer à la ligne 1 3 la ligne α β, placée plus près du point 0.

RÉSISTANCE AU DÉPLACEMENT LATÉRAL. — Si le joint était partout taillé en forme de prisme comme aux environs de la clef en 5 6 5 6 (fig. 39), un choc latéral pourrait amener la séparation. C'est pourquoi (fig. A) l'about

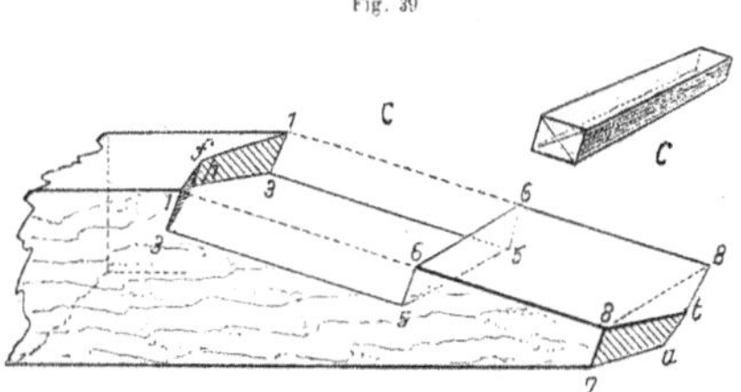

Fig. 39

est tracé en *coupe brisée* suivant le triangle 1 *f* 1. Le reste du croquis se comprend facilement.

On remarquera que les lignes 1 *f* et 3 *h* ne doivent pas être parallèles. Elles se rencontrent, par prolongement, en un point 0 qui est sur la droite 0′ 0 d'intersection du plan de dessus de la pièce et du plan incliné *h′* α.

Nota. — Nous n'étudierons pas les assemblages des pièces en contact par leurs faces latérales. Cette étude fait partie d'un cours de construction (Poutres armées).

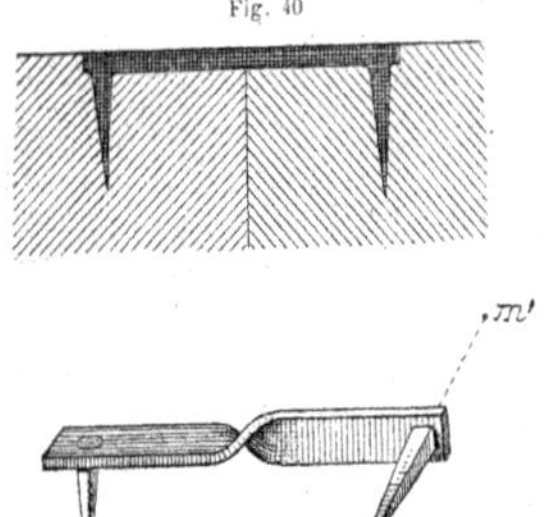

Fig. 40

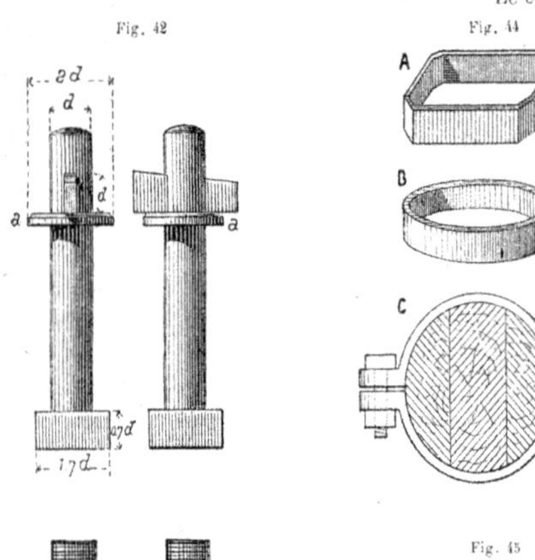

Fig. 41

Fig. 42

Fig. 44

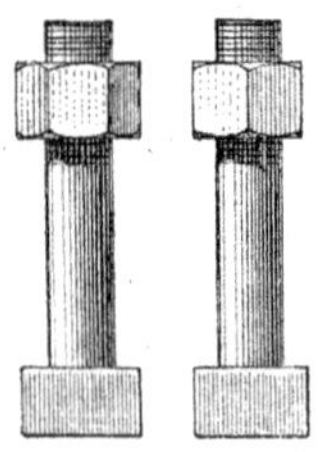

Fig. 45

Fig. 43

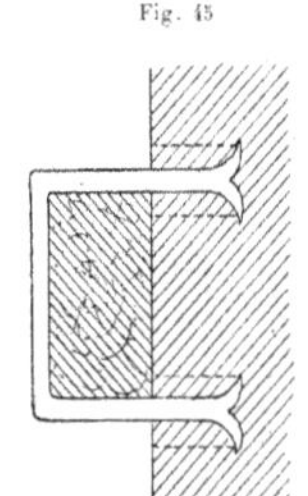

CHAPITRE II

FERRURES

§ 26. — **Fers employés pour fixer ou pour lier les pièces de bois.**

Les assemblages demandent souvent à être consolidés par des pièces de métal auxquelles on donne le nom de *ferrures*.

Nous allons passer sommairement en revue les principales d'entre elles.

(*a*) Clous, broches, vis. — Tout le monde connaît ces pièces.

(*b*) Clameaux. — Les clameaux sont des crampons coudés à deux pointes que l'on emploie pour fixer, les unes aux autres, les pièces de bois de charpente provisoire.

Clameau droit (fig. 40).

Clameau à deux faces, tourné à gauche (fig. 41).

Le clameau eût été tourné *à droite* si la pointe *m* eût été placée de l'autre côté *m'*. Les clameaux à deux faces servent à fixer ensemble des pièces qui se croisent.

(*c*) Boulons. — Ce sont des tiges de fer qui, au moyen d'arrêts à chaque extrémité, servent à lier fortement les unes aux autres les pièces de bois qu'elles traversent.

Boulon cylindrique à clavette (fig. 42).

Boulon cylindrique à écrou (fig. 43).

On doit toujours placer une rondelle *a*, dite *rosette*, entre l'écrou et le bois pour empêcher ce dernier d'être mâché par l'écrou quand on le tourne pour le serrer.

(*d*) Frettes (fig. 44). — Ce sont des anneaux rectangulaires A ou circulaires B, suivant les cas, qui ont pour objet soit d'empêcher le bois de se fendre, soit de réunir entre elles, par juxtaposition latérale, plusieurs pièces de bois (fig. 44 C).

(*e*) Scellements. — Les fers à scellement sont employés pour fixer des pièces de bois contre des murs en maçonnerie (fig. 45).

§ 27. — **Fers employés pour consolider les assemblages.**

(*a*) Bandes de fer (fig. 46). — Ces bandes servent surtout pour les entures. Elles sont pla-

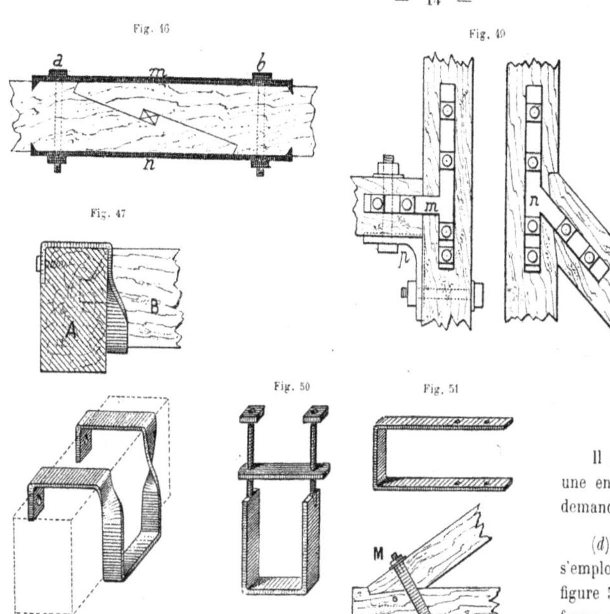

Fig. 46

Fig. 47

Fig. 48

Fig. 49

Fig. 50

Fig. 51

cées en *m* et *n* sur deux faces opposées et serrées par des boulons *a* et *b*.

(*b*) ÉTRIERS (fig. 47 et 48). — Ces pièces servent surtout dans les planchers pour soulager le tenon à l'aide duquel une solive B s'assemble dans une poutre A.

(*c*) ÉQUERRES (fig. 49). — On distingue les équerres à plat *m* et *n*, lesquelles peuvent être droites (*m*) ou obliques (*n*), et les équerres de champ *p*.

Il est bon de pratiquer dans le bois une entaille de faible profondeur à la demande exacte de l'équerre.

(*d*) LIENS (fig. 50 et 51). — Les liens s'emploient surtout, comme l'indique la figure 51 (M), pour réunir un tirant de ferme avec son arbalétrier.

CHAPITRE III

§ 28. — **Dessin.** — **Projet linéaire.**

Le projet d'une charpente se fait sur des dessins exécutés à une échelle assez petite pour tenir sur une feuille de papier, mais assez grande, cependant, pour permettre d'y prendre, avec précision, les dimensions d'ensemble.

Les lignes les plus importantes de ce projet sont les lignes d'axe (ou lignes de voie) des pièces ; ce sont elles surtout dont il faut coter les distances, afin de pouvoir, plus tard, construire ce que l'on nomme l'*ételon* (§ 29). L'ensemble de ces lignes d'axe constitue ce que l'on nomme le *projet linéaire*.

§ 29. — **Etelon.**

Les charpentiers reproduisent sur le sol du chantier, qui doit être uni et horizontal, un tracé de grandeur naturelle qui ne contient que les projections des lignes d'axe dont les distances sont fournies par le projet linéaire. C'est ce qui constitue l'*ételon*.

Après quoi, on choisit des bois de la longueur et de l'équarrissage voulus et l'on vient les placer sur l'ételon de manière que les axes de la pièce de bois soient exactement à plomb des lignes correspondantes de l'ételon.

C'est ce que l'on appelle *mettre les pièces sur lignes*. Nous dirons plus loin comment se fait cette opération.

Il faut que les lignes d'axes des pièces soient rendues apparentes sur leurs faces ; cette opération se fait avec un cordeau et constitue ce que l'on nomme le *lignage*.

Ainsi donc *ligner* une pièce c'est faire paraître sur chaque face la projection de son axe intérieur.

§ 30. — **Etablissement des bois.**

Imaginons que l'on ait à préparer l'exécution d'une croix de saint André indiquée figure 52, et dont les lignes sont marquées en *a b, c d* . . . . .

Si les pièces avaient leurs assemblages taillés on les monterait par terre et on les mettrait sur lignes, leurs axes étant dans un même plan horizontal. Mais les assemblages ne sont pas encore taillés et la pièce oblique *a c*, par exemple, doit avoir, avant la taille, une longueur un peu plus grande que celle qu'elle aura définitivement. On ne peut donc la mettre sur lignes qu'en la plaçant dans un autre plan horizontal que les deux pièces *a b* et *c d*.

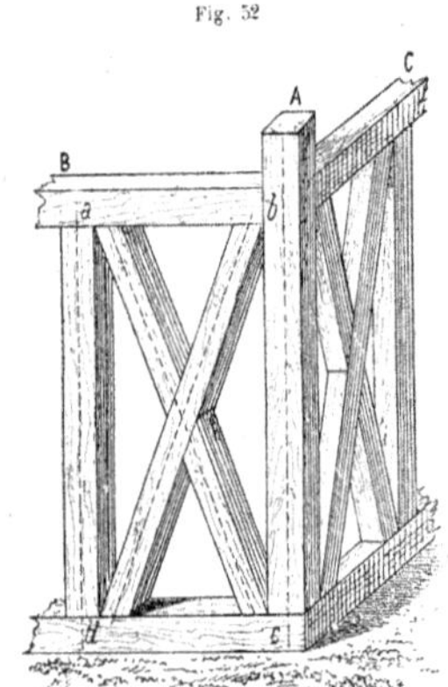

Fig. 52

Dès lors on est obligé d'étager les pièces les unes au-dessus des autres (voir plus loin fig. 56) en les faisant se supporter mutuellement soit directement, soit par l'intermédiaire de cales.

Cet étagement, convenablement fait, des pièces constitue l'*établissement des bois*. Pour le réaliser on place d'abord sur le sol, les pièces les plus importantes ; ici ce seront les pièces *a b* et *d c*.

On les met sur *leurs lignes, de niveau et de devers*. (Voir plus loin § 33.)

On dit qu'une pièce est de *niveau* lorsque sa face supérieure a son axe longitudinal bien horizontal. Elle est de *devers* lorsque, de plus, cette face supérieure est horizontale dans le sens de sa largeur. Cette mise de niveau et de devers s'obtient à l'aide du niveau de charpentier, comme nous l'indiquons plus loin §§ 31 et 33.

Au-dessus des pièces *a b* et *c d*, on placera, mais toujours sur leurs lignes, les pièces *a d* et *b c* ; puis, encore par dessus, la pièce en écharpe *a c*, et, finalement, par dessus toutes les premières, l'autre pièce oblique *b d*. En somme, il y aura quatre étages de pièces disposées les unes au-dessus des autres (Voir plus loin fig. 56).

§ 31. — Trait rameneret et mise sur lignes.

Il peut se faire qu'une pièce, comme le poteau A de la figure 52, soit commune à plusieurs pans A B et A C.

Afin de gagner de la place sur le chantier, la mise sur ligne du pan A B, se fera sur la même partie du sol que celle du pan A C, et la pièce A commune aux deux pans aura dans les deux opérations la même ligne sur l'ételon. Dès lors il faut avoir soin de marquer sur cette pièce des *repères*, afin qu'en l'établissant sur ligne pour un pan, sa position soit d'accord avec sa mise sur ligne pour les autres pans. La ligne de repère, dont, à cet effet, se servent les charpentiers, se nomme un *trait rameneret*. Il est signalé par une croix à ses extrémités.

On voit plus loin, figure 56, en perspective cavalière, deux pièces de bois M_1 et N_1 établies sur chantiers au-dessus de l'ételon. Sur la pièce de bois N_1 le trait rameneret m est tracé perpendiculaire à sa ligne milieu $a\,a'$. De même sur l'ételon, le trait rameneret M de l'ételon est perpendiculaire sur la ligne d'axe A A'.

Mettre la pièce N_1 sur sa ligne, ce sera faire en sorte que le fil à plomb placé en a et en a' sur la pièce tombe bien sur la ligne A A' de l'ételon, et la mettre en outre sur trait rameneret ce sera faire en sorte que le fil à plomb placé au point m de la pièce tombe bien sur le trait rameneret M de l'ételon.

Entrons dans quelques détails sur ces opérations diverses.

§ 32. — Lignage des bois.

Nous avons dit que ligner une pièce c'était faire apparaître sur ses faces la projection de son axe intérieur. Pour y arriver supposons (fig. 53), en perspective cavalière que M N soit une pièce grossièrement équarrie et telle qu'elle sort de la forêt travaillée par les bûcherons. Les bouts sont coupés carrément à la scie ; elle est posée sur des chantiers B B'.

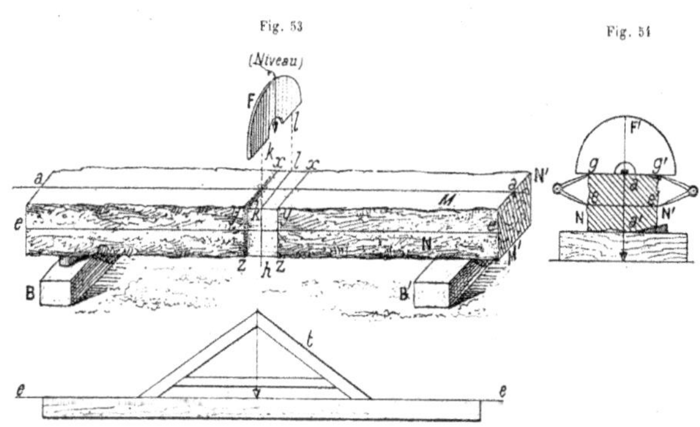

Fig. 53

Fig. 54

On choisit la face la mieux dressée, celle qui sera mise plus tard en parement, et on pose la pièce de façon que cette face soit placée en dessus et soit à peu près horizontale.

On pratique alors sur le milieu en $xx\,yy$, ce que l'on nomme une *plumée*.

Cela consiste à raboter, avec une varlope ou un rabot, sur toute la largeur de la pièce, un petit plan très bien dressé de 4 ou 5 centimètres d'étendue environ. On prend alors les milieux a et a des extrémités et on bat le cordeau (Voir D, fig. 38) entre ces deux points, ce qui donne sur toute la longueur de la face supérieure une ligne qui est droite sur la plumée mais légèrement sinueuse sur la partie rugueuse de la pièce.

Nous considérons cette ligne tracée au cordeau comme la projection de l'axe de la pièce sur la face . elle se nomme la *ligne milieu* de cette face.

Sur la plumée, en son milieu, on trace au compas une perpendiculaire, $k\,l$, à cette ligne milieu, c'est ce que l'on nomme le *trait carré* de la face M.

On donne alors quartier à la pièce et c'est la face N que l'on met horizontale à son tour. On y pratique une plumée $z\,z\,y\,y$. On bat le cordeau entre les deux milieux $e\,e$ des extrémités, et on en déduit le trait carré $h\,k$ de cette nouvelle plumée, en ayant soin que le point k commun aux deux traits carrés et situé sur l'arête d'intersection des deux plumées soit commun à chacun des traits carrés.

A ce moment la position de l'axe dans l'intérieur de la pièce est virtuellement déterminée. Pour se figurer cet axe il faut imaginer que par la ligne milieu $a\,a$ on fasse passer un plan perpendiculaire à la face M; si celle-ci est horizontale, ce plan fictif sera donc vertical. Si par la ligne milieu $e\,e$ de la seconde face N on imagine un second plan fictif perpendiculaire au précédent, l'intersection fictive de ces deux plans dans la masse du bois sera l'axe de la pièce.

Une fois que les deux lignes milieu $a\,a$ et $e\,e$ sont tracées, on dit que la pièce est *lignée*.

Contre-ligner la pièce c'est faire apparaître sur les deux autres faces M′ et N′ leurs intersections par ces deux plans fictifs prolongés. Nous parlerons plus loin du contre-lignage (§ 34).

§ 33. — **Etablissement de devers.**

Avant de contre-ligner, il faut d'abord établir la pièce *de devers*. Cela se fait (fig. 53), en plaçant un niveau F sur le trait carré *l k* ; à l'aide de petits morceaux de bois dits *coins de devers*, chassés plus ou moins sous la pièce, on redresse celle-ci du côté voulu et on rend *l k* horizontale.

§ 34. — **Contre-lignage.**

Une fois le devers obtenu, on place le niveau en F′ à l'extrémité (voir fig. 54), et comme la pièce, à cette extrémité, sera peut-être un peu rugueuse, il y aura sans doute besoin de caler le niveau d'un côté, en *g*′ par exemple. Néanmoins, on est sûr, au moment où il est battant, que le dessous du niveau est parallèle au trait carré *l k*.

Au compas on reporte alors la longueur *g e* de *g*′ en *e*′ et on a un point *e*′ de la contre-ligne de la face N′.

Un point *a*′ de la contre-ligne de la face inférieure M′ s'obtiendra par un fil à plomb placé en *a*.

On répète cette opération sur l'autre bout de la pièce, et, battant alors le cordeau entre les points *e*′*e*′ et *a*′*a*′, on aura ainsi *contre-ligné* la pièce.

Nota. — Comme le lignage et le contre-lignage faits au cordeau pourraient s'effacer, on aura soin de piquer à la pointe, et d'une manière très apparente, deux points de chacune des lignes et contre-lignes, ce qui, plus tard, permettra de battre de nouveau le cordeau entre les points, quand on le voudra.

§ 35. — **Mise de niveau.**

Une fois la pièce établie de devers, il est évident qu'elle sera de niveau si le trait carré *h k* de la plumée *y y z z* est bien vertical, ce dont on peut s'assurer avec un fil à plomb. Mais à cause de la faible longueur de la ligne *h k*, ce procédé n'est pas très précis. Il est préférable (fig. 55) d'appliquer, avec deux pointes, une règle sur la ligne milieu *e e* de la face verticale, et de vérifier son horizontalité à l'aide d'un niveau *t* aussi long que possible. On obtient l'horizontalité au moyen de *coins de niveau* placés à un bout ou à l'autre de la pièce.

On peut alors procéder au piqué des bois.

§ 36. — **Piqué des bois.**

Piquer les bois c'est faire apparaître, sur les faces des pièces, les occupations de celles qui devront s'y assembler.

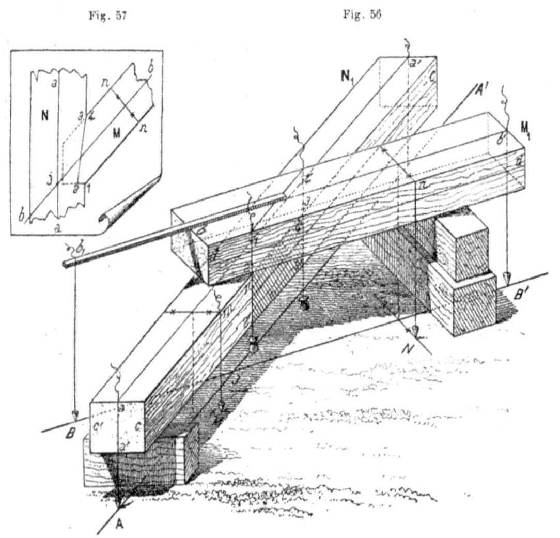

La figure 56 donne, en perspective cavalière, deux pièces de bois M₁ et N₁ établies sur leurs lignes au-dessus de l'ételon.

Supposons que l'on veuille exécuter l'assemblage oblique par tenon et mortaise avec embrèvement, indiqué géométralement à gauche (fig. 57).

La pièce N₁ commence par être établie sur sa ligne A A et sur son trait rameneret M. A cet effet, elle est placée sur des chantiers qui, pour ne pas compliquer le dessin, ne sont pas *tous* figurés sur le croquis ci-joint ; elle est mise de devers et de niveau et déplacée par petits mouvements jusqu'à ce que, d'une part, le fil à plomb placé en *a* et en *a*′ aux extrémités de la ligne milieu tombe en A et A′ sur la ligne de l'ételon et que, d'autre part, le même fil placé en *m* à l'extrémité du trait rameneret de la pièce tombe en M sur le trait rameneret de l'ételon.

La pièce M_1 est, à son tour, et de la même manière, mise sur ligne et sur trait rameneret ; mais il est nécessaire pour cela de la superposer à la pièce N_1. Pour la mise sur sa ligne B B', comme elle est trop courte, on est obligé de clouer, par deux pointes, une règle $b\,b_1$ sur le prolongement de sa ligne milieu $b\,b'$ et de se servir de cette règle pour faire tomber en b B, le fil à plomb. Cet ensemble d'opérations constitue, ainsi que nous l'avons dit plus haut, l'*établissement des bois*.

Une fois l'établissement des bois achevé, on place un fil à plomb P (fig. 58) dans l'angle obtus 1 2, et on le fait battre jusqu'à ce que, tout en restant bien vertical, il touche à la fois les deux faces des pièces M_1 et N_1. On maintient le fil bien en place et on pique, avec la pointe du compas, sur chaque pièce, et le long du fil, deux points 1 et 2, 1′ et 2′. On place ensuite le fil à plomb dans l'angle aigu 4 3 — 4′3′ et on fait de même deux piqûres sur la face normale de chaque pièce.

A ce moment le piqué des bois est achevé.

§ 37. — Reconnaissance des piqûres.

La reconnaissance des piqûres consiste à tracer avec la pointe du compas C, ou avec le traceret T (fig. 58), en se guidant sur une règle, les contours des rectangles ou des parallélogrammes d'occupation. Il suffit évidemment de joindre les points 1 2 — 1′ 2′ — 1 4... etc..., et, pour cette opération, on est obligé de donner quartier aux pièces.

§ 38. — Tracé des assemblages.

C'est alors que l'on trace sur chaque face des pièces, en prenant toujours sa ligne ou sa contre-ligne milieu comme axe, les projections des assemblages, projections que nous avons appris à déterminer plus haut en étudiant les assemblages. Il est nécessaire que cette projection soit établie sur chaque face, et même sur le bout des pièces, parce que ces lignes multiples servent à guider la scie ou la bisaiguë S (fig. 58), à l'aide desquelles on coupe les bois.

Fig. 58

Outils du charpentier

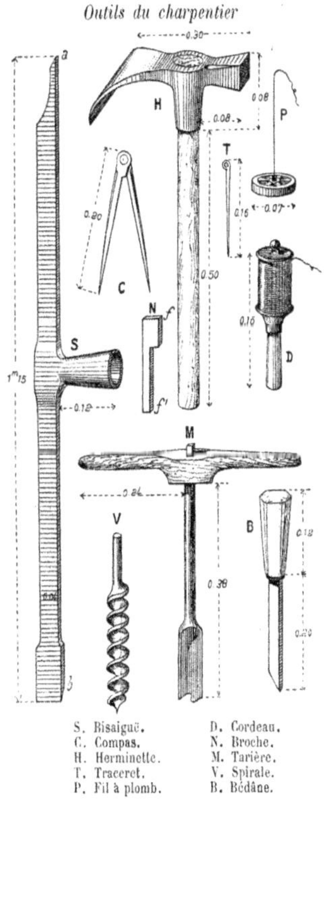

S. Bisaiguë.
C. Compas.
H. Herminette.
T. Traceret.
P. Fil à plomb.

D. Cordeau.
N. Broche.
M. Tarière.
V. Spirale.
B. Bédâne.

§ 39. — Coupe des assemblages.

Nous donnerons une idée de cette opération en décrivant la coupe de l'assemblage précédent, à tenon et mortaise avec embrèvement (fig. 57).

1° LA MORTAISE. — La mortaise a été dessinée en projection sur les quatre faces ou au moins sur trois. Sur la face normale, elle apparaît en $a\,b\,c\,d$ (fig. 59 A).

Dans le rectangle $a\,b\,e\,f$ situé en dehors du rampant $f'c'$ de la mortaise, on commence par percer avec la tarière M (fig. 58) des trous de la profondeur que doit avoir la mortaise ; on donne, à ces trous, un diamètre un peu moindre que la largeur de la mortaise et on apprécie le creux avec une petite broche en bois N (fig. 58), dont la branche f' a, bien exactement, la profondeur voulue. On dégorge ensuite la mortaise soit avec le bedane ordinaire B, soit avec le bedane a de la bisaiguë S (fig. 58). Les joues de la mortaise se terminent avec le ciseau b de la bisaiguë. Un calibre, que l'on promène en tous les points, permet de s'assurer que la largeur est bien uniforme et égale à ce qu'elle doit être.

Fig. 59

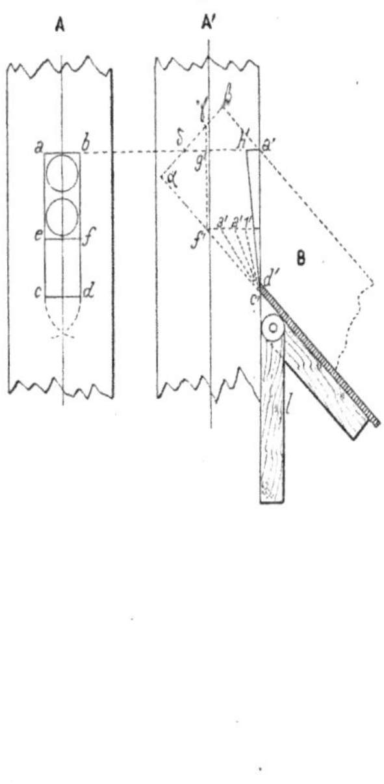

On taille alors, avec le bedane, le rampant $c'f$ (fig. 59) de la mortaise, en ayant soin de faire apparaître successivement des plans, tels que $c'1'$ — $c'2'$ — $c'3'$... et n'arrivant que progressivement au rampant définitif $c'f'$. Pour s'assurer que ce rampant a bien la pente voulue, égale à celle du tenon, on prend sur le tenon B cette pente à l'aide de la *sauterelle* l (fig. 59), puis plaçant une règle sur le rampant de la mortaise, on vérifie avec la sauterelle, tenue comme l'indique la figure en l, que l'angle est bien obtenu.

L'embrèvement se taille en dernier ; son about est obtenu par un trait de scie donné un peu en dedans de la ligne $a'h'$. Son pas, $c'h'$, est obtenu soit avec l'herminette H (fig. 58), soit avec la bisaiguë.

2° LE TENON. — D'un trait de scie on abat le triangle $a'\beta\delta$, mais toujours en laissant du *gras*, c'est-à-dire en tenant le trait un peu en dehors de la véritable ligne $a'\delta$ afin de pouvoir *recaler*, c'est-à-dire dresser et finir à la bisaiguë le plan d'about $a'g'$.

On donne, de même, un trait de scie le long de la ligne $f'\gamma$ et, à ce moment, la pièce a son extrémité formée par les plans $a'g'$ et $g'f'$. On marque avec le traceret, sur ces plans, les épaisseurs des joues du tenon.

Un troisième trait de scie est donné suivant l'épaulement $c'h'$ de l'embrèvement, mais en ayant soin de ne pas dépasser les épaisseurs des joues du tenon marquées sur les faces normales, c'est-à-dire ordinairement le tiers de l'épaisseur totale de la pièce. On donne ensuite deux fois quartier, et l'on pratique sur l'autre face, en parement, un autre trait de scie analogue au trait $c'h'$ et qui préparera l'autre moitié de l'épaulement.

On donne alors quartier, en mettant le bout $f'g'$ du tenon en dessus ; on dégrossit le tenon à la hache, et, pour finir, on recale à la bisaiguë les joues et l'about du tenon, ainsi que l'épaulement de l'embrèvement.

Pour plus de détails sur l'exécution des ouvrages en charpente, nous renverrons aux traités spéciaux de charpente et particulièrement à celui du colonel Emy. Nous dirons seulement qu'il est nécessaire de marquer sur le chantier, par des lignes spéciales, les assemblages qui se correspondent, afin d'éviter des erreurs au moment du levage et du montage de la charpente. C'est ce que l'on appelle *marquer les bois*.

CHAPITRE IV

§ 40. — Couverture. — Voligeage ou lattis. — Chevronnage. — Pannes d'un comble.

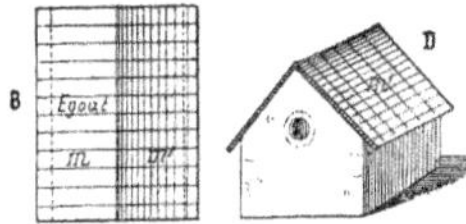

Fig. 60

Couvrir un édifice, c'est le garnir à sa partie supérieure d'une surface imperméable qui rejette au dehors les eaux pluviales.

Si (fig. 60) l'édifice est sur plan rectangulaire, la couverture sera, en général, établie suivant deux plans inclinés m et m' que l'on nomme les *égouts* du toit.

Parmi les nombreux genres de couverture qui existent, nous mentionnerons : le *chaume* (ou couverture en paille), les tuiles plates et les tuiles à emboîtement, les ardoises, les dalles de pierre, les couvertures métalliques en zinc, en tôle de fer, en tôle de cuivre, ou en plomb, etc.

Quel que soit le genre de la couverture, il faut, pour la recevoir, que la partie supérieure de l'édifice soit disposée soit en un parquet A (fig. 61) ordinairement formé par des planches de bois blanc (peuplier) nommées voliges (1), ce qui fait donner à ce parquetage le nom de *voligeage*, soit en

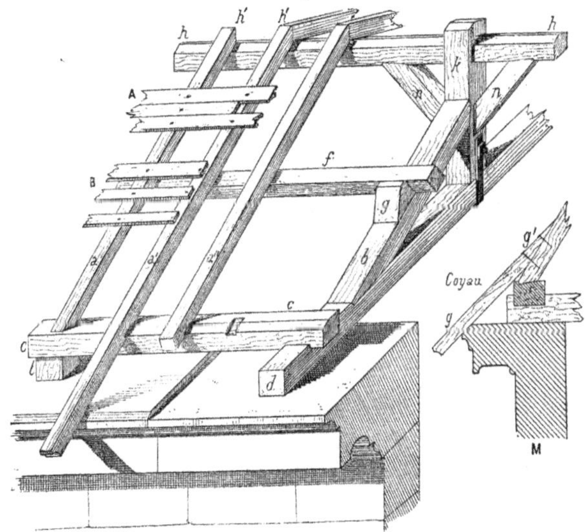

un *lattis* B, formé par des lattes, en général assez espacées les unes des autres, sur lesquelles s'accrochent les tuiles.

Les voliges ou les lattes sont disposées dans le sens des horizontales du plan d'égout. Elles sont clouées sur des pièces de bois $a, a', a'' \ldots$ nommées *chevrons* (2), qui sont ordinairement dirigées suivant les lignes de plus grande pente du plan de la toiture.

Les chevrons, par leur ensemble, forment un pan de bois incliné qui se nomme le *chevronnage*.

Le plan incliné qui contient toutes les faces de dessus des chevrons se nomme le *lattis supérieur ;* celui qui contiendrait toutes les faces de dessous, et qui d'ailleurs est parallèle au premier, se nomme le *lattis inférieur.*

Les chevrons sont, à leur tour,

(1) Les voliges sont des planches de peuplier qui ont de 1 à 2 centimètres d'épaisseur sur 21 centimètres environ de largeur. On laisse entre elles un écartement de 1 à 2 centimètres pour permettre la circulation de l'air et empêcher le bois de pourrir.

(2) Les chevrons sont des pièces de bois, le plus souvent en chêne ou en sapin, qui ont un équarrissage de 8 sur 12 centimètres environ. Leur espacement est compris entre 33 et 60 centimètres ; il dépend du poids de la couverture et des charges accidentelles (neige, pression du vent...), qu'elle peut avoir à supporter.

supportés par d'assez fortes pièces de bois nommées *pannes f*, dont la direction est parallèle aux horizontales du toit.

La panne supérieure *h* du comble se nomme la panne faîtière ou *faîtage ;* la panne inférieure *c*, laquelle repose sur le mur soit directement, soit par l'intermédiaire du tirant *d* ou d'une cale en bois *t*, se nomme la *sablière*.

Les chevrons s'assemblent de différentes manières dans la sablière. La meilleure est celle indiquée en *a* (fig. 61). Elle consiste en un simple embrèvement, sans tenon.

Le chevron peut, comme en *a'*, dépasser la sablière et déborder la corniche du mur. Alors il est assemblé par entaille avec la sablière. Il en est de même pour la disposition *a"*. Mais il vaut mieux, dans le second cas, embrever le chevron dans la sablière (fig. 61 M), ce qui le maintient très bien, et clouer sur lui un bout de chevron coupé en sifflet à son extrémité *g'*. Ce bout de chevron ainsi rapporté se nomme un *coyau*.

A la partie supérieure en *h' h'*, c'est-à-dire au-dessus du faîtage, les chevrons d'un égout s'appuient simplement par leur extrémité, taillée en biseau, sur les extrémités des chevrons correspondants de l'autre égout.

Fig. 62

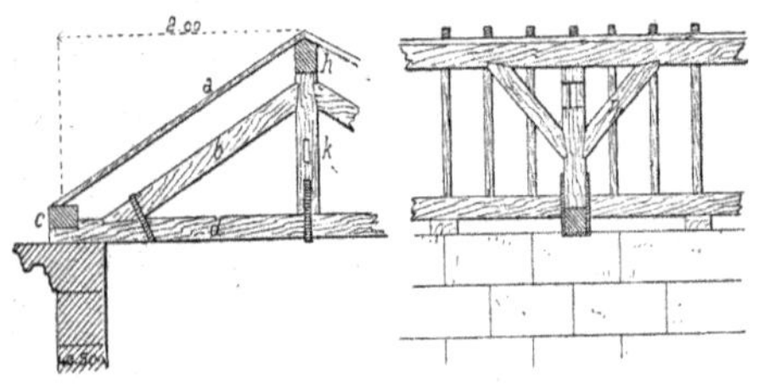

Fig. 63

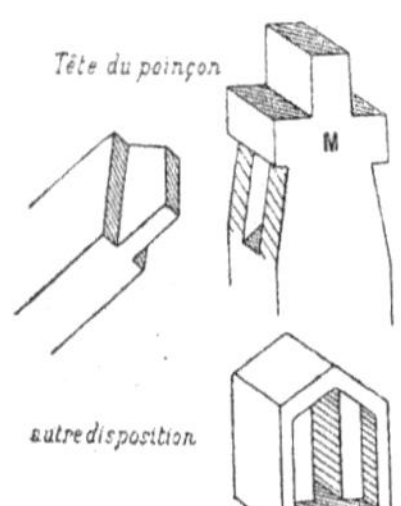

Fig. 64

§ 41. — Fermes de différents modèles.

Les pannes peuvent être supportées de distance en distance par des murs pleins ou évidés (fig. 62), que l'on nomme *murs de refend* et qui sont perpendiculaires sur les longs murs de face de la construction. Le plus ordinairement elles sont soutenues par des *fermes* (fig. 63, 65, 66, 68, et fig. 61 perspective). Les fermes sont des pans de bois verticaux composés essentiellement des pièces suivantes :

1° Les *arbalétriers* (*b*) (fig. 65 et suivantes), qui sont inclinés à la pente du toit. Les pannes reposent sur les arbalétriers, et elles sont empêchées de glisser par des tasseaux *g g*, qui se nomment des *chantignoles*, lesquelles sont assemblées à tenon et mortaise dans l'arbalétrier.

2° Le *tirant* ou *entrait* (*d*), pièce horizontale dans laquelle les arbalétriers s'assemblent à tenon et mortaise avec embrèvement. L'embrèvement est indispensable, car les arbalétriers transmettent au tirant des composantes du poids total de la toiture qui sont souvent très fortes ; d'autant plus fortes que la pente du toit est plus faible.

3° Le *poinçon* (*k*), pièce verticale toujours assez forte d'équarrissage, surtout parce qu'elle est une pièce d'assemblage par excellence, et qu'il lui faut un assez grand volume pour recevoir convenablement les extrémités des nombreuses pièces qui viennent y aboutir.

Le *faîtage* s'assemble avec le poinçon soit comme il est indiqué en M (fig. 64), soit comme le montre le croquis N.

La disposition M est employée lorsque l'on doit avoir un chevron placé dans l'axe de la ferme. La disposition N convient lorsque le poinçon doit se prolonger en dehors du toit et former *épi*.

La figure 63 montre en élévation et en coupe une ferme de 4 mètres de portée.

Pour empêcher le *hiement* du comble, c'est-à-dire le mouvement, dû en général à l'action du vent, qui tendrait à renverser les fermes les unes sur les autres, il est nécessaire de trianguler la construction dans le sens longitudinal. C'est pourquoi (voir les coupes fig. 63 et 64) des pièces obliques *n, n*, nommées des *liens*, relient les poinçons avec le faîtage.

L'ensemble du faîtage, des poinçons et des liens constitue ce que l'on nomme la *ferme sous faîte*.

Les pannes sont, en général, espacées (en projection horizontale) de 2 mètres

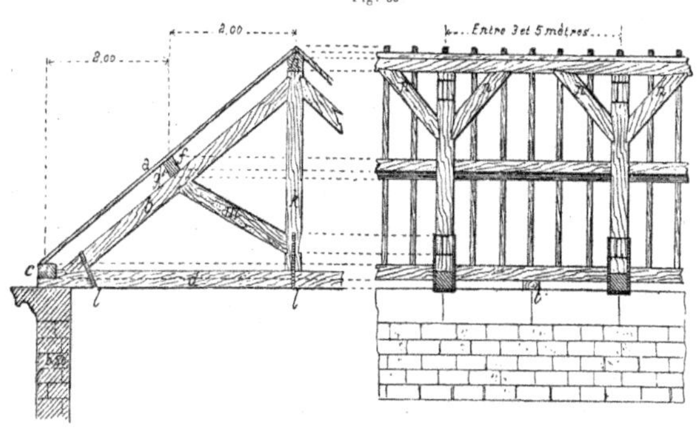

Fig. 65

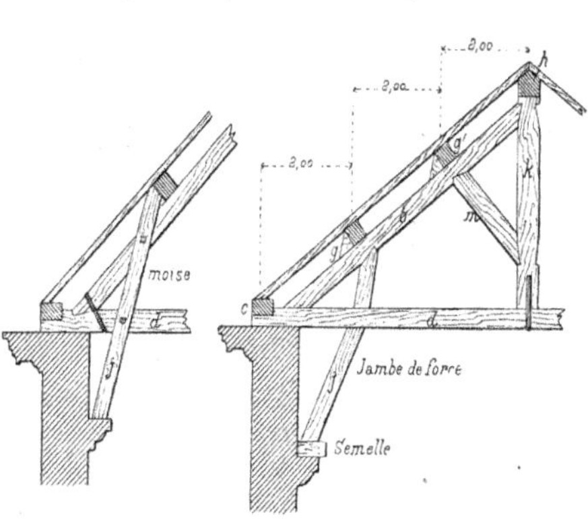

Fig. 67   Fig. 66

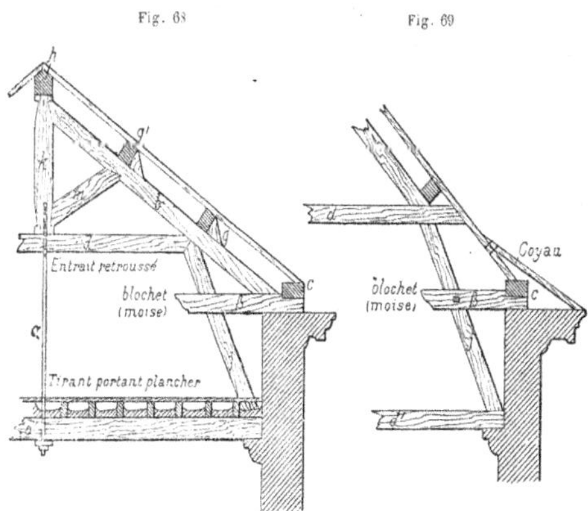

Fig. 68   Fig. 69

en 2 mètres. C'est pourquoi un comble de 4 mètres de portée (fig. 63), c'est-à-dire de 2 mètres de demi-portée, n'aura pas de panne courante.

Un comble de 8 mètres de portée (fig. 65) aura une panne courante, g, sous chaque égout. Une ferme de 12 mètres de portée en aura deux, g et g', pour chaque égout (fig. 66 et 68).

Il est nécessaire de soulager l'arbalétrier au droit de chaque panne. La panne supérieure g' aura, en général, sa charge reportée sur le poinçon par l'intermédiaire d'une pièce inclinée $m, m \ldots$ (fig. 63, 65, 66, 68), nommée *contre-fiche*. La panne inférieure aura sa charge reportée sur le mur (fig. 66 et 67), ou sur un tirant inférieur $d'd'$ (fig. 68 et 69), par l'intermédiaire d'une *jambe de force j*.

La ferme indiquée figures 68 et 69 est conçue de manière à permettre l'habitation du comble. Le tirant inférieur d' porte un plancher, c'est pourquoi il est soutenu en son milieu par une *aiguille pendante* α, en fer, attachée à la partie inférieure du poinçon. Dans ce cas, il y a un second entrait d, placé au-dessus du premier et que l'on nomme un *entrait retroussé*.

Il arrive souvent que cet entrait retroussé, au lieu d'être soumis à une traction, travaille, au contraire, à la compression. Une épure de stabilité faite dans chaque cas permettra de reconnaître la nature de l'effort et d'en déterminer l'intensité.

Dans le cas de la figure 68 et 69, il est bon de rattacher la sablière et la jambe de force ; cela se fait à l'aide d'une pièce horizontale, β, nommée *blochet*, que l'on peut considérer comme un tirant qui aurait été coupé. Un blochet est ordinairement formé de deux pièces jumelles formant moises autour de la jambe de force.

(Pour des fermes de plus de 12 mètres de portée, voir le *Traité de charpente*, du colonel Emy, et le *Traité d'architecture*, de Léonce Reynaud.)

§ 42. — **Combinaisons de toitures.**

(*a*) COMBLE A DEUX PIGNONS. — Lorsque le plan du bâtiment est rectangulaire, on peut adopter une disposition indiquée déjà figure 60 (voir plus haut). On dit alors que le comble est à *deux pignons*.

Les égouts peuvent déborder en dehors du

pignon, ce qui s'obtient en prolongeant les pannes (fig. 70) ; c'est une très bonne mesure à prendre pour éviter les infiltrations d'eau.

Ou bien (fig. 71) le toit peut être contenu entre les deux pignons qui, dans ce cas, doivent monter plus haut que lui.

Afin d'éviter les infiltrations à la jonction de la couverture et du pignon, il est bon de munir intérieurement celui-ci (voir coupe M) d'un larmier faisant saillie.

Dans les constructions peu soignées, on garnit de plâtre cette jonction. Cet enduit de plâtre se nomme un *solin* ; il faut le renouveler fréquemment.

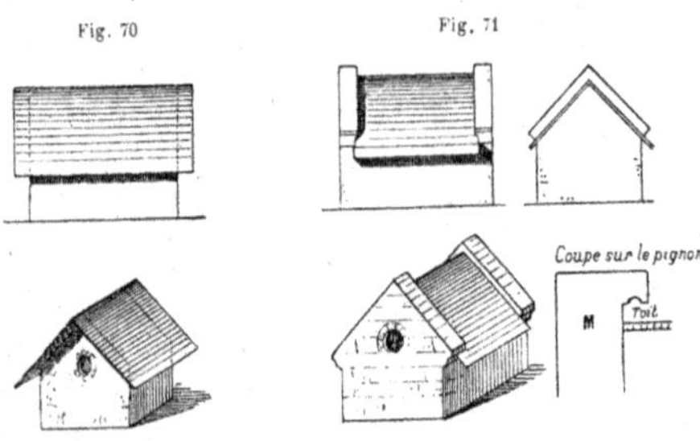

Fig. 70   Fig. 71

(*b*) COMBLE A QUATRE PIGNONS ET A QUATRE NOUES (fig. 72). — La figure ci-contre indique cette disposition. Les *noues a b*, *a b* sont les angles rentrants formés par les intersections des quatre plans d'égout.

Ce qui caractérise une noue, c'est de former *gouttière* et de recueillir les eaux. Leur exécution, en zinc ou en plomb, demande, pour éviter les infiltrations, à être très soignée. En M les toits sont arasés au droit des pignons, en N ils sont débordants au dehors.

(*c*) COMBLE A QUATRE CROUPES (fig. 73). — Dans ce cas, les intersections des égouts *c d* forment des angles saillants ou *arêtes*. L'eau s'en éloigne au lieu de s'y rendre.

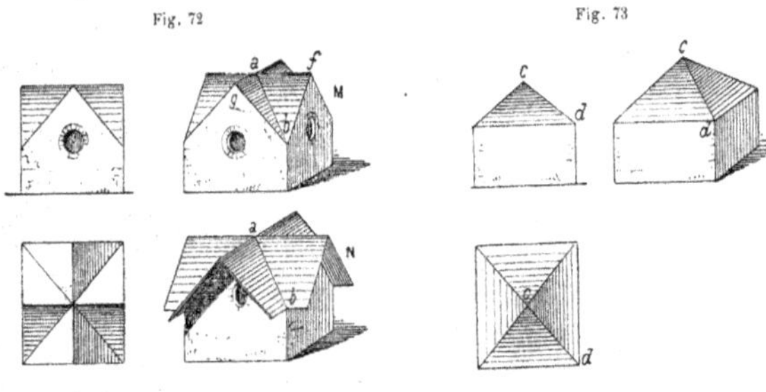

Fig. 72   Fig. 73

(*d*) COMBLE A CINQ ÉPIS (QUATRE CROUPES ET QUATRE NOUES) (fig. 74). — Si, revenant à la figure 72, nous supprimons les pignons et si nous les remplaçons par des croupes, nous aurons la couverture à cinq épis, ainsi nommée parce que nous aurons cinq poinçons (1, 2, 3, 4, 5) que l'on pourra faire sortir au dehors et qui formeront ce que l'on nomme des *épis*.

Les épis qui sortent ainsi en dehors des toits sont ordinairement ornés.

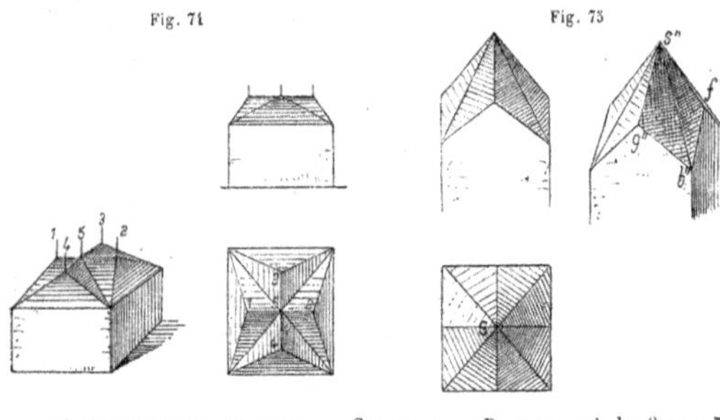

Fig. 74   Fig. 75

(*e*) COMBINAISONS DIVERSES. — CLOCHERS. — Revenons à la figure 72. Sans changer les pignons supposons que nous relevions peu à peu le point de croisement a des noues. Les faîtages $a g$ — $a f$ vont s'incliner et prendre (fig. 75) les positions $s'' f''$ — $s'' g''$. On aura en $s'' b''$ une *gouttière* et en $s'' g''$ une *arête*.

Pour une hauteur donnée du point S (fig. 76), les arêtes et la gouttière $t g_1$ — $t f_1$ et $t b_1$ peuvent être dans un même plan.

Si, partant de la couverture à cinq épis (fig. 74), nous relevons aussi le nœud de croisement n° 5, nous obtiendrons une des combinaisons indiquées ci-contre (fig. 77 et fig. 78).

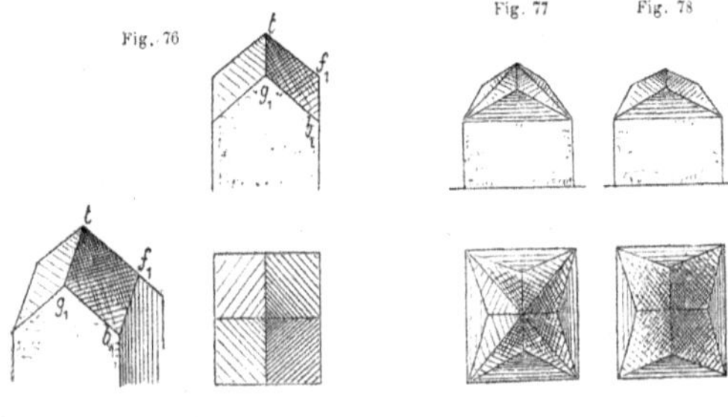

Fig. 76   Fig. 77   Fig. 78

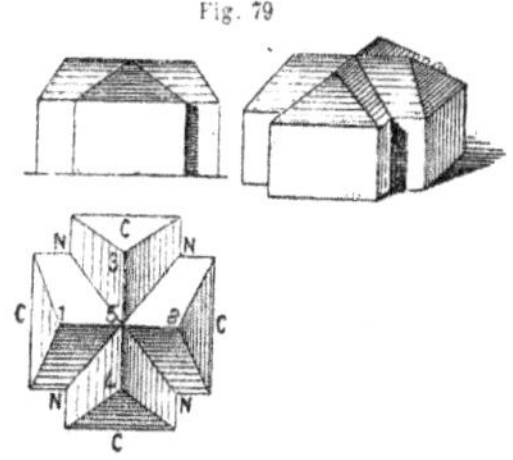

Fig. 79

Si le bâtiment est formé en plan par deux rectangles qui se rencontrent, on pourra couvrir l'ensemble comme l'indique la figure 79. Nous aurons quatre croupes et quatre noues.

§ 43. — Rencontres et nœuds de bâtiments. — Croupes et noues droites ou biaises.

Les figures 80 et 81 indiquent, en plan, les combinaisons de toitures adoptées pour des rencontres de bâtiments. Les *croupes* sont les rencontres de plans avec intersection faisant saillie, c'est-à-dire formant *arête*. Elles sont indiquées par la lettre C quand elles sont droites et C′ quand elles sont biaises. Les *noues* sont les rencontres de plans avec intersection rentrante formant *gouttière*.

Elles sont indiquées par la lettre N quand elles sont droites et par la lettre N′ quand elles sont biaises.

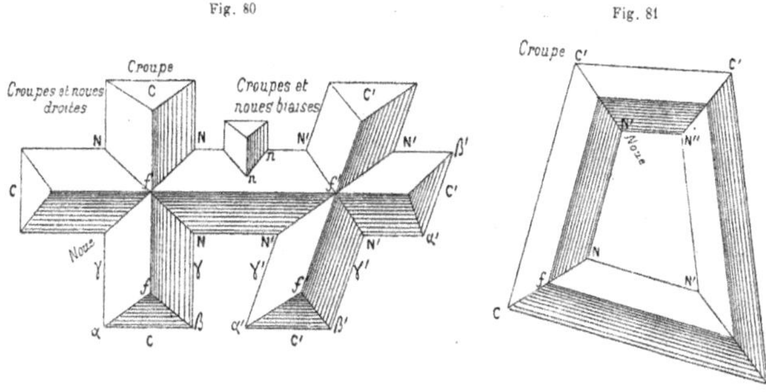

Fig. 80

Fig. 81

Une croupe (ou une noue) est droite quand les horizontales des plans qui se coupent sont à angle droit l'une sur l'autre ; elle est biaise, s'il n'en est pas ainsi.

Lorsque, à la rencontre de deux bâtiments, le faîtage du bâtiment le moins large (*n*, *n*, fig. 80) est plus bas que le faîtage de l'autre, la noue plus petite, ainsi formée, se nomme un *noulet*.

Nota. — Nous étudierons dans ces leçons une croupe biaise et une noue biaise. La croupe droite et la noue droite ne seraient que des simplifications de l'étude que nous allons faire.

CHAPITRE V

CROUPES

§ 44. — Définitions (fig. 82, 83 et 84).

(*a*) Biais. — Le biais d'une croupe est donné par l'angle aigu α que font entre elles les directions des horizontales des plans qui se rencontrent. Si $\alpha = 90°$, la croupe est droite.

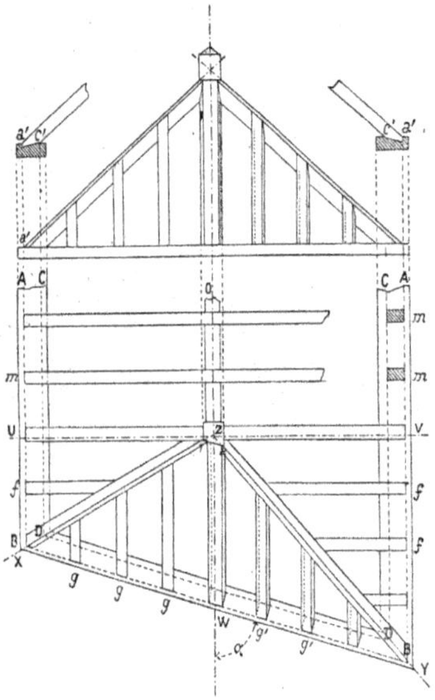

(*b*) Lignes d'about et lignes de gorge.

Ne nous occupons d'abord que du chevronnage.

On nomme *longs pans* les pans de bois inclinés ABZ — ABZ, formés par les chevrons qui constituent les toits principaux. Le pan de croupe BZB, sert à couvrir la croupe.

Les lattis supérieurs (voir § 40, fig. 61) recoupent le plan horizontal qui forme le dessus des sablières suivant des droites, qui portent le nom de *lignes d'abouts*.

Il y a les *lignes d'about de long pan* AB, AB, et la *ligne d'about de croupe* BB.

Les *lattis inférieurs* donnent comme traces horizontales sur le plan de dessus des sablières, les *lignes de gorge*.

CD et CD sont les *lignes de gorge de long pan*. DD est la *ligne de gorge de croupe*. Il est facile de voir que les pas $m, m\ldots$ des chevrons seront des rectangles ou des parallélogrammes compris entre les deux lignes d'about et de gorge.

(*c*) Retournement. — Loi des homologues. — Si l'on trace en ZX et ZY, les projections horizontales des arêtes du trièdre constitué par les trois plans de lattis, on devra retourner sur ces arêtes, aux points B et D, les lignes d'about et de gorge.

Comme on le verra plus loin, d'autres lignes encore, entre autres les arêtes 1 et 2 du poinçon, les arêtes de la sablière, etc., seront retournées d'après cette loi dite : *loi des homologues*.

(*d*) Divers chevrons et empanons. — Les chevrons placés en ZX et ZY au-dessous des arêtes du trièdre, se nomment les chevrons d'arêtier, ou simplement les *arêtiers*. Les arbalétriers qui sont au-dessous se nomment les *arbalétriers d'arêtier*.

On voit en ZW (fig. 82, 83 et 84), le chevron de croupe (au-dessous se trouve l'arbalétrier de croupe). Enfin, on voit en ZU ou ZV, le premier chevron de long pan ; au-dessous se trouve l'arbalétrier de long pan.

On nomme *empanons*, les chevrons tels que g, g', f, f, qui rencontrent les arêtiers. Ils sont plus courts que les autres. A la partie supérieure ils s'assemblent, à tenon et mortaise, dans l'arêtier. Il faut distinguer les empanons de long pan f, f, f, et les empanons de croupe $g, g\ldots g', g'$.

§ 45. — Diverses dispositions d'ensemble des croupes biaises.

(*a*) Ferme droite de long pan et demi-ferme biaise de croupe.

Lorsque le biais n'est pas très prononcé, on adopte la disposition indiquée, figure 82. La ferme de long pan UV est droite, c'est-à-dire perpendiculaire aux murs de long pan. La demi-ferme de croupe ZW fait suite à la ferme sous-faîte ; elle est parallèle aux longs pans ; elle est donc biaise par rapport aux murs de croupe.

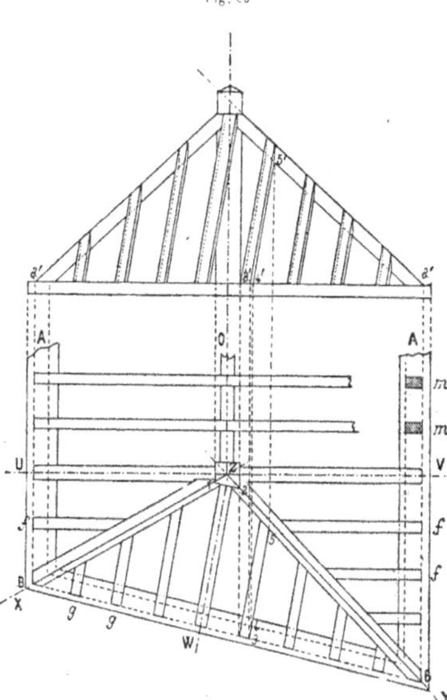

Fig. 83

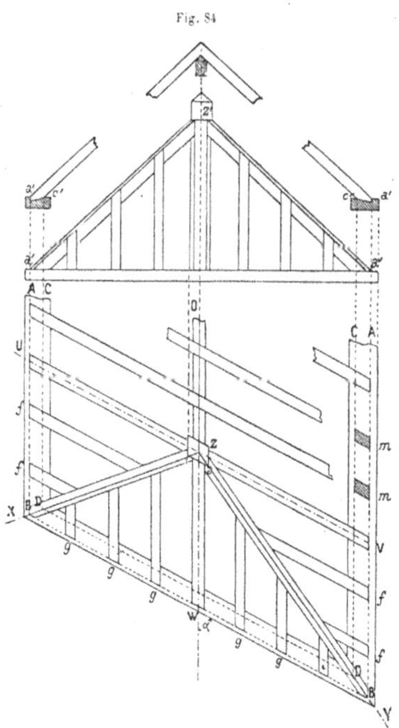

Fig. 84

Les empanons de long pan *ff* sont droits et leurs sections droites sont des rectangles ; ils seront faits avec des bois *équarris* (1).

Quant aux empanons de croupe g, g, g', g', ils sont biais comme la demi-ferme de croupe. Alors, si l'on veut, comme cela est indiqué à gauche en g, g, g, que leurs faces latérales soient verticales, cela entraîne à leur donner une section droite parallélogramme. Ils seront faits alors en *bois.délardés*. Si on veut les avoir en bois équarris et éviter ainsi un délardement, il faut les *déverser*, ce qui veut dire que leurs faces latérales ne seront pas verticales. On voit des empanons déversés en g' g'....., à droite.

Le chevron de croupe ZW (ou l'arbalétrier de croupe qui est dessous) peut, lui aussi, être déversé (fig. 82) ou délardé (fig. 84).

(*b*) Ferme droite de long pan et demi-ferme droite de croupe. — Si l'on veut éviter de délarder et de déverser les pièces de la croupe, on place la demi-ferme de croupe (fig. 83) en ZW à angle droit sur son mur. Elle n'est plus alors dans le prolongement de la ferme sous faîte. Dans cette charpente, toutes les pièces sont équarries et droites.

(*c*) Ferme biaise de long pan et demi-ferme biaise de croupe. — Si le biais est très prononcé, on place (fig. 84) la ferme de long pan UV parallèle au mur de croupe.

Alors toutes les pièces, aussi bien sur les longs pans que sur la croupe, devront être délardées ; ce qui rendra la construction plus coûteuse.

§ 46. — Pente à donner à une croupe.

Le plan incliné de la croupe doit avoir une pente plus forte que celle des longs pans. En général, on prend (fig. 83) la ligne de plus grande pente de croupe ZW, égale aux $2/3$ de celle ZU ou ZV des longs pans. Il y a deux raisons pour opérer ainsi :

1° La demi-ferme de croupe produit ainsi une poussée moins considérable que les demi-fermes de long pan, dont la pente est plus douce. Les poussées de ces dernières s'équilibrent mutuellement par l'intermédiaire du tirant de long pan, tandis que la poussée de la croupe n'est équilibrée par rien, si ce n'est par une traction exercée au milieu du tirant de long pan et perpendiculairement à la direction de ce tirant, ce qui peut être dangereux.

Il faut donc réduire cette poussée autant que possible et c'est pourquoi on force la pente de la croupe.

2° Si l'on avait ZW = ZV, l'arétier ZY serait beaucoup plus long que les autres chevrons ou que les autres arbalétriers, ce qui serait encore un inconvénient.

Nous allons montrer maintenant comment on exécute l'épure d'une croupe biaise. Nous l'exécuterons pour le cas de

(1) Une pièce de bois est dite *équarrie*, lorsque sa section droite est un rectangle. Elle est dite *délardée* ou *débillardée*, si sa section droite est un parallélogramme quelconque ou une figure autre qu'un rectangle.

la figure 82, dans laquelle la ferme de long pan est droite, la demi-ferme de croupe est biaise ; et nous supposerons que l'arbalétrier de croupe est déversé.

§ 47. — **Remarque préalable relative aux échelles d'une épure de charpente.**

Les pièces de bois ayant, en général, une longueur assez grande comparée à leur largeur, on adopte ordinairement pour les longueurs une échelle plus petite que pour les largeurs et que pour les épaisseurs. Ainsi sur les épures indiquées plus loin aux figures 88 et 89, nous avons adopté l'échelle de $0^m,02$ par mètre ($\frac{1}{50}$) pour les longueurs et une échelle dix fois plus grande, soit $0^m,20$ par mètre ($\frac{1}{5}$) pour les largeurs et les épaisseurs.

Aux points où les pièces se croisent, cette convention n'apporte aucune déformation, et cela nous permet d'étudier les assemblages à une échelle suffisamment grande. Sur la figure 85, l'échelle des largeurs est vingt fois aussi grande que celle des longueurs.

§ 48. — **Mise en place des pièces d'une croupe.**

(*a*) Lignes de voie. — On voit en Z (fig. 85), le sommet du trièdre de croupe ; en ZX et ZY, ses deux arêtes, qui sont, en plan, les lignes de retournement des lignes d'about et de gorge ; elles constituent, avec ZU, ZV et ZW, ce que l'on nomme les *lignes de voie* des tirants, des arbalétriers et des chevrons, qui forment épi autour du point Z.

Une ligne de voie diffère d'une ligne d'axe en ce qu'elle n'est pas, comme cette dernière, tracée toujours à égale distance des faces. Lorsque la ligne de voie d'une pièce ne se confond pas avec sa ligne d'axe, on dit que la pièce est *dévoyée*. Dans la croupe biaise, toutes les pièces, sauf l'arbalétrier de croupe ZW quand il est délardé, sont dévoyées (fig. 85, 86, 87, 88). S'il était déversé, il serait, lui aussi, dévoyé. (Voir plus loin §§ 55 et 56.)

Nous allons indiquer comment se fait cette déviation.

(*b*) Mise en place du poinçon, des arbalétriers de long pan et de l'arbalétrier de croupe (fig. 85).

1° *Le poinçon.* — La figure 85 donne à une échelle double pour les largeurs de celles des figures 88 et 89....., les détails de la mise en place.

De chaque côté du point Z, on porte en *c* et *d* le demi-équarrissage $1/2\,\alpha$ du poinçon. Du côté opposé à la croupe, on prend la face arrière 1 2, perpendiculaire aux murs de longs pans et à une distance $Zm = 1/2\,\alpha$. La face avant, 4 3, est obtenue par la loi des homologues en se retournant sur ZX et ZY. Elle est donc parallèle au mur de croupe. On voit que dans ces conditions le point Z n'est pas au milieu de *mn*.

2° *Les arbalétriers de long pan ZU, ZV.* — Soit δ leur équarrissage. On les dévoye de telle sorte que leur ligne de voie UV, partage la largeur δ dans le même rapport que celui dans lequel le point Z partage la ligne *mn*.

On peut imaginer pour y arriver une construction graphique quelconque. Voici celle adoptée ordinairement par les charpentiers.

On prolonge 3 4 jusqu'en *i* sur la ligne de voie ZU et on joint *im*. Il est évident que toute ligne perpendiculaire à la ligne de voie et inscrite entre les deux côtés de l'angle *min*, sera partagée par la ligne de voie dans le rapport $\dfrac{z\,n}{z\,m}$;

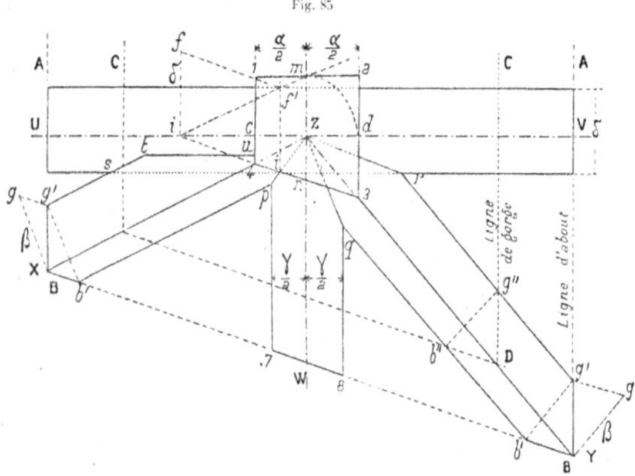

Dès lors, on prend *if* perpendiculaire sur UV et égale à δ : on mène *ff'* parallèle à 3 4 et l'on obtient en *f' i'* une ligne égale à la largeur δ et remplissant les conditions voulues. Par *f'* et *i'* on fait passer les faces des arbalétriers et ces derniers sont mis en place.

3° *L'arbalétrier de croupe délardé* Z W. — A cause de la symétrie il n'est pas nécessaire de le dévoyer. On portera de chaque côté de sa ligne de voie son demi-équarrissage $\frac{\gamma}{2}$, ce qui donnera ses faces latérales.

Nota. — Dans le cas où il sera déversé, sa ligne de voie ne sera pas sa ligne d'axe, et nous verrons plus tard (§ 56) que pour avoir ses arêtes latérales 7 et 8 on n'est plus en droit de porter de chaque côté de l'axe le demi-équarrissage.

(*d*) Mise en place des arêtiers Z X et Z Y. — Ils seront dévoyés par la condition géométrique que la largeur $b'g'$ de la pièce s'inscrive entre les deux lignes d'about AB et BB et qu'elle soit perpendiculaire à la ligne de voie Z Y. C'est donc le problème connu : « Inscrire dans un angle, une droite de direction connue et ayant une longueur donnée. »

Solution. — On prend Bg égal à l'équarrissage β et perpendiculaire sur la ligne de voie Z Y. On mène gg' parallèle à la ligne d'about de croupe BB et l'on obtient en $g'b'$ la largeur demandée. On procédera de même pour l'autre arêtier.

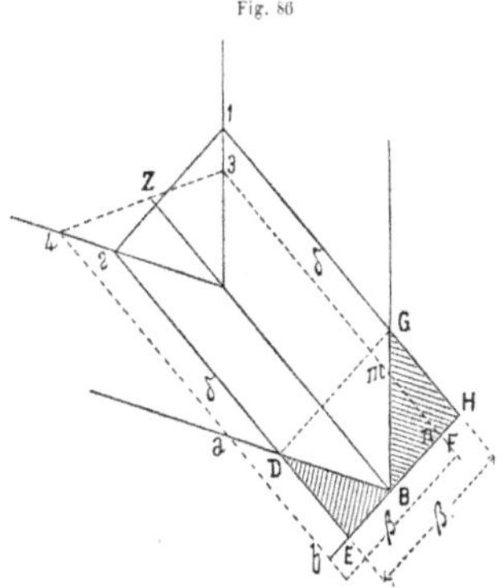

Fig. 86

Avantages de ce tracé (fig. 86). — Les avantages qui résultent de cette manière de dévoyer l'arêtier sont les suivants :

1° L'arêtier pourra être pris dans une pièce équarrie. Cela résulte de ce que sa ligne de gorge $b''g''$ (fig. 85) est perpendiculaire à sa ligne de voie. De cette façon, comme cela est indiqué pour les arbalétriers d'arêtier de gauche des figures qui suivent (88 et 89), si l'on supprime la pointe triangulaire 1 2 3, la pièce aura pour section droite un rectangle parfait.

2° Cette suppression de l'angle 1 2 3 n'est pas possible quand il s'agit du chevron d'arêtier. Il faut, forcément, faire apparaître, sur le dessus de ce chevron, le lattis de long pan et le lattis de croupe, ce qui donne à la pièce la forme dite en *dos d'âne*. Il faut donc la délarder sur le dessus. Nous allons prouver que cette manière de dévoyer la pièce est celle qui exige un délardement minimum.

En effet (fig. 86), soient 1 G, 2 D, les faces verticales de la pièce dévoyée comme ci-dessus. Le volume de bois à enlever, pour former le dos d'âne, peut être considéré comme mesuré par la surface des deux triangles B G H, B E D hachés. Si l'on place autrement, par exemple en 3 et 4, les faces, mais tout en gardant le même équarrissage β, on doit enlever, en moins, d'un côté, le trapèze G H mn, et en plus, de l'autre côté, le trapèze ab D E. Or, ce dernier est plus grand que le premier, car sa hauteur δ est la même, tandis que sa petite base DE est égale à la grande base GH de l'autre. Donc, en résumé, il y a avantage à adopter la première disposition.

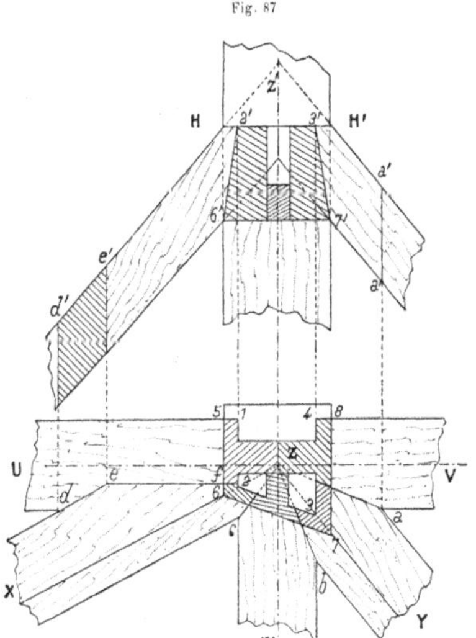

Fig. 87

§ 49. — Assemblage des pièces aux environs du poinçon. — Déjoutement.

Les deux arbalétriers de long pan U et V (fig. 87) s'assemblent à tenon et mortaise, avec embrèvement dans le poinçon. Les bouts de leurs tenons se touchent en Z dans l'intérieur du poinçon.

L'arbalétrier de croupe porte également un tenon avec embrèvement. Le bout de ce tenon vient s'appuyer sur les joues des deux tenons précédents.

Les arêtiers sont simplement *déjoutés*, soit par des plans verticaux tels que $az - bz - cz$, qui concourent au point Z (c'est le déjoutement dit en *tour ronde*), soit par une entaille def (c'est le déjoutement dit par *entaille* ou en *pavillon*).

Les arêtiers ne portent pas de tenon, mais un simple embrèvement. Le pas de cet embrèvement présente la forme d'un angle dièdre qui aurait pour arête la ligne 3 7 — 3' 7' de l'intérieur du poinçon. L'arêtier s'appuie donc sur le poinçon par l'intermédiaire des deux plans se recoupant suivant la ligne 3 7 — 3′ 7′ et qui se nomment ses *faces d'engueulement*.

En résumé, le poinçon (fig. 87) est taillé suivant un tronc de pyramide H H′ 6′ 7′ à base quadrilatère. Le plan horizontal H H′ est le plan d'about commun à tous les embrèvements des arbalétriers. Les arètes de ces embrèvements se retournent en 1 2 3 4 d'après la loi des homologues, c'est-à-dire sur les arètes Z X et Z Y du trièdre.

§ 50. — Enrayure.

On nomme enrayure (fig. 89), le pan de bois horizontal formé par l'ensemble des tirants de fermes ou de demi-fermes qui se rencontrent sous la croupe.

Les lignes de voie des tirants sont à plomb des lignes de voie des arbalétriers et on dévoye les pièces de l'enrayure exactement comme celles qui sont au-dessus, aussi bien les chevrons que les arbalétriers.

Les tirants d'arêtiers M D, M′ D (fig. 89) portent le nom de *coyer*. On ne les prolonge pas jusqu'au droit du poinçon, mais on les arrête à une pièce transversale M nommée *gousset*, assemblée elle-même à tenon et mortaise dans les tirants de long pan et de croupe.

Le gousset a sa direction parallèle à la diagonale α β du quadrilatère Z α B β. Il obéit donc aussi à la loi des homologues.

Le coyer s'assemble dans le gousset soit à tenon et mortaise comme en M, soit mieux encore en queue d'hironde, avec ou sans clef, comme en M′.

Sur la figure 89, on voit l'enrayure avec les occupations des arbalétriers et des chevrons.

Sur la figure 88, on voit la projection des pièces supérieures. On y a indiqué en *g g g g* les amorces des chevrons principaux.

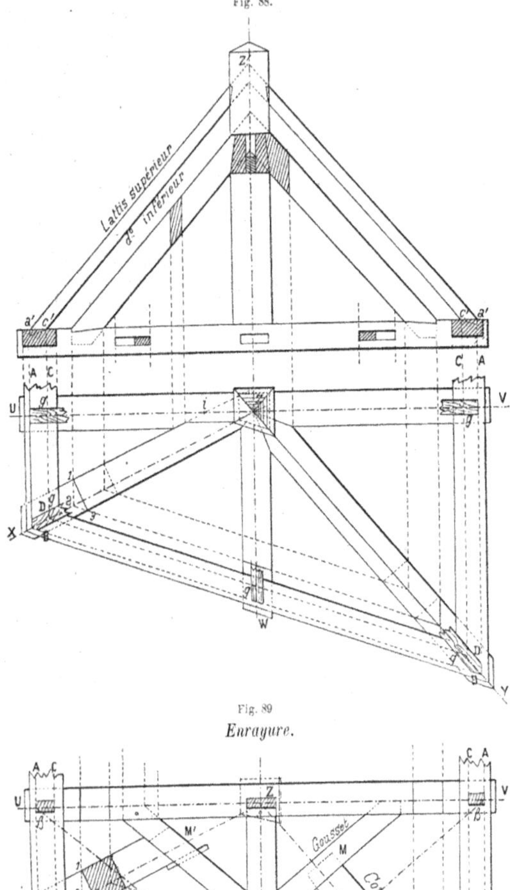

Fig. 88.

Fig. 89
Enrayure.

§ 51. — Arbalétrier (ou chevron) de long pan (N, N′ et N″, fig. 90).

(*a*) Mise en place. — Le plan montre en Z V, Z Y et Z W les trois lignes de voie. On voit en B B B les lignes d'about de long pan et de croupe, et en D D D les lignes de gorge, qui se retournent, d'après la loi des homologues, sur l'arête Z Y du trièdre qui est la ligne de voie de l'arêtier. Le poinçon a été tracé et les pièces dévoyées, comme il a été dit au § 48.

(*b*) Assemblage au sommet. — L'élévation fait connaître la hauteur du point Z, sommet du trièdre, et la position du plan S′ que nous nommerons le *plan d'about* des embrèvements. Le plan incliné qui forme le rampant $g′ h′$ de l'épaulement va percer l'axe de la croupe en un point φ′, par lequel passeront tous les rampants des autres embrèvements au sommet.

Le plan de déjoutement $Z h b$ (voir le plan) détermine un pentagone $a b g h f$, nommé le *pentagone de déjoutement*. On donne en N″ quartier à la pièce. La ligne de voie apparaît en φ V et les fragments δ et δ′ de l'équarrissage pris sur le plan N de part et d'autre de la ligne de voie se reportent en δ et δ′ sur la figure N″. D'ailleurs tous les points tels que $a b g$ ..... de la figure N″ sont sur les lignes de rappel menées, par les points $a′ b′ g′$ .. ... de la figure N′. D'autre part, ils sont à des profondeurs, positives ou négatives par rapport à la ligne de voie, qui sont prises, au compas, sur le plan, figure N.

(*c*) Vérifications et points de concours. — Si l'on prend en $Z′_1 Z′_2 Z′_4$ et φ′ les points où les différents plans, soit du lattis supérieur ($Z′_1$), soit du lattis inférieur ($Z′_4$), soit des abouts des embrèvements ($Z′_2$), soit du rampant des embrèvements (φ′), percent l'axe de la croupe, ces points rappelés en $Z_1 Z_2 Z_4$ et φ sur la ligne de voie φ V (fig. N″) donnent des points de concours importants à déterminer d'avance soit pour la vérification des lignes, soit même pour leur tracé.

(*d*) Assemblage a la base. — Cet assemblage ne présente rien de nouveau. Nous avons en $m n p q — m′n′p′q′$ un assemblage oblique à tenon et mortaise avec embrèvement, déjà étudié § 12.

Nota. — Si au lieu de l'arbalétrier nous avions à faire l'épure du chevron de long pan, nous n'aurions qu'à supprimer le tenon inférieur et à conserver l'embrèvement comme cela est indiqué sur l'empanon de long pan E E′ E″.

§ 52. — Arbalétrier (ou chevron) d'arêtier (fig. M M′M″).

(*a*) Partie supérieure. — Le plan donne en M la projection horizontale de l'arêtier avec ses faces de déjoutement $n c$ et $h d$, qui convergent en Z sur l'axe de la croupe. L'about de son embrèvement est limité par les lignes brisées $h i n$ et $f k l$ se retournant d'après la loi des homologues et situées dans le plan horizontal S′. Il s'assemble sur le poinçon par engueulement, sans tenon. Horizontalement, nous avons en $n i j l$ la face d'engueulement de croupe et en $h i j g$ la face d'engueulement de long pan.

On prend une ligne de terre xy, parallèle à la ligne de voie Z Y, et on projette l'arêtier en M′ ; ses arêtes seront donc figurées en vraie grandeur. A cet effet, on commence par reporter en $Z′_1$ la hauteur du sommet de la croupe, on établit en B′ Z′₁ (fig. M′) l'arête du trièdre et cela donne les directions de toutes les arêtes du prisme.

Cela fait, on établit d'abord les deux pentagones de déjoutement, savoir : $m′d′c′l′n′$ qui est le déjoutement de croupe (vu sur la projection M′) et $g′b′a′f′h′$ qui est le déjoutement de long pan (caché). On remarquera que les lignes telles que $c′l′$ et $a′f′$ doivent aboutir au point Z_1 tandis que $m′n′$ et $g′h′$ qui sont sur les rampants de l'embrèvement concourent au point φ. Il en sera de même pour la ligne $j′i′$ qui forme l'arête du dièdre constitué par les deux faces d'engueulement ; elle converge au point φ′. Donnons quartier à la pièce, en M″. Pour mettre en place tous les points importants, on prend comme repère la ligne de voie φ Y″ ; on mène par les points de la figure M toutes les lignes de rappel et on reporte en M″ les profondeurs relatives prises, au compas, sur le plan, figure M.

Nota. — Les points $Z′_1$, $Z′_2$ et $Z′_3$ de la figure M′ rappelés en $Z_1 Z_2 Z_3$ (figure M″) sur la ligne de voie donnent des points de concours utiles pour la vérification des tracés. On remarquera aussi les deux points de concours α et β pour les lignes de dessus et de dessous des faces d'engueulement.

Fig. 90

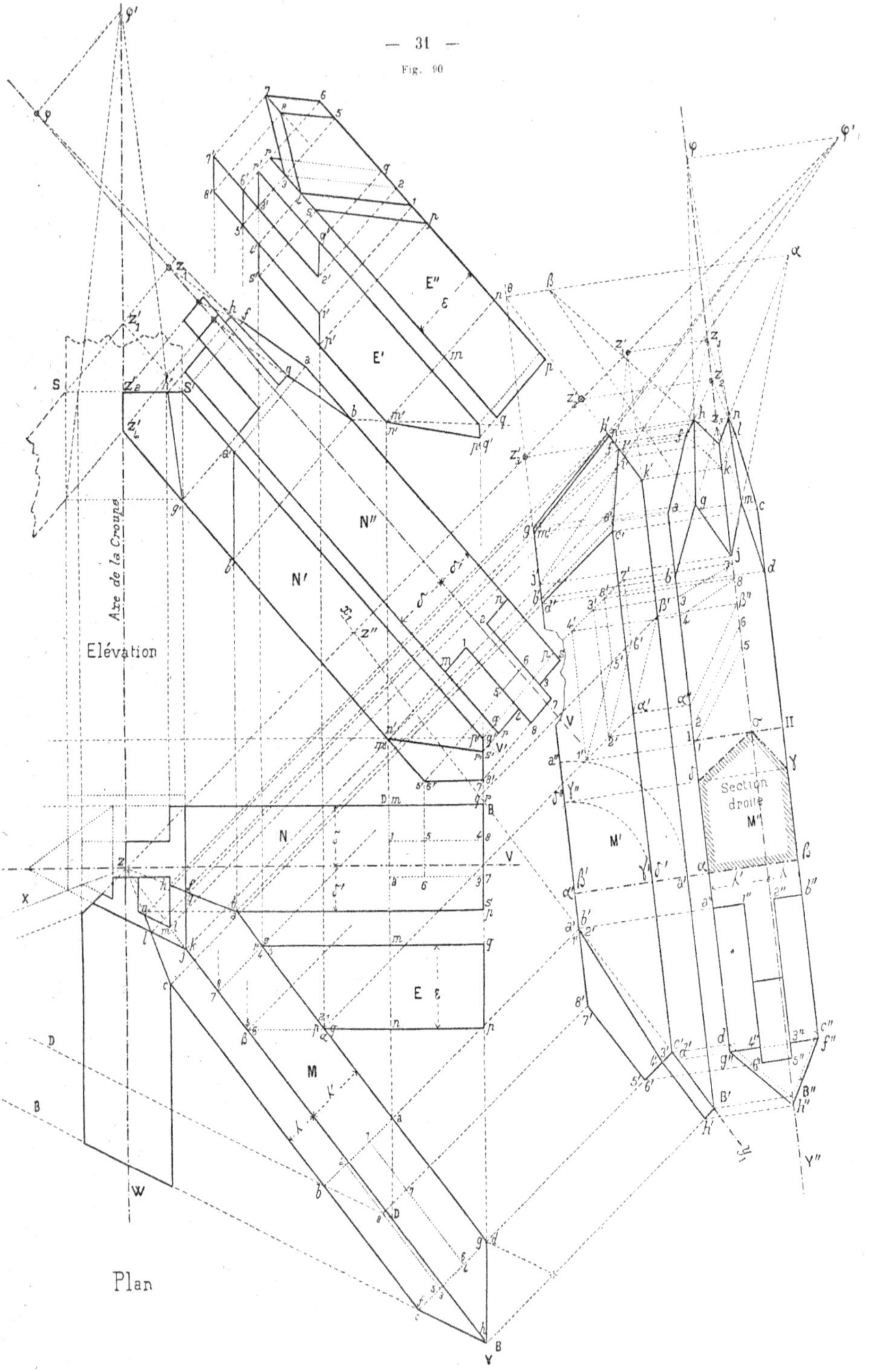

(*b*) Partie inférieure. — La figure 91 montre, en perspective, la disposition adoptée au pied de l'arêtier. Si la pièce était un chevron, le tenon serait supprimé et il ne resterait qu'un embrèvement avec about triangulaire *f h* B. D'ailleurs, quand on adopte un tenon, ce dernier ne règne pas sous la partie triangulaire de l'embrèvement. Nous pensons qu'il est inutile d'expliquer en détail les figures M, M′ et M″ pour le pied de l'arêtier.

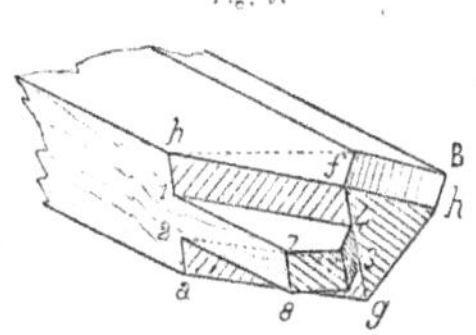

Fig. 91

(*c*) Section droite de l'arêtier. — On la voit indiquée (fig. M′ en $\alpha'\beta'\gamma'\delta'\sigma'$ en ligne droite ; sur la figure M″ elle est rabattue, en vraie grandeur, suivant le pentagone $\alpha\beta\gamma\delta\sigma$ obtenu par report de profondeurs. Cette section droite permet de connaître les dimensions I II $\alpha\beta$ de la pièce équarrie dans laquelle l'arêtier sera obtenu par délardement.

§ 53. — **Empanon de long pan** E E′ E″ (même figure 90).

(*a*) Le tenon. — On voit l'empanon figuré en E sur le plan. Le bout du tenon 5 6 7 8 est, en général, déterminé par le plan vertical Z Y qui projette horizontalement la ligne de voie de l'arêtier. L'about du tenon 4 3 7 8 est formé par un plan vertical perpendiculaire à la face *b d* de l'arêtier.

On en déduit facilement l'élévation E′. Les joues du tenon $2'3'4'4'$ sont parallèles aux lattis de long pan et tracées, comme à l'ordinaire, au tiers de l'épaisseur. L'empanon a reçu quartier en E″.

(*b*) La mortaise dans l'arêtier (fig. M′ et M″). — L'entrée $1'2'3'4'$ de la mortaise se trace *à priori* au tiers de la hauteur de la pièce. Pour avoir la direction des arêtes intérieures $2'6'$ et $1'5'$ des jouées, on remarque d'abord qu'elles sont parallèles à la fois au lattis de long pan et à la face verticale αp de l'empanon : par conséquent, on détermine en $\alpha\beta$ (fig. E ou M) et $\alpha'\beta'$ (fig. M′) cette direction, après quoi le reste de la mortaise se déduit facilement, aussi bien sur la figure M′ que sur M″.

§ 54. — **Empanon déversé de croupe biaise** (fig. 92).

(*a*) Données. — Prenons la même croupe que sur la figure 90, mais étudions l'arêtier de gauche et un empanon déversé s'y assemblant. L'arêtier M a été dévoyé en λ, comme à l'ordinaire. L'élévation donne la hauteur $Z Z'_1$ du sommet du trièdre par rapport au plan de dessus des sablières.

Choix de la ligne de voie. — On se donne, en plan, la ligne de voie $\omega\theta$ de l'empanon. — ω est sur l'arête de la croupe et θ est sur la ligne d'about de croupe. On en déduit, sur l'élévation, en $\omega''\omega'$ la hauteur du point ω.

On se donne l'équarrissage en largeur, δ, de l'empanon ; mais ce serait une erreur de porter cette largeur, sur le plan, de part et d'autre de la ligne de voie, pour avoir les deux arêtes $a m$ et $b n$ qui sont dans le lattis supérieur.

(*b*) Mise en herse de la ligne de voie. — On est obligé d'abord de rabattre horizontalement le plan du lattis supérieur en entraînant avec lui les empanons et les chevrons. Cette opération constitue ce que les charpentiers nomment la *mise en herse*. La herse est la figure formée par toutes les pièces une fois rabattues.

Pour effectuer facilement ce rabattement, je prends un nouveau plan vertical auxiliaire $x_1 y_1$ perpendiculaire au plan de croupe et, reportant de ω''_1 en ω'_1 la hauteur du point ω, j'obtiens en $a'\omega'_1$ la ligne de plus grande pente qui est aussi la trace verticale du lattis supérieur de croupe. Ce lattis se projette sur le mur auxiliaire $x_1 y_1$ tout entier suivant sa trace verticale $a'\omega'_1$. Le lattis inférieur se projetterait suivant une ligne, parallèle à la précédente, issue du point d' situé sur la ligne de gorge. Sur cette projection verticale auxiliaire E′ je dessine l'embrèvement en $a'e'c'$.

Pour rabattre on pourrait prendre comme charnière la ligne d'about $a'a b$; mais la pièce une fois en herse mêlerait ses lignes avec celles de la pièce en plan, ce qui amènerait de la confusion. C'est pourquoi nous prenons une charnière $S\varphi\sigma$, placée un peu au-dessous, ce qui revient, en réalité, à rabattre sur un plan horizontal φY_1 placé un peu plus bas que le dessus des sablières.

Cela posé, le point ω se rabat sur une perpendiculaire $\omega\omega_1$ à la charnière, et nous avons, vraie grandeur, en $\varphi\omega'_1$ son rayon de rotation sur le mur auxiliaire $x_1 y_1$.

La ligne de voie est donc rabattue suivant $\theta_1\omega_1$.

(*c*) Mise en place des arêtes supérieures. — C'est alors que, sur la herse E_1, nous pouvons, de chaque côté de la ligne de voie, porter la demi-largeur $\dfrac{\delta}{2}$, $\dfrac{\delta}{2}$ de l'empanon, ce qui nous donne en $m_1 a_1$ et $n_1 b_1$ la herse des arêtes supérieures.

Nous en déduisons, par un relèvement, les projections $a m$ et $b n$ de ces arêtes, et, par suite, les deux points m et n, sommets supérieurs de l'occupation de l'empanon sur l'arêtier. Ces points m et n sont, à leur tour, rabattus en m_1 et n_1 sur la herse.

Fig. 92

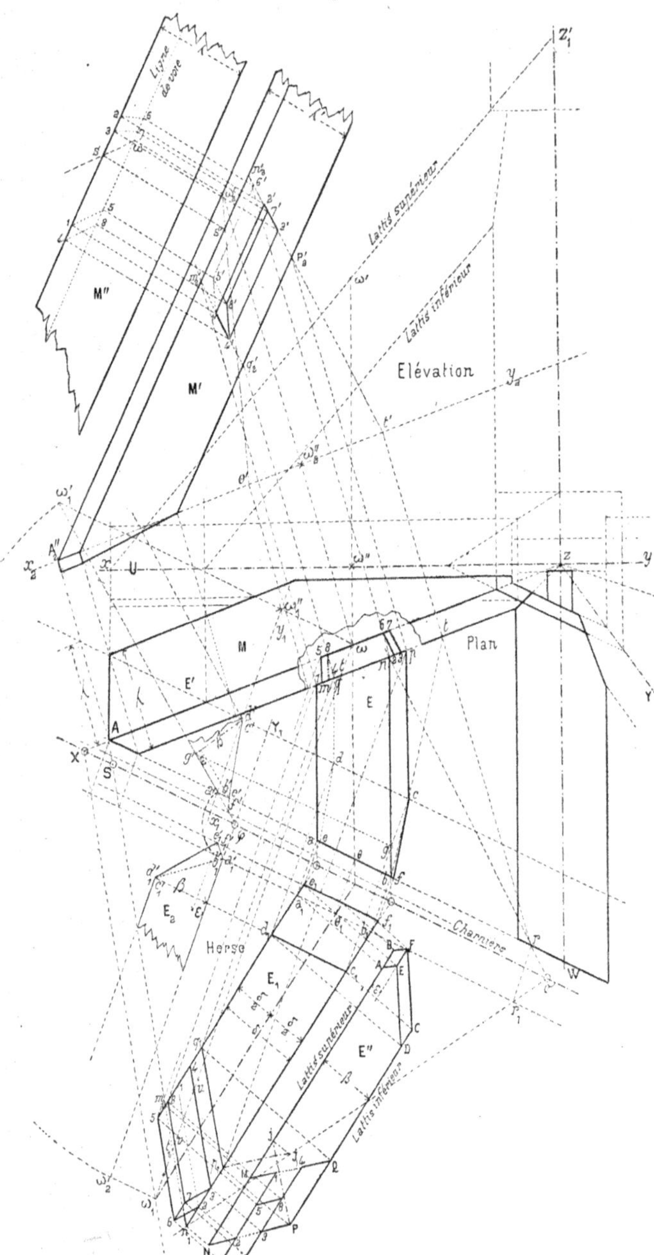

Remarque. — Si l'on joint X ω_1, on obtient la herse de l'arête Z X du trièdre, et la parallèle S m_1 n_1 à cette ligne est le rabattement de l'arête de croupe S mn de l'arêtier. Les points m_1 et n_1. déjà trouvés, doivent être sur cette arête rabattue, ce qui donne une bonne vérification.

(*d*) Mise en place des arêtes inférieures dq et cp (fig. E). — Remarquons d'abord que l'empanon n'est déversé que parce qu'il est équarri, ce qui veut dire que sa section droite est un rectangle. L'élévation auxiliaire E′ donne en β une des dimensions de l'équarrissage et la herse E₁ donne en δ l'autre dimension. Géométriquement parlant, dire que la pièce est équarrie, cela signifie que le plan de face latérale $bncp$ est perpendiculaire au lattis. Nous aurons donc, pour construire ce plan, à résoudre le problème suivant :

Problème. — « Par une droite bn d'un plan (ici le lattis supérieur), mener un autre plan qui lui soit perpendiculaire. »

Solution. — 1° On prend un point quelconque $g\,g'$ sur la droite bn ;

2° Par ce point on mène une normale gc — $g'\,c'$ au plan (lattis supérieur) ;

3° On cherche la trace horizontale $c'c$ de cette normale, et joignant ce point à la trace horizontale b de la droite donnée, on obtient en bc la trace horizontale du plan demandé.

Remarques. — 1° Au lieu de prendre quelconque ce point de départ $g'g$ de la normale sur la droite bn, les charpentiers se donnent le point d'arrivée de cette normale en c' sur la ligne de gorge, ce qui leur fournit de suite, en plan, le point c, pied de l'arête inférieure de droite sur la ligne de gorge.

2° L'arête de gauche dq se trace parallèle à cp, et à la même distance de ma, que cp est de bn.

3° La figure $abcd$ serait le parallélogramme d'occupation de l'empanon sur la sablière. Mais nous avons à tenir compte de l'embrèvement.

(*e*) Mise en herse de l'embrèvement. — Remarquons d'abord que l'empanon étant une pièce équarrie, une fois en herse, ses faces de dessus et de dessous se projetteront l'une sur l'autre, tandis que ses faces latérales se projetteront en entier (fig. E_1) suivant la droite $d_1 m_1$ pour la face de gauche et $c_1 n_1$ pour celle de droite.

Cela posé, nous reproduisons en E_2, rabattue, la projection verticale auxiliaire E' et nous en déduisons de suite sur la herse (fig. E_1), en $d_1 c_1$ et $a_1 b_1$, les arêtes du parallélogramme d'occupation, et en $e_1 f_1$ l'arête d'about de l'embrèvement.

(*f*) Projection horizontale de l'embrèvement. — De la herse, par le problème inverse du rabattement, nous remontons des points e_1 et f_1 aux projections e et f (fig. E) de l'arête d'embrèvement, laquelle se confond, en plan, avec la ligne d'about.

Remarques. — 1° Les points d et c sont avec les points d_1 et c_1 sur une même perpendiculaire à la charnière, ce qui donne une seconde manière de déterminer les points c et d, en commençant d'abord par la mise en herse de l'empanon.

2° Les lignes de rappel des points p et q donnent, en p_1 et q_1, sur les faces latérales de l'empanon rabattu, les deux autres sommets de son occupation sur l'arêtier.

(*g*) Projection de l'empanon sur ses faces latérales. — Prenons la figure E_1 et donnons-lui quartier en E''. La hauteur de la pièce est β donnée en E' ou en E_2 ; c'est la distance des deux lattis de croupe.

On voit en $MNPQ$, obtenu par lignes de rappel, le parallélogramme supérieur d'occupation. L'arête d'embrèvement EF est déterminée par sa distance ε, au lattis supérieur, distance fournie en ε par la projection auxiliaire E'.

(*h*) Projection horizontale du tenon (fig. E, $1\,2\,3\,4 - 5\,6\,7\,8$). — La racine du tenon $1\,2\,3\,4$, se détermine en prenant le tiers des côtés mq et np de l'occupation. Du côté de l'angle aigu, mq, les arêtes $1\,5$ et $4\,8$ des joues sont parallèles à celles de l'empanon.

Le *bout* du tenon $5\,8\,6\,7$ est formé par un plan vertical qui est, en général, le plan projetant horizontalement l'arête ZX du trièdre.

L'about $2\,6 - 3\,7$ sera déterminé par cette condition que son plan passe par la droite mp et soit, de plus, perpendiculaire à la face rencontrée, c'est-à-dire à la face verticale Sp de l'arêtier. Cette condition remplie permettra une introduction aisée du tenon dans la mortaise et une coupe facile à exécuter pour cette dernière. Cherchons d'abord la direction des arêtes $2\,6$ et $3\,7$, de l'about.

A cet effet, menons le plan d'about dont il vient d'être question. Pour cela, prolongeons np jusqu'à sa trace horizontale $t't$. Le point t est, d'une part, sur np prolongée et, d'autre part, sur la droite bc, qui est la trace horizontale de la face latérale $nbcp$. Le plan mené par nt, perpendiculaire à la face verticale St de l'arêtier, aura donc sa trace horizontale tr qui passera par t et qui sera perpendiculaire à St. Cette trace recoupe en r la ligne d'about, qui est la trace horizontale du lattis supérieur. Donc rn est l'intersection du plan d'about que nous cherchons avec le lattis supérieur, et comme les joues du tenon sont parallèles aux lattis, les arêtes $2\,6$ et $3\,7$ de l'about sont parallèles à la direction trouvée rn, ce qui suffit pour les déterminer.

(*i*) Mise en herse du tenon (fig. E_1). — La racine $1\,2\,3\,4$ s'obtient en prenant le tiers des côtés de l'occupation. Les points 5 et 8 du bout sont, d'une part, sur la ligne $d_1 q_1$, projection en raccourci de la face latérale de gauche, et, d'autre part, sur les lignes de rappel menées des points 5 et 8 de la figure E, ce qui suffirait pour les déterminer.

Mais cette construction serait pénible à faire sur le chantier.

Or, remarquons que sur la figure E_1 la ligne $t_1 \omega_1$ est le rabattement de la ligne $t\omega$ (fig. E) du lattis. Par conséquent, si sur la même droite ou sur une droite parallèle on prend, mais alors à partir de la racine $3\,4\ldots$ du tenon, une longueur uv égale à $t_1 \omega_1$, on aura en v un point de l'arête du bout, ce qui suffit à tracer cette arête.

L'arête d'about $7\,6$ (fig. E_1) pourrait se trouver par des lignes de rappel menées des points 7 et 6 de la figure E. Mais on peut avoir immédiatement la direction des arêtes $3\,7$ et $2\,6$ de l'about. Il suffit pour cela de rabattre en $r_1 n$ la droite rn qui a été trouvée tout à l'heure (§ *h*).

Remarque. — On peut, directement, sur les deux figures en herse E_1 et E'', déterminer les directions $n_1 r_1$. En effet, nous nous rappelons que cette droite $n_1 r_1$, rabattement de nr, est l'intersection, avec le lattis, d'un plan mené par le côté NP du parallélogramme d'occupation et perpendiculairement au plan de ce parallélogramme.

Considérons E_1 comme une projection horizontale et E'' comme une projection verticale de l'empanon.

Sur la herse, le lattis est confondu avec le plan horizontal. Le plan du parallélogramme a pour lignes de niveau $p_1 q_1$ (fig. E_1) et pour ligne de front N P (fig. E''). Par conséquent, une normale à ce plan menée par un point quelconque, P p_1 par exemple, de la droite N P aura pour projection horizontale $p_1 J_1$ perpendiculaire sur $p_1 q_1$ et pour projection verticale P j, perpendiculaire sur N P. Sa trace horizontale est le point J_1, et $J_1 n_1$ donne la direction demandée.

La figure E_1 une fois achevée, on lui donne quartier en E''. Les explications sont inutiles pour cette opération.

§ 55. — **Mortaise de l'empanon dans l'arêtier** (même fig. 92. — M, M' et M'').

Prenons un nouveau mur $x_2 y_2$ parallèle aux faces verticales de l'arêtier et projetons-y cette pièce. La hauteur $\omega''_2 \omega'_2$ du point ω de l'arête du trièdre nous est connue par $\omega'' \omega'$ de l'élévation ; ce qui nous donne en $A'_2 \omega'_2$ la direction de toutes les arêtes et nous permet de les obtenir.

(a) Entrée de la mortaise. — Par des lignes de rappel menées des points $m\, n\, p\, q$ de la figure M, nous obtenons en $m'_2\, n'_2\, p'_2\, q'_2$ les côtés du parallélogramme d'occupation.

Remarque. — Ces côtés sont en vraie grandeur sur la figure M'. Nous les avions déjà en vraie grandeur, savoir : $p_1 q_1$ sur la herse figure E_1 et M Q sur la figure E''. Cela permet des vérifications importantes.

L'entrée de la mortaise $1'\, 2'\, 3'\, 4'$ s'obtient en prenant le tiers des côtés de l'occupation.

(b) Jouées de la mortaise. — La ligne de voie $\theta\, \omega$ projetée (fig. M') en $\theta'\, \omega'_2$ donne la direction des arêtes $1'\, 5'$ et $4'\, 8'$.

Pour en avoir les limites, au fond de la mortaise, on pourrait mener par les points 5 et 8 de la figure M des lignes de rappel. Mais elles seraient d'un tracé pénible. Il est préférable de donner d'abord quartier en M'' à l'arêtier. L'épaisseur λ est prise sur le plan (fig. M). La ligne de voie S' ω'_2 (fig. M') est projetée en S ω (fig. M'') et donne la direction des arêtes $1\, 5$ et $4\, 8$, lesquelles sont d'ailleurs limitées en projection, à la ligne de voie, ce qui détermine les points 8 *et* 5, desquels on déduit, par lignes de rappel, sur la figure M' les points $5'$ et $8'$ et par suite les arêtes $5'\, 6'$ et $8'\, 7'$ du fond de la mortaise.

L'about $6'\, 7'\, 2'\, 3'$ de la mortaise se projette sur la figure M' tout entier en ligne droite. Cela tient précisément à ce que le plan de cet about est perpendiculaire à la face verticale de l'arêtier. Des points $6'$ et $7'$ de la figure M' on déduit par lignes de rappel les points 6 et 7 sur la figure M'' et, dès lors, toutes les projections sont terminées.

§ 56. — **Arbalétrier de croupe déversé** (fig. 93).

(a) Mise en herse. — Les données générales sont les mêmes que sur les figures 90 et 92.

Comme ensemble de la croupe, on devra se reporter à la figure 82.

On voit en Z W (fig. A) la ligne de voie. L'élévation donne en Z'_1 et Z'_4 les hauteurs des sommets des trièdres formés par les lattis supérieurs et par les lattis inférieurs. Comme pour l'épure précédente, on prend un mur auxiliaire $x_1 y_1$ perpendiculaire au lattis de croupe. La ligne de voie Z W (fig. A) s'y projette (fig. A') suivant $Z'_1\, a'$, ligne de plus grande pente du lattis supérieur de croupe.

On fait la mise en herse sur le plan horizontal en ayant soin, pour dégager les lignes de la herse de celles du plan, de prendre, comme au paragraphe précédent, une charnière $J'\, J$ située un peu au-dessous du plan de dessus des sablières. Ce rabattement se fait en se servant de la figure A'' qui est une reproduction exacte de la figure A' (1).

La ligne de voie une fois rabattue en $W_1\, Z_1$ (fig. A_1), l'équarrissage en largeur δ, que l'on veut donner à l'arbalétrier, permet d'établir les herses des faces latérales. Il est bon de dévoyer la pièce, mais simplement au jugé. Sur la figure A on a pris un peu plus de largeur à gauche qu'à droite, afin que le déversement qui se produit sur la droite n'ait pas pour mauvais effet d'exagérer, du côté droit, l'empiètement de l'arbalétrier de croupe sur l'arêtier. Pour bien faire, il faudrait, une fois la pièce relevée, que le dévoyage ait été calculé de telle sorte que sur le plan (fig. A) la ligne de voie Z W fût à égale distance des arêtes de contour apparent a et c.

(b) Le tenon et l'embrèvement du pied. — On relève les arêtes de dessus a et b et on en déduit, comme pour l'empanon déversé, la position des arêtes de dessous c et d. On se souvient que l'on se sert à cet effet de la normale $c'\, k'$ menée au lattis (fig. A'), par un point c' de la ligne de gorge, rabattue en $c''\, k''$ (fig. A'') et ramenée en $k\, c$ (fig. A). L'about $a\, b\, f\, g$ de l'embrèvement se détermine comme pour l'empanon.

On dessine la racine du tenon (fig. A') en $1'\, 2'\, 3'\, 4'$ et son bout en $5'\, 6'\, 7'\, 8'$, on le reproduit (fig. A''). Ses joues sont formées par des plans perpendiculaires au lattis. Donc sur la herse (fig. A_1), ces joues se projettent en entier suivant des droites $2\, 5$ et $3\, 8$, que l'on limite aux points voulus par des lignes de rappel menées de la figure A''.

---

(1) Avec un peu d'habitude, on pourrait se dispenser de dessiner en entier la figure A'' et même la figure A'. Ces deux figures ne servent, ici, que de projections auxiliaires ; néanmoins elles permettent de se mieux reconnaître dans les lignes et nous conseillons de les exécuter complètement.

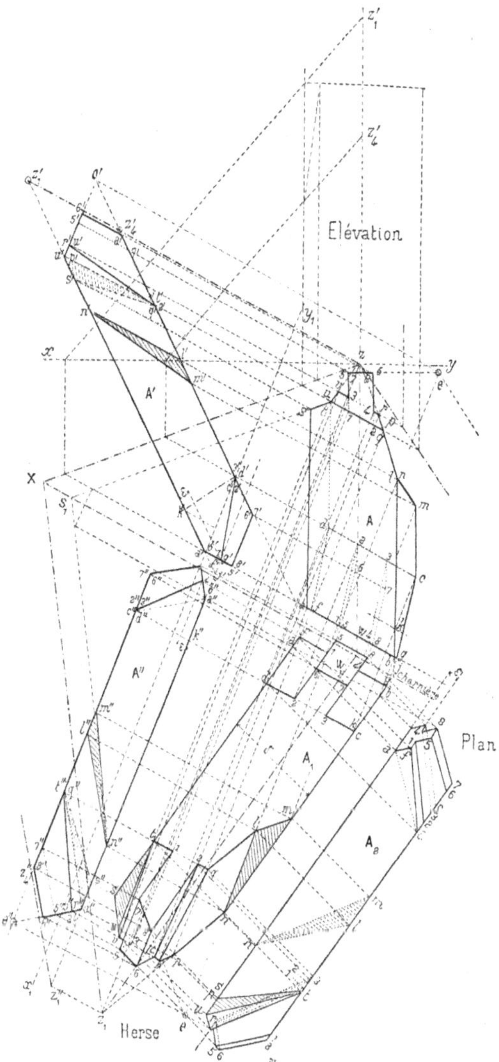

La herse une fois établie, on en déduit le plan (fig. A) et la mise sur quartier A_2. Il est inutile d'insister. L'opération se fait comme pour l'empanon.

(*c*) L'EMBRÈVEMENT ET LES DÉJOUTEMENTS DU SOMMET. — Le déjoutement se trace, *à priori*, en plan (fig. A). A droite il se compose d'un plan vertical *m n l*, formé par la face de l'arêtier, et qui occupe tout l'espace compris entre les arêtes *c m* et *b n* ; cet espace est dû au déversement.

Ce plan *m n* détermine dans l'arbalétrier de croupe une entaille triangulaire *m l n* -- *m′ l′ n′* (fig. A′)..... *m″ l″ n″* (fig. A″), sur laquelle, pour bien la distinguer, nous avons tracé des hachures.

De même, du côté gauche, la face verticale de l'arêtier pratique une entaille triangulaire *s t u* (fig. A), *s′ t′ u′* (fig. A′), *s″ t″ u″* (fig. A″)..... etc ..... marquée par des hachures, en trait caché, sur les figures A′ et A″.

A partir des verticales *n l* — *n′ l′* et *t u* — *t′ u′*..... le déjoutement se fait, en tour ronde, par des plans verticaux *n p z*, à droite, et *t v z* à gauche, qui convergent au point Z.

Le déjoutement de droite donne naissance à un pentagone *n l p r q* — *n′ l′ p′ r′ q′*... etc..... tandis que celui de gauche ne donne naissance, dans le cas particulier de la figure 93, qu'à un simple triangle *t u v* — *t′ u′ v′*. On aurait pu également, si la pièce avait été plus dévoyée vers la gauche, avoir de ce côté un pentagone. Il est facile de suivre sur figures A′ A″ A_1 et A_2 les projections de ces deux déjoutements.

On remarquera que le côté supérieur *n p* du pentagone de gauche (fig. A_1) converge au point Z_1, rabattement du sommet du trièdre sur la ligne de voie tracée dans le lattis supérieur. Le côté inférieur *l q*, tracé dans le lattis inférieur, est parallèle à ce côté *n p*.

Du côté gauche la droite *u s* prolongée, doit aller passer par le point S_1 de la charnière et être parallèle au rabattement Z_1 X de l'arête du trièdre.

(*d*) LE TENON DU SOMMET. — Sa racine est le rectangle 1 2 3 4 tracé sur le pas de l'embrèvement (fig. A). On déduit de la figure A toutes les autres projections sur les figures A′ A″ A_1 et A_2.

Remarques. — 1° L'about du tenon a son arête 5 6 (fig. A) qui est horizontale, et comme sur la projection A elle est perpendiculaire aux projections des arêtes, c'est que l'angle que ces deux directions font dans l'espace est un angle droit (1).

(1) Théorème relatif à un angle droit projeté en vraie grandeur.

Sur la herse (fig. A₁), ce sont les arêtes de la pièce qui sont à leur tour horizontales, tandis que la ligne 5 6 ne l'est plus. Néanmoins l'angle que fait 5 6 avec les arêtes doit être aussi un angle droit.

2° La ligne 7 8 du dessous du bout du tenon, rencontre la ligne de dessus 5 6 en un point 0′ (fig. A′), 0 (fig. A). Ce point rappelé en 0″ et 0 sur les figures A″ et A₁ donne un point de concours de ces deux lignes qui peut être commode et que l'on doit utiliser.

Nota. — L'empanon et l'arbalétrier qui viennent d'être étudiés, donnent une idée de la manière dont on fait le déversement des pièces équarries. Nous allons, dans les paragraphes qui suivent, faire les épures de ces deux pièces dans le cas où elles seraient délardées.

Nous avons vu, § 45, figures 82 et 84, que l'on délardait les pièces lorsque l'on voulait que leurs faces latérales fussent contenues dans des plans verticaux, ce qui, pour le cas où les charpentes sont apparentes, donne un effet plus satisfaisant.

§ 57. — **Empanon délardé** (fig. 94).

(*a*) Mise en place. — Les données sont les mêmes que sur les figures 92 et 93. — L'empanon que nous étudierons est un de ceux qui sont indiqués à gauche soit sur la figure d'ensemble 82, soit sur la figure 84. (Voir plus haut.)

La ligne de voie est donnée, *à priori,* en α β (fig. E), sur le plan, et l'équarrissage en largeur, δ, est indiqué aussi, *à priori,* sur ce plan, ce qui donne en *b p* et *a m* les projections des faces latérales. Contrairement à ce que nous avons fait pour l'empanon déversé, nous pouvons prendre immédiatement l'équarrissage en largeur, sur le plan, parce que la pièce étant délardée, un des côtés de sa section droite est horizontal et par conséquent projeté horizontalement en vraie grandeur. Le tenon a son about formé par un plan *p* 8 vertical et perpendiculaire à la face de l'arêtier.

(*b*) Projection de l'empanon sur les faces d'épaisseur (fig. E′). — On prend en $x_1 y_1$ un nouveau mur parallèle aux arêtes de l'empanon et, après avoir pris sur l'élévation, en α″, la hauteur du point α de la ligne de voie, on en déduit en β′ α′ la projection de cette ligne de voie, sur le nouveau mur, ce qui permet d'obtenir les projections de toutes les arêtes, celles du tenon et celles de l'embrèvement, sur la figure E′. De simples lignes de rappel suffisent pour y arriver.

(*c*) Projection de l'empanon sur sa face de lattis (fig. E″). — On donne, en E″, quartier à la pièce E′, ce qui exige d'abord la recherche en A′B′C′D′, sur un mur $x_2 y_2$, de la section droite (parallélogramme) de la pièce.

On reproduit en A B C D cette section droite en utilisant, pour cela, la seconde hauteur

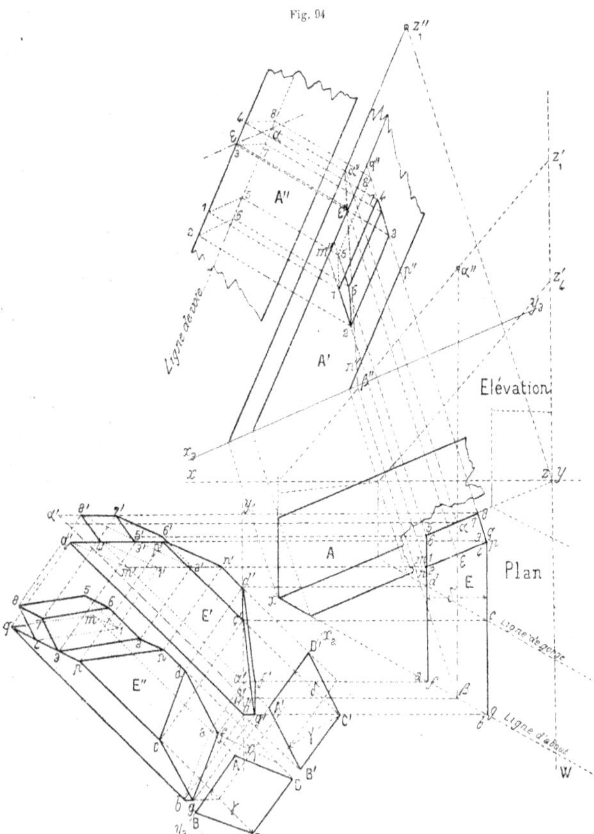

γ du parallélogramme, mais alors c'est la face A′B′ et non plus A′ D′ qui est couchée sur le plan horizontal. On en déduit les arêtes de la figure E″ et, par des lignes de rappel menées de la figure E′, tous les points utiles de la figure E″.

(d) Mortaise de l'empanon dans l'arêtier (fig. A, A′ et A″). — On prend en $x_3 y_3$ un nouveau mur parallèle à la face verticale de l'arêtier. — La ligne de voie de l'empanon, projetée en β″α″ sur ce mur, fait connaître la direction des arêtes 2 6, 1 5. — Le parallélogramme d'occupation, $m″ n″ p″q″$, a deux de ses côtés verticaux. Il s'obtient immédiatement par les lignes de rappel issues de la figure A.

L'entrée de la mortaise 1 2 3 4 s'obtient en prenant le tiers des côtés verticaux.

Quant à l'about 3 4, 7 8, il est tout entier projeté en ligne droite, puisque le plan de cet about est perpendiculaire à la face verticale de l'arêtier. On donne quartier à l'arêtier en A″. (Les explications, pour cette dernière figure, sont inutiles.)

§ 58. — Arbalétrier délardé de croupe biaise.

Comme second exemple de pièce délardée, nous étudierons l'arbalétrier de croupe biaise.

On voit cet arbalétrier délardé indiqué sur la figure d'ensemble 84. Sur cette dernière la ferme de long pan est

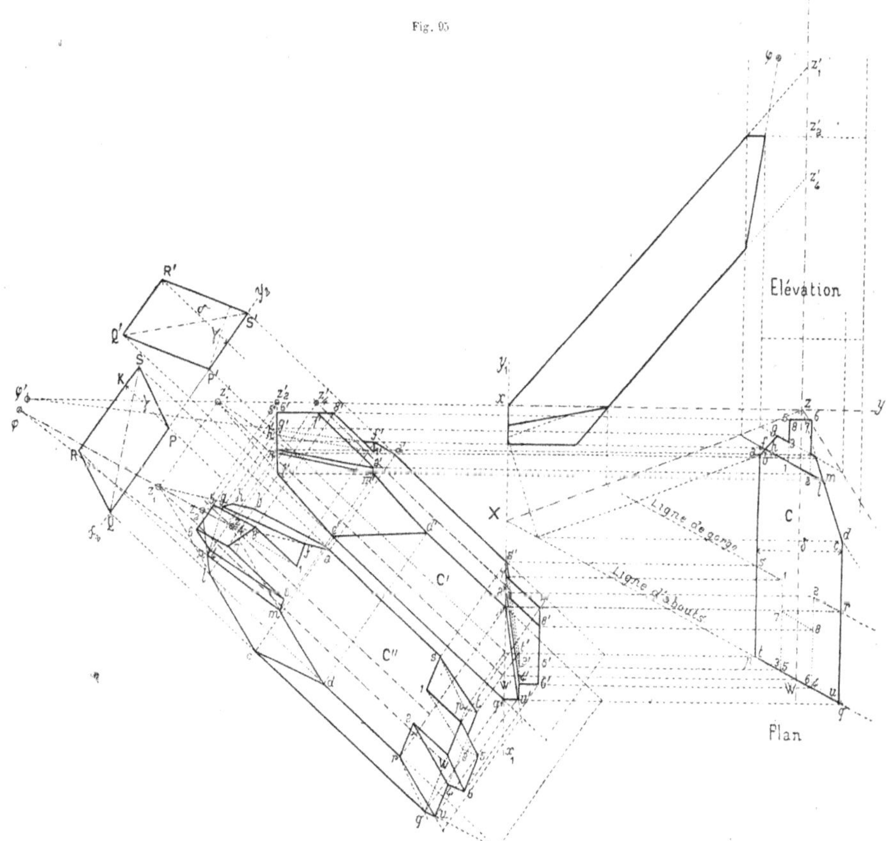

biaise et l'arbalétrier de long pan est, lui aussi, délardé. L'épure qui le déterminerait serait tout à fait analogue à celle que nous allons traiter.

(*a*) Mise en place (fig. 93 C). — La ligne de voie est Z W. La pièce n'est pas dévoyée. Sa demi-largeur $1/2\,\delta$ est immédiatement portée, sur le plan, de chaque côté de la ligne de voie, ce qui détermine les faces verticales $u\,d$ et $p\,a$. Le déjoutement se fait par les plans verticaux $d\,m\,n$ (à droite) et $a\,f\,g$ (à gauche) convergeant au point Z.

(*b*) Projection sur les faces d'épaisseur. — Comme au § 57 on prend, en $x_1\,y_1$, un nouveau mur parallèle aux arêtes de la pièce. On détermine d'abord en $W'\,Z'_1$ (fig. C′), en reportant la hauteur du sommet Z, la projection de la ligne de voie et l'on en déduit celles des arêtes. Des lignes de rappel menées des différents points de la figure C suffisent pour limiter et déterminer toutes les lignes de la figure C′.

(*c*) Projection sur le lattis (fig. C″). — On donne quartier à la figure C′.

A cet effet, on cherche d'abord en P′ Q′ R′S′, sur un mur $x_2\,y_2$, la section droite (parallélogramme) de l'arbalétrier. La hauteur δ de la figure C′ est empruntée à la largeur δ de la figure C.

On reproduit en P Q R S, en s'aidant de la seconde hauteur γ, le parallélogramme de section droite ; mais on place horizontal le côté P Q qui, sur la figure C′, ne l'était pas. On en déduit les projections des arêtes sur la figure C″ et par des lignes de rappel menées des différents points de la figure C′ on achève de déterminer la figure C″.

Nota. — On remarquera les points de concours tels que $Z'_1\,Z'_2\,Z'_4$ et φ' de la figure C′, ainsi que les points $Z_1\,Z_2\,Z_4$ et γ de la figure C″. La position du point φ' (fig. C′), point de concours sur l'axe du rampant de l'embrèvement, est déduite de celle du point correspondant de l'élévation. Sur notre croquis ce point φ de l'élévation est en dehors de la feuille. On en aurait la hauteur exacte en la prenant sur la figure 93.

§ 59. — **Ensemble d'un nœud de bâtiments**.

Deux bâtiments, I et II (ensemble fig. 96 A), se croisent en Z, et forment en ce point ce que l'on nomme un *nœud de bâtiments*.

Les axes, confondus ici avec les arêtes de faîtage $u\,u'$ et $v\,v'$, ne sont pas perpendiculaires entre eux, ce qui fait que le nœud est *biais*. Les faîtages $u\,u'$ et $v\,v'$ sont à la même hauteur, ce qui fait que le croisement est réalisé par une *noue*: Si l'un des faîtages eût été placé plus bas que l'autre, on aurait eu un *noulet* au lieu d'une noue (voir fig. 80, *n, n*, page 35).

Enfin les distances λ et λ' entre les murs n'étant pas égales, les axes Z M et Z N des noues, c'est-à-dire les intersections des plans d'égout, intersections formant *gouttières*, ne sont pas dirigées suivant les bissectrices des angles $u\,z\,v' - v'\,z\,u'$ que forment les faîtages ; cela nous forcera à *dévoyer* les arbalétriers de noue ou les chevrons de noue qui auront les droites Z M, Z N..... pour lignes de voie.

§ 60. — **Mise en place des pièces** (fig. 96).

(*a*) Lignes d'about et de gorge. — On voit (fig. B), à plus grande échelle, le plan des pièces qui se croisent. Le point Z, croisement des faîtages, se nommera le nœud. Il y aura le nœud de lattis supérieur Z'_1 et celui de lattis inférieur Z'_2 (fig. C). Z M et Z N sont les lignes de voie des noues, Z V et Z U les arêtes des faîtages. Les coupes normales (fig. C et fig. D) faites sur chacun des combles ont permis d'établir en Z'_1 M' et Z'_2 P' (fig. C) les plans de lattis supérieur et inférieur, desquels on a déduit (fig. B) la ligne d'about M' M de grand comble et la ligne de gorge de grand comble P' P. On a, de même, déduit de la seconde coupe (fig. D), les lignes d'about (M M") et de gorge (P P") du petit comble.

(*b*) Poinçon et faîtages. — Le poinçon 1 2 3 4 (fig. B) se trace en se retournant sur les gouttières. Il a donc la forme d'un parallélogramme. Si les parties des combles avaient été égales, on aurait obtenu un losange. Les faîtages se déduisent l'un de l'autre par la loi des homologues, en se retournant sur les diagonales 1 3 et 2 4.

(*c*) Noue dévoyée. — On dévoye la noue Z M (fig. B) comme on a fait pour l'arêtier de croupe biaise.

À cet effet, on a porté en M t, sur une perpendiculaire à la ligne de voie, l'épaisseur à donner à la pièce. On a mené $t\,b$ parallèle à M a, et on a obtenu le point b, sur la ligne d'about du petit comble, d'où l'on a déduit, en $b\,a$, la largeur mise en place.

(*d*) Déjoutements. — L'assemblage, au nœud Z, se fait par déjoutement en tour ronde, suivant les plans verticaux $f\,h\,Z - g\,k\,Z$, etc..... qui convergent au point Z.

Les faîtages s'assemblent dans le poinçon à tenon et mortaise. Les noues ne s'y assemblent que par engueulement, sans tenon et même sans embrèvement ; la gouttière Z M est cause que le point 4, situé sur l'arête du poinçon, est plus bas que les deux points h et k, ce qui empêche de relier facilement ces trois points par un embrèvement horizontal ; à moins d'adopter la disposition indiquée ci-contre (fig. 97, en perspective).

(*e*) Projections du chevron de noue E E' E". — On a pris, en $x_1\,y_1$, un nouveau mur parallèle aux faces verticales de la noue, et, par reports de hauteurs, on a obtenu en E' (fig. G) la projection du poinçon et de la noue.

Enfin la figure E' a reçu quartier en E". Les opérations pour obtenir ces projections sont absolument analogues à celles qui ont été faites et expliquées à l'occasion de la croupe biaise. On remarquera que sur le plan (fig. E) les points e et g, qui servent de départs aux déjoutements, sont sur une même ligne de rappel, et que, comme conséquence, en élévation (fig. E'), plusieurs points, tels que f' et t', e' et g', se superposent en apparence ; cela tient à ce que les faîtages ont été retournés par la loi des homologues.

Fig. 96

C
Coupe du grand Comble I
Faitage
B
Plan
A
Ensemble
G
Section droite
E'
E''
D
Coupe du petit Comble II
Ligne de gorge
Ligne d'about
STÉRÉOTOMIE 6

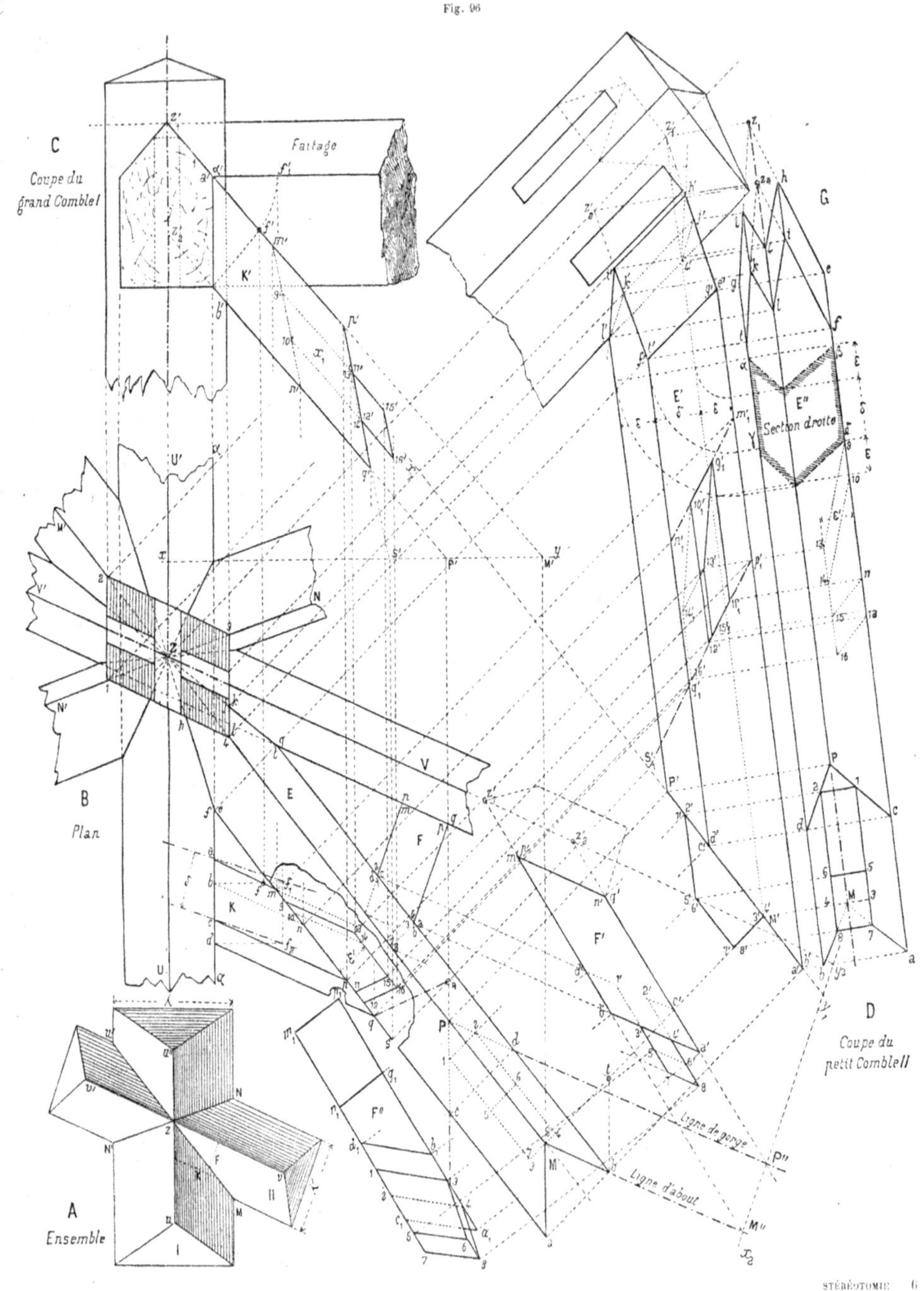

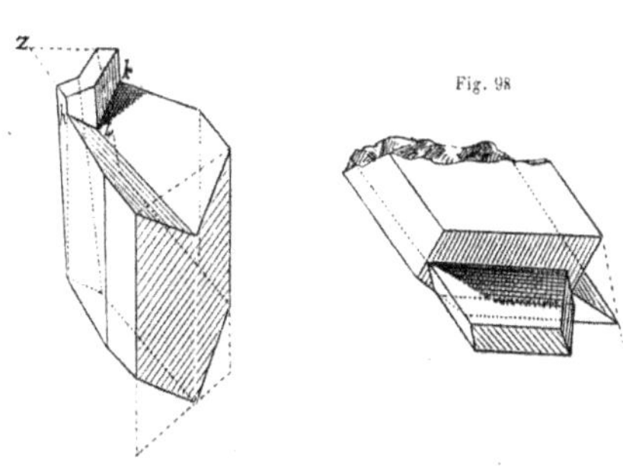

Fig. 97

Fig. 98

La figure 98 montre, en perspective, la disposition du tenon $c\,m$ au pied de la noue.

On voit en E″ (fig. G) la section droite de la noue. Cette section permet de déterminer l'équarrissage de la pièce de bois dans laquelle la noue s'obtiendra par délardement.

§ 60. — **Empanon droit de noue** (même figure 96, F, F′, F″).

Un empanon peut avoir sa direction perpendiculaire à l'arête du faîtage. Tel est celui qui est indiqué en F sur la figure d'ensemble A, et également en F sur le plan (fig. B). Dans ce cas ses arêtes sont des lignes de plus grande pente du plan de lattis et la pièce n'a pas besoin d'être déversée ni délardée. On dessine l'empanon en F sur le plan (fig. B). On le représente en F′ sur la coupe du petit comble (fig. D). Ses arêtes y sont projetées en vraie grandeur et il ne reste plus qu'à lui donner quartier, ce qui a été fait sur la figure F″. Pour comprendre ces différentes projections on n'a besoin que de regarder les figures F, F′ et F″, sur lesquelles les mêmes points sont indiqués par les mêmes lettres ou les mêmes numéros.

On remarquera que l'empanon repose à plat joint sur le faîtage par l'intermédiaire du rectangle d'occupation $m\,n\,p\,q - m'\,n'\,p'\,q' - m_1\,n_1\,p_1\,q_1$. Il n'y a pas de tenon.

§ 61. — **Empanon déversé de noue** (fig. 96, K et K′).

(*a*) Arêtes de dessus et mise en largeur. — Si la direction de l'empanon est parallèle aux lignes d'about ou de gorge (K, fig. A), alors les arêtes du prisme ne sont plus dirigées suivant des lignes de plus grande pente des lattis, et la pièce, équarrie, a besoin d'être déversée.

Le déversement se fait de la même manière que pour l'empanon de croupe biaise.

On se donne en $a\,m$, sur le plan, (fig. K), la position d'une arête. Mais on ne peut, *à priori*, tracer l'autre, $c\,p$, à une distance égale à l'équarrissage δ.

On fait alors un rabattement horizontal de la pièce, ordinairement autour de l'arête $z\,z'$ du faîtage ; on choisit (fig. K′ et fig. K) un point $f'\,f$, sur l'arête $a\,m$, et on le rabat en $f'_1\,f_1$. L'arête rabattue est $a\,f_1$, et l'on peut alors construire l'autre arête rabattue $c\,f_2$ à la distance δ de la première ; ce qui donne le point c sur la ligne d'about de faîte $a\,b$, et par suite l'autre arête $c\,p$.

(*b*) Arêtes de dessous et déversement. — Si, comme pour la croupe biaise (§ 54, *d*), on a eu soin de prendre le point mobile $f\,f'$ (fig. K′) sur la perpendiculaire $b'\,f'$ abaissée de la ligne de gorge de faîte sur le lattis supérieur, alors la perpendiculaire $f\,b$ menée en plan (fig. K) donne en b le départ de l'arête de dessous $b\,n$. L'autre arête s'obtient de même en $d\,q$, à la même distance de l'arête $c\,p$ que $b\,n$ est de $a\,m$.

(*c*) About du tenon 11, 12, 15, 16. — Comme pour l'empanon de croupe (§ 54, *h*), la direction $q\,\theta$ des arêtes de l'about du tenon s'obtient en cherchant l'intersection du plan d'un des lattis avec un autre plan, qui sera le plan d'about mené par le côté $p\,q$ (fig. E) $p'\,q'$ (fig. K′) et $p'_1\,q'_1$ (fig. E′) du parallélogramme d'occupation, et perpendiculaire à la face verticale de la noue E. Nous prendrons l'intersection de ce plan, ainsi défini, avec le lattis inférieur.

On se sert, à cet effet, de la projection E′. Le plan d'about en question est perpendiculaire au mur $x_1\,y_1$; sa trace verticale sur ce mur est $p'_1\,q'_1\,s'_1$ confondue avec le côté $p'_1\,q'_1$ du parallélogramme d'occupation, et sa trace horizontale est $S'_1\,\theta\,S$ perpendiculaire sur $x_1\,y_1$. On prend en θ l'intersection de cette trace avec la ligne de gorge P P′, qui est la trace du plan du lattis inférieur, et joignant θ au sommet q, qui est aussi dans le lattis inférieur, on obtient, en $q\,\theta$, la direction cherchée ; les arêtes 11, 15 et 12, 16 de l'about du tenon lui sont parallèles.

Le reste du tracé s'achève comme pour l'empanon déversé de croupe.

On devra s'exercer à mettre la pièce en herse et à lui donner quartier sur ses faces normales.

(*d*) Mortaise dans la noue (fig. E′). — Les lignes de rappel indiquent suffisamment la concordance des points entre les figures E, E′ et E″. On remarquera que sur la figure E′ l'about du tenon 11′, 12′, 15′, 16′ doit se projeter en ligne droite, puisque ce qui caractérise le plan de l'about, c'est d'être perpendiculaire sur le mur $x_1\,y_1$.

CHAPITRE VIII

ESCALIERS

GÉNÉRALITÉS

§ 62. — **Définitions.**

Un escalier est une construction destinée à racheter deux niveaux différents et à permettre de passer facilement de l'un à l'autre. Lorsque l'espace horizontal dont on dispose est considérable, un plan incliné constitue la meilleure disposition à adopter. Si cet espace était plus restreint, le plan incliné A B (fig. 99) aurait une pente trop rapide pour que l'on puisse y poser le pied et l'y maintenir aisément.

Alors, on substitue au plan incliné AB une série de plans horizontaux étagés $ab - cd - ef$, nommés *marches* ou *degrés*, dont l'ensemble constitue un escalier. On nomme *giron* (g) d'une marche, la profondeur ab ou cd de l'espace sur lequel pose le pied. En réalité, c'est la distance qui sépare l'arête d'une marche de la projection, sur son plan de dessus, de l'arête de la marche située immédiatement au-dessus.

On nomme *hauteur* (h) d'une marche la différence de niveau cb qu'elle rachète.

L'*emmarchement* (E) est la longueur totale, comptée parallèlement aux arêtes.

L'*échappée* est la distance verticale d'une marche à la surface d'intrados de la rampe supérieure. A la rigueur, l'échappée pourrait être égale à la hauteur ordinaire d'une personne ; mais c'est un minimum auquel il ne faut jamais descendre. L'échappée ne devra jamais être inférieure à 2 mètres.

§ 63. — **Relations entre le giron et la hauteur. — Formules de compensation.**

La hauteur des marches et la grandeur des girons varient avec la grandeur des bâtiments et avec l'espace horizontal disponible, comparé à la différence de niveau qu'il faut franchir.

La hauteur ordinaire, h, est de 16 c. et le giron qui lui correspond est de 32 c. Ce sont les dimensions dont il faut autant que possible se rapprocher. On voit qu'elles répondent à un plan incliné dont la pente serait égale à $1/2$. Cela donnerait sensiblement 6 marches par mètre en hauteur $(6 \times 16 = 96$ cent. au lieu de 100 cent.) et 3 marches par mètre en plan $(3 \times 32 = 96$ cent.). Ce sont en effet ces proportions que les architectes admettent, *à priori*, dans l'étude d'un projet. Mais il peut se faire que l'on s'en écarte, soit pour les escaliers intérieurs, lorsque l'espace fait défaut pour placer 3 marches par mètre en plan, soit pour les escaliers extérieurs à grande circulation, pour perrons ou terrasses, lorsque l'on veut les établir sur une pente plus douce que $1/2$.

Dans le premier cas (escalier intérieur à petit développement) on ne devra jamais dépasser $0^M,20$ pour la hauteur h, et dans le second cas (escaliers à grand développement) descendre au-dessous de $0^M,12$.

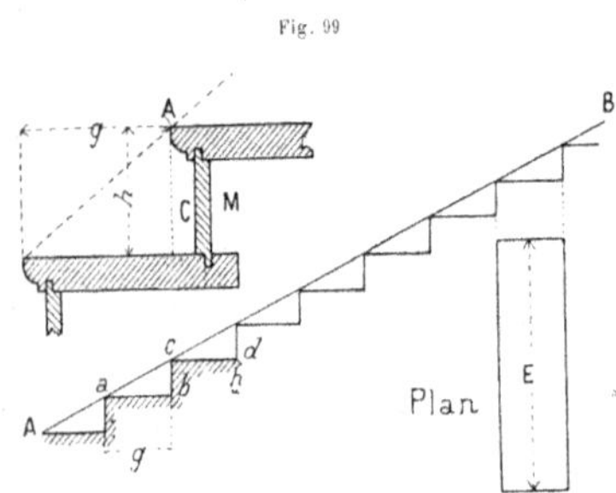

Lorsque l'on augmente la hauteur h d'une marche, il faut en diminuer le giron g afin que la fatigue d'une personne qui monte n'en soit pas augmentée et inversement. On emploie d'ordinaire l'une des deux formules suivantes, dites *formules de compensation* :

$$(1) \quad g + 2h = 0^M 64 \text{ (formule de Blondel)}$$
$$(2) \quad g + h = 0^M 48.$$

La formule (1), de Blondel, donne une compensation plus exacte que la formule (2). Elle est établie d'après ce principe que, sur un plan, (pour lequel on aurait $h = 0$) la distance moyenne horizontale que nous parcourons, sans forcer le pas, est de $0^M 64$ (1), tandis que sur une échelle verticale, pour laquelle on aurait $(g = 0)$, la meilleure hauteur à donner aux échelons est de $0^M,32$. La formule de Blondel s'applique aux cas extrêmes du plan horizontal et de l'échelle verticale et l'on admet, dès lors, qu'elle s'applique aussi aux cas intermédiaires, c'est-à-dire à un escalier quelconque.

Appliquons-la :

1° A l'escalier type de pente 1/2. Il faut faire $g = 2\,h$, ce qui donne : $3\,h = 0^M 64$ et
$$h = 0^M 16, \quad g = 0^M 32.$$

2° A un escalier extérieur, pour terrasse. $h = 0^M 12$, cela donne : $g + 0,24 = 0^M 64$ d'où
$$h = 0^M 12 \text{ et } g = 0^M 40.$$

3° A un escalier intérieur de pente maximâ. $h = 0^M 20$, d'où $g + 0,40 = 0,64$, ce qui donne :
$$h = 0^M 20 \text{ et } g = 0^M 24.$$

Dans ce dernier cas, comme l'espace de 0,24 serait insuffisant pour poser le pied, il sera bon (voir M, fig. 99) de faire déborder la marche A sur la contre-marche C ; cela augmentera l'espace disponible pour une personne qui monte, mais ne rendra pas, cependant, l'escalier plus aisé pour une qui descend.

§ 64. — Calcul des dimensions des marches pour un escalier donné.

Ligne de foulée. — Appliquons la formule de Blondel au calcul d'un escalier ; le projet d'ensemble fait connaître :

1° La hauteur totale H de l'espace à franchir, c'est-à-dire la différence de niveau des sols des deux étages que l'escalier doit réunir, et

2° Le développement, en plan, de la *ligne de foulée*.

On désigne ainsi la ligne suivant laquelle se tiendrait, selon toute probabilité, une personne seule qui monterait ou descendrait l'escalier. En général, dans les escaliers la ligne de foulée s'établit à $0^M 50$ ou $0^M 60$, en plan, de la rampe ou *main-courante* sur laquelle on s'appuie pour monter ou descendre. C'est à peu près la distance, en projection horizontale, de la main de la personne qui tient la rampe à la verticale qui passerait par son centre de gravité.

Prenons, comme exemple, l'escalier indiqué en plan sur la figure suivante (fig. 100.)

Ce plan est à l'échelle de $0^M,02$ pour 1 mètre (1/50). C'est l'échelle à laquelle on dessine ordinairement les plans des édifices à construire. Cet escalier est analogue à ceux que l'on construit à Paris dans les maisons à loyer. La place disponible pour la *cage* (2) est en général assez restreinte : ses dimensions sont, ici, de $4^M,95$ sur $2^M,95$; les marches ont $1^M,20$ d'emmarchement.

Le *palier* (3) a une largeur de $1^M,40$, ce qui permet aux portes AA d'avoir $1^M,20$ d'ouverture et d'être garnies de chambranles $a\,a$... de $0^M,10$ de largeur ($1,20 + 0,10 + 0,10 = 1,40$). Le vide B a $0^M,55$ d'ouverture.

L'escalier est dit en *quartier-tournant*, ce qui veut dire que, en plan, les deux *volées* droites M N et P Q de la ligne de foulée sont réunies entre elles par un demi-cercle N P.

La ligne de foulée est tracée en M N P Q à $0^M,30$ du vide.

Enfin nous supposerons que la hauteur totale H à franchir soit : $H = 3^M,60$, ce qui, en admettant de 0,20 à 0,25 pour l'épaisseur des planchers en fer, répond à une hauteur sous plafond de $3^M,35$ à $3^M,40$.

Cela posé : calculons le nombre des marches suivant lequel il faut diviser la ligne de foulée. Soit n, ce nombre total des marches de l'étage ; nous aurons une première équation :

(1) $n\,h = H$ 　　　　　　　　(ici, $n\,h = 3,60$).

La dernière marche fait corps avec le palier ; elle a reçu le nom de *marche d'arrivée*. La première marche (marche n° 1) porte le nom de *marche de départ*, quand elle est la première de tout l'escalier, c'est-à-dire située à rez-de-chaussée, et le nom de *marche de remontoir*, lorsqu'elle est la première d'un étage intermédiaire. La marche de départ repose sur le sol, elle est exposée à l'humidité, c'est pourquoi elle se fait ordinairement en pierre dure.

---

(1) En faisant dans la formule $h = 0$, ce qui répond au plan horizontal, cela donne : $g = 0^m,64$; en y faisant $g = 0$, ce qui répond au cas de l'échelle verticale, cela donne : $2\,h = 0^m,64$, d'où $h = 0^m,32$.

(2) On nomme *cage* d'un escalier l'espace vide entouré de maçonnerie dans lequel l'escalier sera construit. Tant que l'escalier n'est pas placé, la cage forme un grand vide cylindrique, ou prismatique, dans toute la hauteur de l'édifice.

(3) On nomme *palier*, un espace plan qui sépare deux révolutions de l'escalier. Son but est 1° de donner en AA... un accès facile aux appartements de chaque étage ; 2° de rendre insensibles, à la personne qui monte, les variations de la hauteur et du giron des marches d'un étage à l'autre ; ces variations sont rendues inévitables par la différence de hauteur des étages ; 3° de procurer un repos aux personnes qui ont plusieurs étages à franchir. Dans les escaliers dits à *vis*, c'est-à-dire établis sur plan exactement circulaire, le palier est remplacé par une *marche patière*, qui n'est autre chose qu'une marche d'une largeur plus grande (double ou triple) que les autres marches.

Remarquons (fig. 100) que la dernière marche (marche n° 22) ou marche d'arrivée d'un étage est formée par le palier. Par conséquent, si l'étage comprend n degrés, la ligne de foulée MNPQ ne devra être divisée qu'en $(n-1)$ parties.

Mesurons avec le compas à pointes sèches, la longueur rectifiée de la ligne MNPQ. Nous trouvons ici pour sa longueur totale rectifiée : $$G = 6^M,65.$$

Nous pouvons donc écrire la seconde équation :

(2) $(n\text{-}1)\, g = G$; ici $(n\text{-}1)\, g = 6,65.$

Enfin la formule de Blondel nous donne une troisième équation :

(3) $g + 2\, h = 0^M,64$;

Ce qui permet de déterminer les trois quantités g, h et n.

C'est surtout n qu'il importe de connaître ; il suffit pour cela d'éliminer g et h entre les trois équations (1), (2) et (3).

De (1) on tire : $$h = \frac{H}{n} = \frac{3,60}{n}.$$

De (2) on tire : $$g = \frac{G}{(n\text{-}1)} = \frac{6,65}{(n\text{-}1)}.$$

Substituant dans (3), cela donne l'équation :

(4) $$\frac{G}{n\text{-}1} + \frac{2\,H}{n} = 0^M,64, \qquad \text{ou, en développant :}$$

(5) $$n\,G + 2\,n\,H - 2\,H = 0,64\,n^2 - 0,64\,n.$$

Cette équation est du second degré en n, et serait compliquée à résoudre.

Mais remarquons : 1° qu'il faut prendre pour n un nombre entier et que, par conséquent, la valeur de n n'a pas besoin d'être déterminée avec précision ; 2° que l'escalier doit assez peu s'écarter de l'escalier type pour lequel on aurait $h' = 0^M,16$ et par suite $H = n \times 0,16$.

Par conséquent, dans l'équation (5) remplaçons H par $n \times 0,16$, cela nous permettra d'avoir n en facteur dans les deux membres et ramènera l'équation au premier degré.

Elle devient alors, en divisant les deux membres par n :

(5′) $$G + 2\,H - 2 \times 0,16 = 0,64\,n - 0,64.$$

D'où l'on tire :

$$n = \frac{G + 2\,H + 0,32}{0,64}. \qquad \text{Dans le cas actuel cela donne :}$$

$$n = \frac{6,65 + 7,20 + 0,32}{0,64} = 22,14.$$

On forcera soit en plus, soit en moins, et l'on prendra soit $n = 22$, soit $n' = 23$, ce qui donne dans chaque cas pour h et g :

pour $n = 22$ $h = \dfrac{H}{n} = \dfrac{3,60}{22} = 0^M,164$ $g = \dfrac{G}{n\text{-}1} = \dfrac{6,65}{21} = 0^M,316$

pour $n' = 23$ $h' = \dfrac{H}{n'} = \dfrac{3,60}{23} = 0^M,156$ $g' = \dfrac{G}{n\text{-}1} = \dfrac{6,65}{22} = 0^M,302$

Remarques. — 1° Pour avoir g, nous avons divisé la longueur totale G de la ligne de foulée par $(n-1)$ et non pas par n, puisque le palier compte pour une marche.

2° On prendra de préférence $n = 22$ parce que 22 est un nombre pair. La ligne de foulée sera donc divisée en un nombre impair $(n - 1 = 21)$ de parties égales, ce qui placera l'axe d'une marche (ici la marche n° 11) dans l'axe longitudinal ZZ de la cage (fig. 100).

Ayant ainsi calculé, $n = 22$, nous divisons sur le plan (fig. 100), la ligne de foulée en 21 parties égales et nous pourrions tracer les arêtes des marches normales à cette ligne, comme cela est indiqué dans la partie inférieure, non balancée, W, du plan.

Dans la partie qui est en ligne droite MN ou PQ les arêtes des marches seront donc parallèles, tandis que dans le quartier tournant NP elles convergent au centre.

§ 65. — Principe du balancement des marches.

Dans ces conditions, pour quelqu'un qui gravirait l'escalier en restant sur la ligne de foulée, le tracé serait très bon, et si l'on donnait (fig. 101), le développement de la section obtenue dans l'escalier par un cylindre vertical qui aurait pour base la ligne de foulée, cylindre que l'on nomme le *cylindre de foulée,* nous trouverions toutes les arêtes des marches

Fig. 100

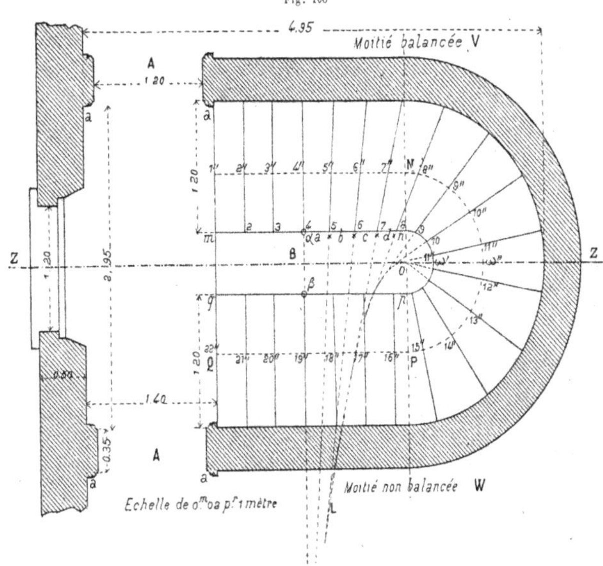

disposées en *m″*,..... 8″..... 12″..... 26″..... Q..... sur une seule droite M Q, répondant à une base de 6ᴹ 65 = G et à une hauteur de 3ᴹ 60 = H.

Fig. 101

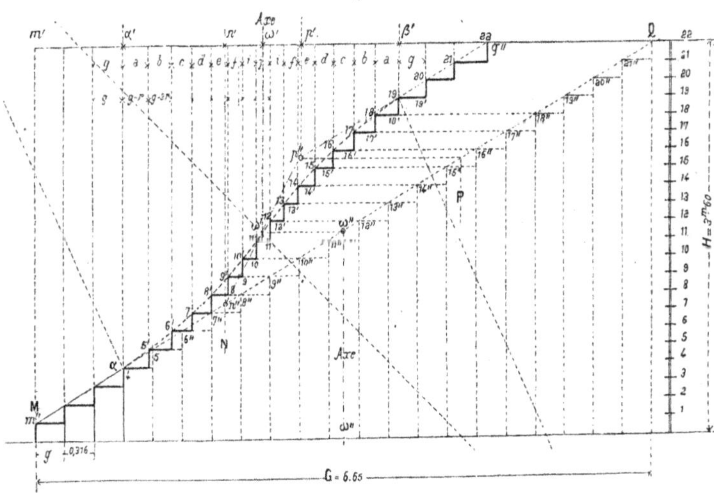

Mais étudions la trajectoire suivie par quelqu'un qui, dans l'hypothèse du tracé W non balancé, monterait en se tenant sur la courbe de jour *m n p q* (fig. 100).

A cet effet, développons le cylindre qui aurait cette courbe pour base et que nous nommerons le *cylindre de jour*.

De *m* en *n*, (fig. 100) sur la partie droite, le développement fournira, en ne s'occupant que des arêtes supérieures des marches, une ligne droite *m″ n″*, qui aura la même pente que pour la ligne de foulée. Pour achever le développement, nous prendrons, en section droite, (fig. 101), une longueur *n′ p′* égale au développement *n p* (fig. 100) du demi-cercle de jour, et à la suite, une longueur *p′ q″* égale à la partie droite *p q*. La pente de ce dernier développement sera donnée par la droite *p″ q″* (fig. 101) parallèle à *m″ n″*. En joignant *n″* et *p″* nous aurons le développement de l'hélice située sur le demi-cercle du cylindre de jour.

On voit donc que pour quelqu'un qui monterait en se tenant sur le *collet* (1) des marches, l'effet produit serait le même que si, après avoir gravi un plan incliné *m″ n″* en pente assez douce, ou un escalier qui s'inscrirait dans ce plan incliné, on trouvait, brusquement, un plan incliné à pente plus rapide *n″ p″*, auquel succéderait encore un troisième plan incliné *p″ q″* de même pente que le premier.

Dans la portion *n″ p″* les marches auraient une largeur au collet qui serait brusquement beaucoup plus faible que dans les parties droites. Cela constituerait un danger pour les personnes qui franchissent l'escalier et donnerait un mauvais effet comme coup d'œil : aux points *n″* et *p″* toutes les surfaces situées près du jour (limon (2), main courante) présenteraient un jarret très désagréable.

Ces inconvénients disparaîtront, en partie, si, au lieu de modifier brusquement les largeurs au collet, nous les modifions progressivement :

Ainsi, par exemple, au lieu de ne réduire le collet qu'une fois arrivé au point de départ (fig. 100) du quartier tournant, commençons la réduction à la marche n° 4. Nous donnerons à celle-ci un collet (4-5) un peu plus petit que le collet (3-4) de la marche n° 3. Le collet (5-6) de la marche n° 5 sera pris plus petit encore que celui de la marche n° 4, et ainsi de suite jusqu'à la marche 11 qui est dans l'axe. A partir de celle-ci les collets iront en augmentant progressivement, jusqu'à la marche 19, qui fait pendant à la marche 4.

Dans ces conditions, on dit que l'escalier est *balancé*. Les marches (fig. 100, V) au lieu de converger en 0, comme en W sont, en plan, tangentes à une courbe O L qui est leur enveloppe, et que l'on nomme la *développée de l'escalier*. (3).

Imaginons un cylindre vertical qui aurait cette développée pour base et que nous nommerons le *cylindre développoïde*; on voit que les arêtes des marches forment par leur ensemble une surface gauche à plan directeur, à noyau et à directrice, définie comme il suit :

Le plan directeur est le plan horizontal. Le noyau est le cylindre développoïde. La directrice est l'hélice tracée sur le cylindre de foulée, et que nous nommerons l'*hélice de foulée*.

Cette surface gauche, dont les arêtes des marches ne forment que des génératrices isolées, constituera, si nous l'abaissons de 20 à 30 centimètres, l'*intrados*, ordinairement en plâtre, de l'escalier ; elle engendrera aussi en l'élevant et en l'abaissant de quantités voulues la surface de dessus et de dessous du *limon* de l'escalier.

Les *gâcheurs* (4) font très souvent ce balancement par tâtonnements successifs.

Mais on peut éviter ces tâtonnements et nous allons indiquer deux manières de faire, à coup sûr, le balancement.

§ 66. — 1ʳᵉ **Méthode.** — **Balancement géométrique** (fig. 101).

1° On dessine, comme ci-dessus, en *m″ n″ p″ q″* le développement du cylindre de jour dans l'hypothèse où le balancement ne serait pas fait. On obtient donc la ligne brisée *m″ n″ p″ q″*.

2° On se donne, arbitrairement, la première et la dernière marche balancées. Ici nous avons pris comme extrêmes les marches n° 4 et n° 18, ce qui détermine au point 4 et au point 19, lequel est symétrique de 4 par rapport au milieu ω′ de la rampe rapide *n″ p″*, le point de départ, 4, et le point d'arrivée, 19, d'une courbe 4 ω′ 19 que l'on substitue à la ligne brisée *ι n″ p″* 19 (fig. 101).

3° Cette courbe est tangente en 4 et 19 aux rampes *m″* 4 et 19 *q″* et, de plus, elle doit passer par le point milieu ω′. On pourra la tracer soit à la main, soit au compas, soit encore avec une règle élastique.

4° Cette courbe de balancement une fois dessinée, on détermine en 5′, 6′, 7′..... ses points de rencontre avec les plans horizontaux des dessus des marches, et l'on en déduit en *a b c d*..... *i j i*..... *d c b a*, les largeurs qu'il faut donner aux collets, largeurs que l'on prend sur la figure 101 pour les reporter en (4-5), (5-6), (6-7), etc. sur le plan (fig. 100). En menant

<hr>

(1) Le *collet* d'une marche est la portion de la marche située près du limon ; c'est la partie la plus étroite de la marche.
(2) Le *limon* est une construction qui soutient toutes les marches du côté du cylindre de jour. — Les marches s'y assemblent par leur collet.
(3) Cette courbe serait, en réalité, la développée de la trajectoire orthogonale des arêtes des marches.
(4) Sur les chantiers, on nomme *gâcheur*, le maître ouvrier qui trace les épures de charpente.

ensuite des droites par les points ainsi obtenus sur la courbe de jour, et par les points 5″, 6″, 7″..... de la ligne de foulée, on aura les projections horizontales des arêtes des marches.

§ 67. — 2ᵉ Méthode. — Balancement arithmétique.

On s'impose, par cette méthode, que les marches décroissent en progression arithmétique depuis la première marche balancée (n° 4) jusqu'à l'axe (n° 11, inclus) pour croître ensuite, suivant une progression inverse, jusqu'à la dernière marche balancée (n° 18).

A cet effet : Soit r la raison inconnue de cette progression. Nous mesurerons soigneusement, sur la courbe de jour (fig. 100), la longueur $\alpha\,n\,p\,\beta$ rectifiée sur laquelle doit porter le balancement. Nous avons trouvé ici pour cette longueur : $L = 3^{M},15$.

Nous pouvons donc former le tableau ci-contre :

Nous avions : $g = 0,316$.

La deuxième colonne nous donne : $15\,g - 64\,r = L = 3^{M},15$; d'où nous déduisons :

$15 \times 0^{M},316 - 64\,r = 3^{M},15$, et

$$r = \frac{15 \times 0,316 - 3,15}{64} = \frac{4,74 - 3,15}{64} = 0^{M},0248.$$

En forçant on prendra pour la raison

$$r = 0^{M},025, \text{ soit } 2^{c},5^{mm}.$$

La troisième colonne donne les longueurs des collets. — Chaque nombre, jusqu'au 11ᵉ, s'y obtient en retranchant la raison, $2^{c},5$, du nombre situé au-dessus ; au-delà du 11ᵉ nous retrouvons les mêmes quantités en ordre inverse.

Nota. — La somme des collets donne $3^{M},14$ au lieu de $3^{M},15$, l'erreur est de 1 centimètre ; elle est insignifiante.

Tableau du balancement

Nᵒˢ des marches	COLLETS	
	Expression des longueurs	Longueurs calculées
4	$g - r$	$31^{c}6, - 2^{c}5 = 29^{c},1$
5	$g - 2\,r$	—————— 26 ,6
6	$g - 3\,r$	—————— 24 ,1
7	$g - 4\,r$	—————— 21 ,6
8	$g - 5\,r$	—————— 19 ,1
9	$g - 6\,r$	—————— 16 ,6
10	$g - 7\,r$	—————— 14 ,1
11	$g - 8\,r$	milieu....... 11 ,6
12	$g - 7\,r$	—————— 14 ,1
13	$g - 6\,r$	—————— 16 ,6
14	$g - 5\,r$	—————— 19 ,1
15	$g - 4\,r$	—————— 21 ,6
16	$g - 3\,r$	—————— 24 ,1
17	$g - 2\,r$	—————— 26 ,6
18	$g - r$	—————— 29 ,1
Totaux.	$15\,g - 64\,r$	—————— 314^{c},0

CHAPITRE IX

EPURE DU LIMON D'ESCALIER

§ 68. — Étude préalable de la construction d'un escalier à volées droites, dit : Échelle de meunier.

(*a*) Détail de la coupe. — La figure 102 donne, en M, la coupe d'un escalier dont les marches s'appuieraient sur deux pièces de bois inclinées, droites.

Le mur, les pièces de bois, ou les constructions en pierre qui supportent les marches se nomment *échiffre*. Lorsque l'échiffre est suspendu on lui donne plus ordinairement le nom de *limon*.

Sur la figure M′, qui est à l'échelle de 1/10, le limon est formé par une forte planche de 0,12 d'épaisseur (voir la coupe M) et d'une hauteur de 0,33 en section droite ; cette planche est inclinée à la pente donnée par des marches telles que nous les avons calculées au § 64 ($g = 0,316$, $h = 164$). Les marches s'y assemblent par une entaille de 0,04 de profondeur environ.

L'épaisseur des marches est de 0,05 ; elles sont reliées entre elles par des planches verticales C, dites *contre-marches*, qui s'assemblent dans les marches, à *rainure* et *languette*. La saillie de l'arête des marches en avant des contre-marches est de 0,05 environ, et la marche est profilée en quart de rond. Le limon est relié au mur par des *entretoises* E, E..... E de $0,07 \times 0,10$ d'équarrissage qui sont fixées par un bout au mur, à l'aide d'un scellement en fer et qui s'assemblent dans

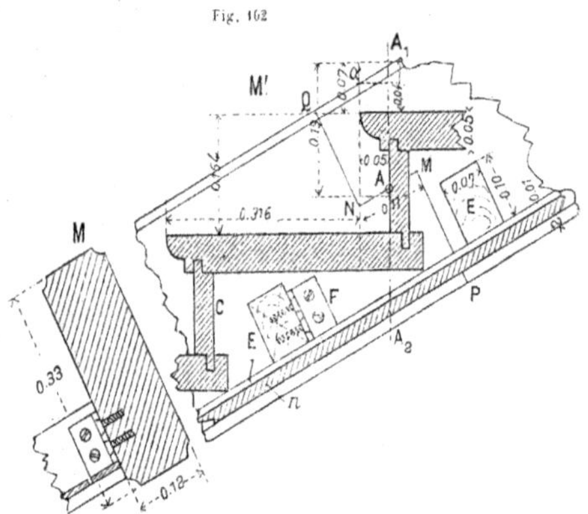

le limon à tenon et mortaise. Le tenon est souvent consolidé par une équerre en fer F, boulonnée ou vissée sur l'entretoise et sur le limon.

Pour former le dessous ou *intrados* de l'escalier, un *lattis*, *l*, est cloué sur les entretoises et un enduit en plâtre, de $0^M 02$ d'épaisseur environ, est appliqué sur ce lattis.

Si nous avons exécuté ainsi, à grande échelle, la coupe M, c'est afin de reconnaître que pour pouvoir loger aisément tous les détails de la construction dans le limon, il faut donner à ce dernier une hauteur $A_2 A A_1$, comptée suivant la verticale, égale à $0^M 38 (1)$, soit $0^M 19$ au-dessus et $0^M 19$ au-dessous du point milieu A.

(*b*) Enture du limon droit. — Ce limon, s'il est très long, ne peut pas être fait d'un seul morceau. On est obligé d'enter plusieurs pièces les unes au bout des autres.

Pour tracer l'assemblage, on choisit en A (fig. M) à peu près au droit de la contre-marche, le milieu de l'enture et celle-ci est formée par trois plans perpendiculaires à la face verticale du limon, savoir : 1° le plan M N, parallèle à la pente de l'escalier et d'une longueur de 0,11 environ ; 2° le plan M P, et 3° le plan N Q, perpendiculaires tous deux au plan M N.

De plus (voir le détail perspectif P, fig. 103), il sera bon que la partie rentrante Q N M soit munie d'un tenon, et que la partie saillante N M P soit creusée en mortaise, qui consolideront l'assemblage dans le sens latéral.

(1) Evidemment cette hauteur variera suivant les cas et chaque fois il sera nécessaire d'étudier cette coupe M.

Nota. — En prenant (fig. 102) le milieu de l'enture en A, au droit de la contremarche, on voit que l'on évite ainsi de faire traverser l'assemblage par les entailles pratiquées dans le limon pour recevoir les extrémités des marches. Sur le croquis M, cela place le point A à 0,05 environ en dedans de l'arête des marches.

Cette étude une fois faite pour un limon droit, nous allons en profiter pour faire l'étude d'un limon courbe.

§ 69. — Epure du limon d'un escalier en quartier tournant.

(*a*) Préliminaires. — Nous avons reproduit figure 103 à une échelle cinq fois plus grande, c'est-à-dire à l'échelle de $0^M 10$ pour 1 mètre, l'escalier dont l'ensemble et le balancement ont été étudiés, §§ 65 et 66, figures 100 et 101.

Sur la ligne de foulée les marches VI, VII, VIII..... ont 0,316 de giron. Sur la ligne de jour, les collets ont été pris égaux aux longueurs fournies par le balancement arithmétique (voir le tableau du balancement, § 67), ce qui a donné les points 11, 10, 9, 8, etc..... En joignant les points correspondants 11 et XI, 10 et X, 9 et IX, etc..... on obtient les arêtes des marches et la développée OL, base du cylindre développoïde, se met facilement en évidence. Nous donnons au limon une épaisseur de 0,12 (comme sur la fig. 102 — M') et nous obtenons de nouveaux points 11', 10', 9', 8', également situés sur les arêtes des marches. Pour faciliter les explications, nous nommerons :

1° *Cylindre intérieur* (ou cylindre de jour), celui qui a pour base la courbe 11, 10, 9, 8 ;

2° *Cylindre extérieur*, celui qui a pour base la courbe 11', 10', 9' ;

3° *Cylindre moyen*, celui qui aurait pour base la courbe *b, c, d, e, f, g*,.... située à égale distance des précédentes ;

4° *Cylindre de foulée*, celui qui a pour base la courbe de foulée XI, X, IX.....

Les arêtes des marches coupent ces divers cylindres en des points que nous imaginerons reliés par une courbe gauche.

Sur le cylindre de foulée cette courbe gauche sera très exactement une hélice, mais sur les trois autres, si on les développait, on aurait, à cause du balancement, une ligne courbe et non pas une ligne droite.

Par généralisation nous nommerons encore ces courbes, des hélices.

Nous aurons donc l'*hélice de jour*, ou *hélice intérieure*, l'*hélice moyenne*, l'*hélice extérieure*, l'*hélice de foulée*. La figure 101, du balancement géométrique, nous donnait en $\alpha\,\omega'\,\beta$ le développement de l'hélice de jour ; en $M\,\omega''\,Q$ celui de l'hélice de foulée.

Le solide qui constitue le limon sera limité de la manière suivante :

1° Il sera compris entre le cylindre intérieur et le cylindre extérieur ;

2° Il sera limité en dessus et en dessous par une surface gauche continue, parallèle à la surface discontinue à laquelle appartiennent les arêtes des marches.

Mais à quelle hauteur au-dessus et au-dessous de ces arêtes ?

C'est ce que la coupe (fig. 102) nous fait connaître. Dans le cas actuel nous voyons (fig. 102) : 1° que le limon aura $0^M 38$ de hauteur dans le sens vertical, et 2° que ses points, tels que α, situés à plomb des arêtes seront à $0^M 04$ au-dessus de ces arêtes. Par conséquent en surélevant de $0^M 04$ toutes les arêtes des marches, on aura les génératrices du dessus du limon, et en les abaissant de $0,38 - 0,04$, soit $0^M 34$, on aura les génératrices du dessous.

Mais, considérons de préférence le point A, situé, d'une part, à mi-hauteur du limon, et, d'autre part, sur le cylindre moyen *b, c, d, e, f*...... Entraînons ce point dans le mouvement général de l'escalier ; il décrira dans le cylindre moyen une hélice égale à l'hélice moyenne et que nous nommerons l'*hélice centrale*. On voit (fig. 102) qu'il suffira, pour l'obtenir, d'abaisser l'hélice moyenne de $(0,19 - 0,04)$, soit de 0,15 centimètres. En plan, la ligne *c, d, e, f, g*,...... représente la projection horizontale de l'hélice centrale.

(*b*) Joints du limon. — Cela posé : Le limon, du moins dans sa partie courbe, sera formé de pièces de bois d'une longueur peu considérable.

Nous allons nous donner, en plan, sur l'hélice centrale *c, d, e, f*..... la position, en A et en B, du milieu de l'enture de chacune des extrémités du tronçon. Nous avons vu (fig. 102) qu'il convenait de prendre ce milieu à 0,05 en arrière de l'arête de la marche. C'est pourquoi A est pris à 0,05 en arrière de *c* et B à 0,05 en arrière de *f*.

(*c*) About inférieur. — Nous allons étudier (fig. 103) sur deux projections verticales auxiliaires (fig. C et fig. D), chacun des abouts du tronçon.

Sur un mur $x_1\,y_1$ parallèle à la tangente à l'hélice moyenne en A, nous projetons le limon. A cet effet : nous obtenons d'abord en $b_1\,c_1\,d_1$..... l'hélice centrale (chaque point est à une hauteur de marche, soit 0,164 au-dessus du précédent). Puis, en élevant et en abaissant ces points de 0,19 (demi-hauteur du limon), nous obtenons des points moyens de la surface de dessus et de dessous de ce limon. Par ces points moyens, en menant des horizontales, nous avons les projections verti-

Fig. 103

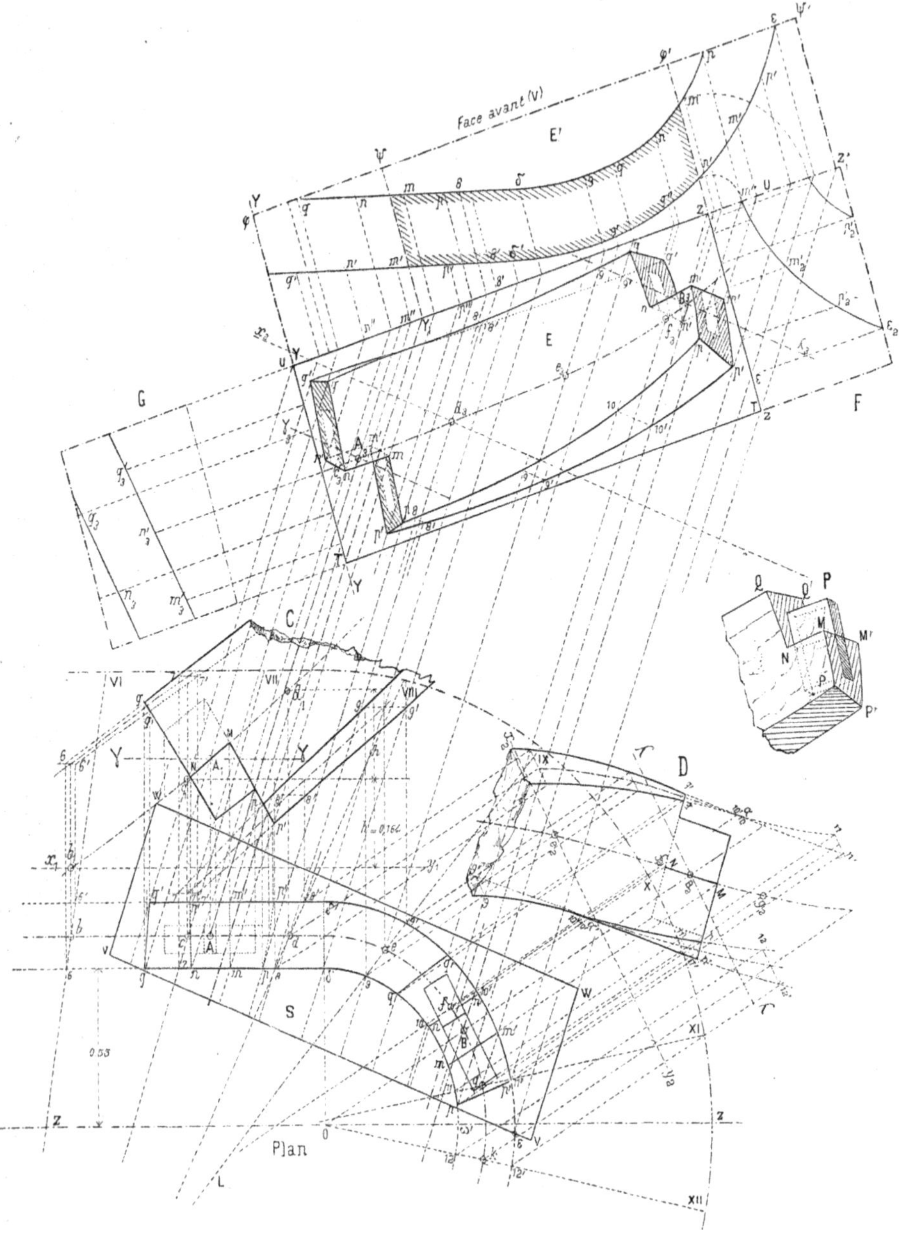

cales des génératrices des surfaces gauches, génératrices que nous limitons en 7 7′ — 8 8′ — 9 9′, etc. aux lignes de rappel menées par les points correspondants 7 7′ — 8 8′..... du limon, en plan.

Nous pouvons donc, en joignant ces points par des courbes continues, dessiner sur une certaine étendue (fig. C) les deux hélices intérieures de dessus et de dessous 7, 8, 9...., et les deux hélices extérieures de dessus et de dessous 7′, 8′, 9′.....

Enfin le point A, milieu de l'enture, est rappelé en A_1 sur l'hélice centrale.

Cela fait : on trace (fig. C) en A_1 l'enture comme on l'avait fait (fig. 102 M) sur l'escalier droit. Elle se compose :

1° D'un plan longitudinal M N, donné par la tangente à l'hélice centrale, et

2° De deux plans normaux N $q′$ q et M $p′$ p. On y ajoutera si l'on veut un tenon et une mortaise. Mais pour le moment nous supposerons que ce tenon et cette mortaise n'existent pas.

De la projection C, par des lignes de rappel on revient au plan et l'on détermine (fig. S), en $m\ m′$ et $n\ n′$ les deux droites, intersections des plans qui forment l'enture, et en $q\ q′$ et $p\ p′$ les lignes *courbes*, intersections des surfaces gauches du dessus et du dessous du limon avec les plans normaux NQ et MP.

(*d*) Abbout supérieur (fig. D). — On prend, de même, en $x_2\ y_2$ un nouveau mur parallèle à la tangente en B (milieu de l'enture) à l'hélice centrale. On commence par déterminer en $e_2\ f_2\ g_2$ l'hélice centrale : on l'élève et on l'abaisse de $0^M\ 19$; on trace ensuite les génératrices 9 9′, 10 10′, 11 11′..... du dessus et du dessous ; on les limite aux lignes de rappel issues de la figure S, et, comme tout à l'heure, on obtient les hélices de dessus et de dessous, extérieures 9′, 10′, 11′..... et intérieures 9, 10, 11.....

En B_2 on a, sur l'hélice centrale, le milieu de l'enture ; on la dessine comme pour le joint A, en $q′$ q N M $p\ p′$ et, par des lignes de rappel, on en déduit, en plan (fig. S) la projection horizontale de l'about supérieur.

§ 70. — **Taille du limon** (même figure 103.)

(*a*) Solide capable en plan (fig. S). — Pour tailler le limon on commencera par déterminer un parallélipipède rectangle susceptible de le contenir, sans trop de jeu. C'est ce que l'on nomme le *solide capable*.

En plan (fig. S) ce solide sera limité par deux plans verticaux V et W, parallèles entre eux et serrant, d'assez près, la projection du limon. Le plan V sera ce que nous nommerons la *face d'avant*, et le plan W la *face d'arrière* du solide. Ce prisme capable sera incliné.

Pour connaître l'inclinaison à lui donner prenons, en $x_3\ y_3$, un nouveau mur parallèle aux faces V et W, et projetons-y le limon tout entier (fig. E). Nous suivrons exactement pour cela la même marche que ci-dessus ; il est inutile de l'indiquer de nouveau.

Nous avons en $e_3\ d_3\ e_3\ f_3$..... (fig. E) l'hélice centrale. Nous en déduisons en 8, 9, 10..... 8′ 9′ 10′ 11′..... les hélices de dessus et de dessous.

Quant à la projection des joints des entures, nous conseillons, après avoir déterminé soigneusement en A_3 et B_3 les milieux de ces entures, de mener sur les figures C, D et E, par ces points, des plans horizontaux γ et λ, $γ_3$ et $λ_3$ et de prendre les hauteurs, positives ou négatives, de tous les points m, $m′$, n, $n′$, etc..... qui sont aux environs, par rapport à ces points, de même que l'on prendra les largeurs à gauche et à droite, par rapport aux lignes de rappel A A_3 et B B_3 (marquées en traits mixtes sur l'épure).

(*b*) Le solide capable, en élévation. — Dès lors, (fig. E), on peut limiter le solide par 2 plans inclinés, TT et UU, et par deux autres plans ZZ et YY perpendiculaires aux précédents. Le plan T sera ce que nous nommerons la *face de dessous* et le plan U la *face de dessus* du solide, le plan Z sera la *face de droite* et le plan Y la *face de gauche*.

(*c*) Cylindre capable. — Du prisme capable on déduit le cylindre capable, lequel s'obtient en délardant tout le bois compris en dehors du cylindre intérieur et du cylindre extérieur. Pour faire ce délardement, il est nécessaire de faire apparaître sur les 4 faces inclinées du prisme, les traces de ces deux cylindres.

(*d*) Rabattements des faces de dessus et de dessous. — A cet effet, les génératrices des cylindres qui passent par les points importants de l'épure ont été prolongées jusqu'aux faces de dessus et de dessous.

Considérons d'abord la face de dessus. Ses intersections avec les génératrices sont $m″$ $p″$..... On rabat en φ Y Z φ′ (fig. E′) cette face, et prenant toutes les profondeurs sur le plan, par rapport aux faces d'avant ou d'arrière, on reporte ces profondeurs de $m″$ en $m′$, de $p″$ en $p′$, etc.....et cela donne de q en $δ$ et de $q′$ en $δ′$ (fig. E′) deux parties droites auxquelles succèdent des arcs d'ellipses, $δn$ et $δ′n′$.

La face de dessous, indéfiniment prolongée serait coupée par les deux cylindres, suivant des courbes identiques à celles qui viennent d'être obtenues. C'est pourquoi on suppose que, par une translation verticale, de bas en haut, la face de dessous est appliquée en φ φ′, $Y_1\ Z_1$, sur celle de dessus et, de cette façon, la section en vraie grandeur s'obtient par une seule opération pour les deux faces. Seulement, ce qui répond à la face de dessus est compris entre φ et φ' et ce qui répond à la face de dessous est limité entre ψ et ψ'. La partie bordée par des hachures est commune aux deux faces.

(*e*) Faces de gauche et de droite. — On cherchera de même les intersections du cylindre intérieur et du cylindre extérieur par les faces latérales et on les rabattra (fig. F et fig. G).

(*f*) Taille du cylindre capable. — Cela fait, on délardera d'abord, grossièrement, la pièce à la hache ou à l'herminette, et on la terminera à la bisaiguë jusqu'à ce qu'une règle, bien droite, puisse s'appliquer exactement sur les surfaces taillées tout en étant guidée par les points marqués, des mêmes lettres, sur les différentes faces : A ce moment le cylindre sera taillé.

(*g*) Taille des surfaces gauches et des joints. — Cette taille se fait sur trait, ce qui veut dire qu'elle s'exécute à côté de l'épure et que l'on peut, au compas, prendre sur cette épure, au fur et à mesure de l'avancement du travail, telle mesure que l'on voudra.

On pourra, une fois les cylindres intérieurs et extérieurs apparus, mesurer au compas sur la figure E, les quantités dont il faut raccourcir, par rapport aux faces du prisme, les génératrices de ces cylindres pour fixer exactement les positions des points $m\,m'\,n\,n'\,p\,p'$ des joints, et des points $9\,9'$ — $10\,10'$ — $11\,11'$..... des hélices de dessus et de dessous. On pourra même, pour ces hélices, prendre des points intercalaires entre les points numérotés. Dès lors, on reliera par des lignes droites tous les points situés sur les mêmes génératrices de dessus ou de dessous, et la taille s'achèvera facilement.

(*h*) Entailles pour les marches. — Ces entailles ne sont pas figurées sur la figure 103. Elles pourraient l'être comme elles le sont, sur la figure 102. Pour les faire apparaître sur le limon, on les dessinera sur les projections C D et E.

Puis, on fera le développement du cylindre extérieur, et on le découpera dans un carton flexible. Il suffira ensuite d'enrouler ce carton sur le cylindre extérieur pour pouvoir dessiner ces empreintes. On pourrait encore, si l'on taille sur trait, éviter ce déroulement. On relèverait toutes les hauteurs des divers points, au compas, et on les reporterait immédiatement sur les génératrices du cylindre extérieur.

§ 71. — Détails de construction. — Ferrures.

Le limon, au lieu de posséder sur chacun de ses abouts à la fois un tenon et une mortaise, pourrait présenter deux

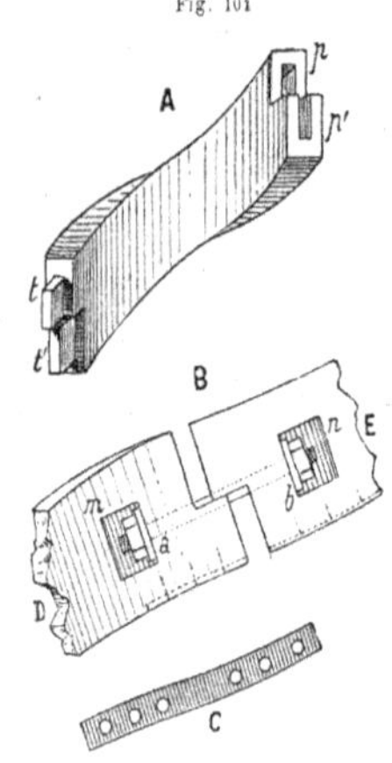

Fig. 101

tenons $t\,t'$ à son joint inférieur (fig. 83, A) et deux mortaises $p\,p'$ à son joint supérieur. Mais cette disposition nécessite un solide capable d'un volume plus grand que celui que nous avons étudié (figures 102 et 103).

On pourrait même (fig. 104 B) supprimer complètement les tenons et les mortaises et faire l'assemblage à plat joint, mais alors il faudrait un boulon $m\,n$, pour serrer et maintenir l'enture.

Ce boulon est à deux têtes mobiles. L'une d'elles, n, reçoit une clavette, l'autre, m, un écrou. La mise en place se fait comme il suit :

Un trou $a\,b$, fait à la dimension de la tige du boulon, est percé à la tarière dans les deux pièces, dans le sens des fibres ; il passe par le milieu de l'enture.

Deux cavités, m et n, ont été creusées du côté où seront placées les marches ; leur profondeur est à peu près la moitié ou les deux tiers de celle du limon : elle doit être suffisante pour loger l'écrou et même pour lui permettre de tourner.

Le tronçon de limon D, étant supposé mis en place, le boulon a été introduit à l'avance dans le tronçon supérieur E et fixé avec la clavette. L'écrou est mis de champ dans la cavité m du tronçon D. On présente alors le tronçon E ; le boulon qu'il porte avec lui pénètre dans le conduit a préparé pour le recevoir et vient se placer devant l'écrou, lequel est alors tourné et serré à l'aide d'une clef à manche recourbé.

Nota. — Il est bon de placer des écrous même lorsque les entures sont armées de tenons et de mortaises, comme sur les figures 103 ou 104 A. On ajoute même une bande de fer C (fig. B), vissée et logée dans une rainure pratiquée exactement à sa demande dans la face de dessous du limon. On met souvent aussi une bande de fer dans la face du dessus.

§ 72. — Assemblage du limon avec le palier.

La figure 105, A, donne, en plan, l'arrivée sur le palier de la rampe inférieure et le départ de la volée supérieure. On lira ces explications en suivant à la fois sur la figure 105 et sur les perspectives figures 106 et 107. Les lettres se correspondent sur ces trois figures.

Fig. 105

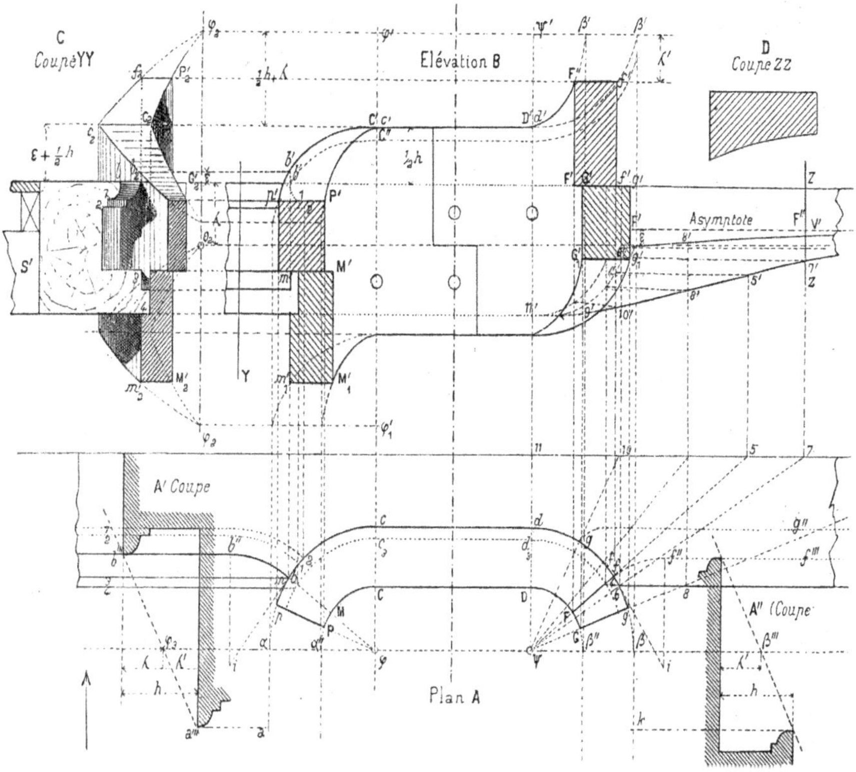

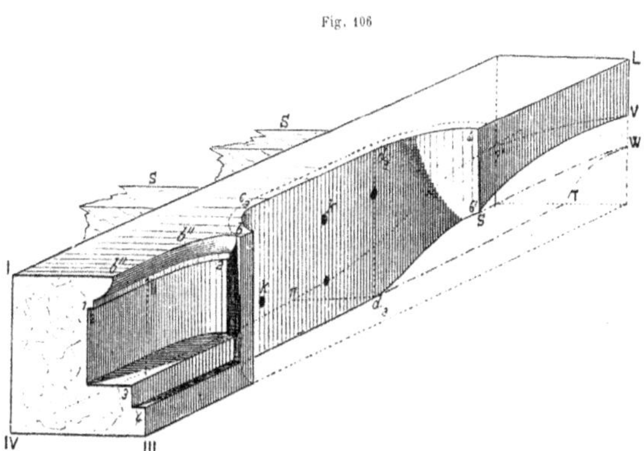

Une poutrelle, indiquée en perspective sur la figure 106, traverse toute la cage et est scellée par chaque bout dans les deux murs. Des solives S S, s'y assemblent à l'arrière, pour former le plancher du palier. D'un côté elle forme (fig. 105 A), en $b\ b''\ b'''$ la marche d'arrivée. Son arête est légèrement cintrée de b en b''. De l'autre côté, la marche de remontoir est également cintrée en $f'''\ f''\ f$ (fig. 105 A). Le limon, avant de rencontrer le palier, s'arrondit suivant les deux quarts de cercle, dont les centres (fig. A) sont φ et ψ. La partie horizontale du limon a sa surface de dessus $C''\ D''$. (fig. B et coupe C) située au-dessus du sol du pa-

Fig. 106

lier à une hauteur $\varepsilon + \dfrac{1}{2}\,h$; ε représente la hauteur de la surface supérieure du limon au-dessus des arêtes des marches, et h la hauteur des marches.

Dans ces conditions, à partir du point $b\,b'$ situé à gauche et à plomb de l'arête de la marche d'arrivée, jusqu'au point $c\,c'$, du cercle de raccordement, le limon devra monter d'une demi-hauteur de marche, et, du point de raccordement $d\,d'$ situé à droite jusqu'au point $f\,f'$ qui est à plomb de l'arête du remontoir, il s'élèvera encore d'une demi-hauteur de marche.

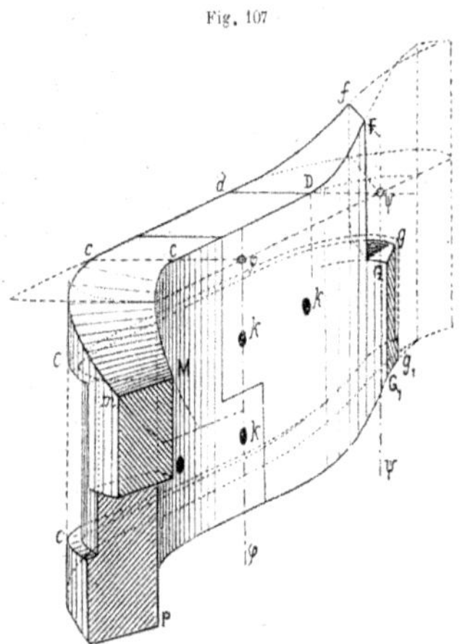

Fig. 107

Les faces de dessus et de dessous du limon seront formées par un conoïde défini comme il suit : C'est le conoïde de droite que nous définissons ; celui de gauche est analogue.

1° Ses génératrices sont horizontales ;

2° Il a pour axe (c'est-à-dire pour directrice rectiligne) la verticale $\psi\,\psi'$ qui passe par le centre du cercle $d\,f\,\beta$;

3° Il a pour autre directrice une courbe gauche dont la projection horizontale est le quart de cercle $d\,f\,\beta$ et dont la projection verticale passe par les trois points suivants, savoir :

d', projection du point d, situé à la hauteur $\varepsilon + \dfrac{h}{2}$ au-dessus du sol du palier.

f', projection du point f, arête du remontoir, lequel est situé à une hauteur $\dfrac{1}{2}\,h$, au-dessus du point précédent.

β', projection du point β, qui est dans le plan de front de l'axe ψ du conoïde et dont la hauteur λ' au-dessus de la marche immédiatement inférieure, c'est-à-dire du remontoir, est donnée par la coupe A″ faite sur les marches. Cette courbe $d'\,f'\,\beta'$ est donc déterminée, en élévation, par trois points ; de plus, en ε', elle est tangente à la verticale $\beta'\,\beta$ qui est le contour apparent du cylindre auquel elle appartient ; au point d', afin d'avoir un raccordement plus agréable à l'œil, on la fait tangente à la partie droite $c'\,d'$ du limon : Cette courbe est donc assez bien définie.

Nota. — On aurait pu adopter pour cette courbe, en élévation, une ellipse dont les demi-axes eussent été $\psi'\,\beta'$ et $\psi'\,d'$; mais dans ce cas le point f, en plan, au lieu d'être une des données eût été une conséquence du choix de l'ellipse. Alors pour obtenir f', une fois l'ellipse tracée, on prendrait le point situé à la hauteur λ' au-dessous du point β' et la ligne de rappel aurait donné en f, sur le plan, le point de départ du remontoir sur le limon.

Le limon peut être indépendant de la poutrelle ou bien, au contraire, faire corps avec elle. Cette dernière disposition, préférable au point de vue de la solidité, a l'inconvénient d'exiger beaucoup de bois. Dans le premier cas la poutrelle (fig. 106) est recreusée suivant une cavité cylindrique $c_3\,d_3$ qui s'emboîtera dans une gorge correspondante pratiquée dans le limon (fig. 107). Des boulons, dont nous n'avons figuré que les trous en K, K..... maintiendront les pièces au contact.

Du côté du remontoir, le dessous de la poutre doit être délardé suivant une surface qui pourrait être le prolongement du conoïde de limon, lequel sera supposé remonté de toute la saillie du limon sur la poutre.

On voit facilement, sur le plan A (fig. 105), comment les génératrices $\psi\,d — \psi\,g — \psi\,f$, etc. du conoïde ont été prolongées jusqu'aux faces d'avant ou d'arrière de la poutre et comment ont été obtenues, en élévation, les courbes d'intersection $6'\,V'$ et $10'\,7'$..... de ces faces et du conoïde.

Ce conoïde, ainsi prolongé, a l'inconvénient de délarder beaucoup trop la poutre et de l'affaiblir. C'est pourquoi il est préférable, au lieu de prolonger les génératrices du conoïde, de les recourber comme on le voit pour les génératrices $f\,f'\,f''$, et $g\,g''$, de manière à les amener de front. De cette façon le plafond du palier sera toujours horizontal dans toute son étendue ; dans l'autre cas il eût été conoïde dans ses deux angles.

La figure 106 montre en S W T d_3 à quoi se réduit alors le délardement. Il n'est plus dangereux.

Nota. — En général ce délardement du dessous de la poutrelle se fait sur place, à l'herminette, une fois que l'escalier est posé. Il n'a pas besoin d'être très soigné puisque le plafond reçoit ordinairement un enduit en plâtre.

Joints du limon. — Les joints sont formés (fig. 105), par les plans verticaux M m P p (à gauche) et F f G g (à droite), qui projettent verticalement des génératrices du conoïde. Ces plans sont réunis par une partie horizontale.

L'épure figure 105 et les perspectives cavalières des figures 106 et 107, suffisent pour faire comprendre les détails de la construction.

§ 73. — Escalier suspendu, dit escalier anglais.

Dans ce système les marches sont massives. Elles pourraient être aussi bien en pierre qu'en bois. On voit figure 109, la perspective cavalière de l'une d'elles.

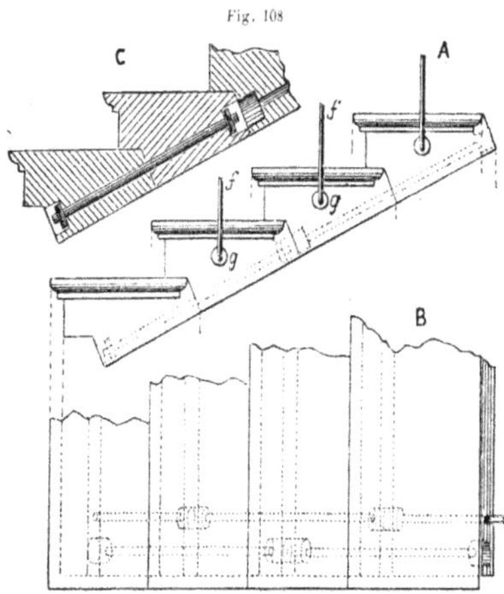

Fig. 108

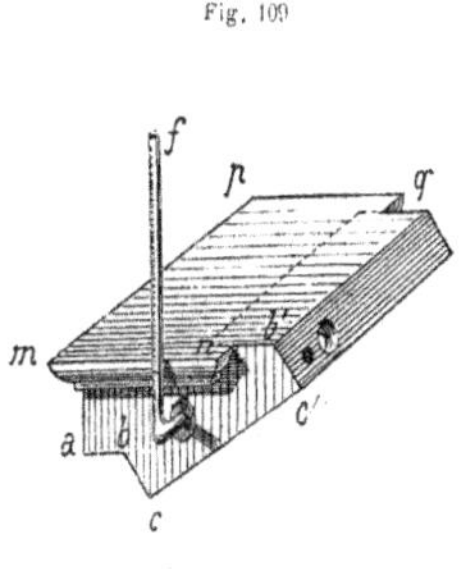

Fig. 109

La pression se transmet de l'une à l'autre par l'intermédiaire d'un plan, bc, ou $b'c'$ qui forme une *surface de lit*, normale au rampant cc' de l'escalier. De plus, une partie horizontale ab, forme le *recouvrement* d'une marche sur l'autre. Il suffit que la première marche de départ, située au bas de l'escalier, soit bien assise sur un solide massif de fondation pour qu'elle supporte la seconde marche, qui supportera la troisième et ainsi de suite.

Le profil de la marche règne, en mp, sur la partie antérieure et il se retourne en mn sur le côté. La figure 108 montre en A l'élévation et en B le plan d'un pareil escalier. Pour le consolider on boulonne entre elles les marches de deux en deux, ainsi que le montre la coupe C, faite sur un boulon.

Les barres de fer $ff\ldots$ qui soutiennent la main courante ont leur portée gg, vissée sur les parois des marches. Ces barres sont recourbées à angle droit. Elles se tiennent donc légèrement en dehors de la marche, ce qui permet d'utiliser très complètement cette dernière, ou tout au moins de réduire sa longueur d'emmarchement.

Les escaliers construits dans ce système ont un certain aspect de légèreté, et ils prennent moins de place que ceux construits avec limon plein

§ 74. — Escalier avec limon en crémaillère, ou escalier demi-anglais (fig. 110).

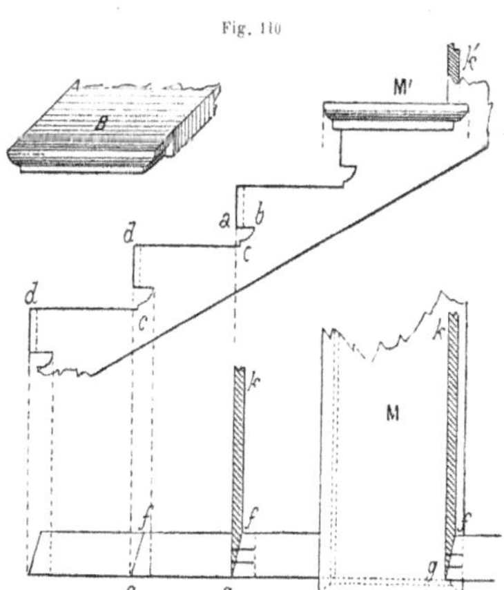

Fig. 110

C'est en cherchant à conserver à l'escalier à limon l'aspect de l'escalier anglais qu'on a obtenu le système à limon taillé en crémaillère, presque exclusivement employé dans les maisons d'habitation bâties avec un certain soin.

Les marches présentent les dimensions indiquées à propos de l'ancien escalier, seulement elles sont moulurées sur l'arête antérieure et sur l'arête latérale qui sera du côté du vide (fig. 110 B, perspective).

Le limon est entaillé en abc suivant les moulures des

marches. Ces dernières reposent sur lui par l'intermédiaire des parties horizontales telles que $c\,d$, $c\,d$. Elles font saillie en dehors du limon (voir en M).

Enfin la contremarche $k'\,k\ldots$ est assemblée dans la marche, comme à l'ordinaire, c'est-à-dire à rainure et languette ; mais elle est taillée en biseau, $f\,g$, du côté du limon, ainsi que ce dernier, et elle est clouée ou mieux encore, vissée sur lui.

De cette façon tous les joints sont aussi dissimulés que possible et l'aspect est celui d'un escalier suspendu, surtout lorsque le plafond de dessous de l'escalier est terminé et enduit soigneusement.

Nota. — Nous étudierons d'autres systèmes d'escaliers dans les dernières leçons de coupe des pierres. L'analogie est presque complète entre les escaliers en pierre et ceux en bois.

FIN DE LA CHARPENTE

DEUXIÈME PARTIE

COUPE DES PIERRES

CHAPITRE X

GÉNÉRALITÉS

§ 75. — **Marche à suivre dans une opération de coupe des pierres.**

(*a*) Objet. — La coupe des pierres est l'art de donner aux pierres, qui entrent dans une construction, les formes qui conviennent le mieux pour assurer la stabilité de l'édifice.

(*b*) Le projet. — L'architecte, ou l'ingénieur, chargé de la construction, arrête, dans un projet, la position, la forme et les dimensions des différentes parties de l'édifice. Il est guidé pour la création de ce projet par des considérations esthétiques et mécaniques dans le détail desquelles nous n'avons pas à entrer dans ces leçons.

(*c*) L'épure d'ensemble. — Ce projet met en présence des surfaces qui sont les limites des masses solides (murs, voûtes, plafonds, planchers, etc.....) qui constitueront la construction. Nous devrons donc prendre ces surfaces et, dans ce que nous nommerons l'*épure d'ensemble*, étudier les intersections auxquelles elles donnent lieu par le fait de leur coexistence. Ce sera là un problème de géométrie descriptive.

Cette épure se trace en grandeur d'exécution, soit sur un parquet horizontal, soit sur un mur vertical, lequel a reçu préalablement un enduit en plâtre, aussi plan que possible. A Paris et dans les grandes villes, où l'on dispose difficilement de grands espaces horizontaux, les épures se font presque toujours sur des murs verticaux.

(*d*) Tracé de l'appareil. — Ces masses solides sont, en général, trop volumineuses pour être *monolithes*, c'est-à-dire prises dans une seule pierre. Il faut les décomposer, en pierres plus petites, susceptibles d'être maniées, dont les formes seront calculées de telle sorte :

1° Qu'en les juxtaposant convenablement elles réalisent les masses solides du projet dans leur ensemble;

2° Qu'elles se maintiennent en équilibre les unes à côté des autres ;

3° Qu'elles ne soient pas fragiles.

Il faut donc, pour ainsi dire, briser d'avance les masses d'ensemble en fragments déterminés, que l'on pourra tailler séparément et venir ensuite mettre en place.

Cette décomposition en pierres de dimensions raisonnables constitue ce que l'on nomme l'*appareil*. Il est bon de remarquer, dès à présent, que les pierres suivant lesquelles on décomposera les constructions seront enveloppées par des portions plus ou moins considérables des grandes surfaces en présence. Ces portions de surfaces se nomment *douelles, panneaux*.

Ces douelles et ces panneaux seront limités, eux-mêmes, par des lignes que l'on pourra considérer comme des génératrices des surfaces. Ces génératrices se rencontreront en des points qui appartiendront aux courbes d'intersection des surfaces ; de telle sorte que l'*épure d'ensemble* et l'*appareil* s'exécuteront simultanément dans une seule et même opération.

(*e*) Préparation du trait. — Une fois le tracé de l'appareil terminé, on prendra séparément chaque pierre et, par des projections, par des rabattements, par des coupes, par des développements..... etc., on préparera tous les éléments nécessaires à la taille de ces pierres sur le chantier.

Cette troisième partie constitue ce que l'on nomme *la préparation du trait*. Elle doit être faite par quelqu'un très au courant des opérations de la taille.

(*f*) Application du trait sur la pierre. — Enfin la quatrième partie, c'est-à-dire la *taille de la pierre*, s'exécute sur le chantier, par des ouvriers exercés, en utilisant les éléments empruntés à l'épure. Dans chaque cas nous indiquerons comment se fait cette application du trait, et comment, d'une pierre brute sortie de la carrière, on peut tirer le solide représenté sur l'épure.

§ 76. — **Définitions** (fig. 111).

On appelle *pierres de taille*, *a*, *a*, des pierres taillées suivant certaines faces d'après des épures exactes. La grandeur de la pierre n'a aucune influence sur cette dénomination.

On appelle *moellons*, *b*, *b*, les pierres qui ne sont pas taillées d'après des épures.

Dans les constructions, les pierres sont, en général, rangées en zones séparées par des surfaces perpendiculaires à la pression que supportent les pierres. Quand la seule force est la pesanteur, comme dans la plupart des murs, les surfaces sont horizontales. Ces zones s'appellent *assises*. Les surfaces qui séparent les assises s'appellent *lits*. Les surfaces qui séparent deux pierres d'une même assise et qui, dans le cas d'un mur, sont verticales, s'appellent *joints*. Le plan vertical *e*, *d*, est une surface de joint dans la troisième assise. Les lits sont donc les surfaces à l'aide desquelles la pression se transmet d'une assise à l'autre. Il est nécessaire que les lits soient très exactement taillés, tandis que, pour les joints, cette considération est beaucoup moins importante.

Pour chaque pierre, on distingue le *lit de pose* et le *lit de dessus*. Le plan horizontal *f e* est le lit de pose, pour la pierre n° 3 ; il est le lit de dessus, pour la pierre n° 2. Le premier doit être taillé beaucoup plus exactement que le second. En effet, quand on pose la pierre sur la couche de mortier étendue sur celle qui précède, on peut répartir le mortier de manière à combler les creux ou *flaches* qui subsistent sur le lit de dessus de la pierre inférieure ; mais on ne peut opérer de même pour le lit de pose de la pierre supérieure.

Lorsqu'on a ainsi superposé deux pierres, on les bat fortement avec des masses de bois, afin d'exprimer le mortier en excès. Ainsi comprimé, le mortier se répand dans les flaches, lie les pierres et répartit uniformément la pression.

Les joints de deux assises superposées ne doivent pas être en prolongement les uns des autres ; ils doivent se *découper*.

On appelle *découpe*, la distance *c d* entre un joint et le joint voisin de l'assise supérieure ou inférieure.

Dans une construction, on alterne ordinairement des pierres courtes et des pierres profondes.

On appelle *carreaux*, C, celles qui ont de plus grandes dimensions sur le parement du mur, et *boutisses*, B, celles qui ont de plus grandes dimensions suivant la profondeur du mur ; c'est ce qu'on exprime en disant que les boutisses ont plus de queue et moins de tête.

On nomme *parpaing*, P, une pierre qui fait parement sur les deux faces du mur ; les parpaings doivent être traités avec le plus grand soin.

Quand un mur n'a pas ses parements verticaux, on dit qu'il a du *fruit* ou du *talus*. La différence de ces deux expressions est dans la mesure. Le fruit a pour mesure la tangente trigonométrique de l'angle que fait avec la verticale le mur incliné, tandis que le talus est la tangente trigonométrique de l'angle fait avec l'horizon. Le fruit f est donc donné par le rapport $\dfrac{m\,n}{n\,g}$, tandis que le talus serait donné par le rapport inverse $\dfrac{n\,g}{m\,n}$.

Les *voûtes* sont des constructions dans lesquelles les matériaux se soutiennent par leur arc-boutement.

On nomme, dans une voûte :

Pieds droits, les murs, M, qui s'élèvent jusqu'à l'origine de la voûte ;

Naissance, N n, la surface de séparation des pieds droits et de la voûte ;

Imposte, I et I ′ la dernière assise des pieds droits ; elle est en général ornée par une moulure formant corniche ; c'est proprement à cette corniche qu'on donne le nom d'imposte ;

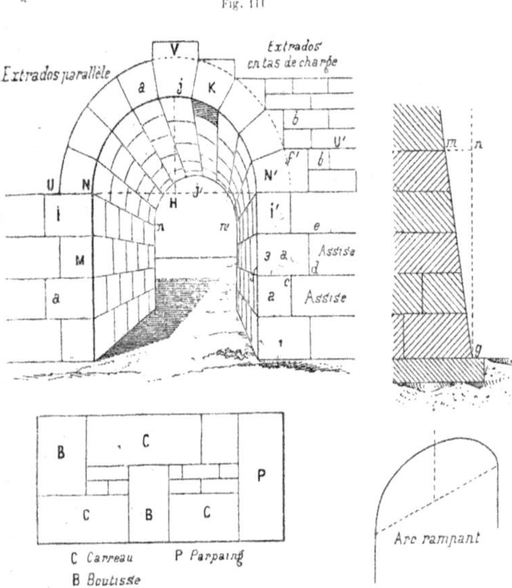

Intrados, la surface N J N ′ $n\,j\,'n\,'$ de la voûte qui est vue, quand on est dessous ;

Extrados, celle qui est cachée, U V f'. Dans les voûtes, l'intrados est taillé avec soin, et l'extrados n'est que dégrossi ; on le recouvre d'une couche de mortier ou de gravois ;

Reins, les parties latérales de la voûte ;

Voussoirs, chaque pierre de la voûte ;

Douelle, la face courbe de chaque voussoir qui se trouve sur l'intrados ou sur l'extrados. En réalité, les douelles sont les portions des surfaces d'intrados ou d'extrados qui appartiennent au voussoir. La douelle d'intrados est la plus importante des deux. Quand nous parlerons de la douelle d'un voussoir, il sera sous-entendu qu'il s'agit de la *douelle d'intrados* ;

Clef, le voussoir supérieur J. Il y a presque toujours un nombre impair de voussoirs; la construction d'une voûte se termine par la pose de la clef que l'on presse fortement ;

Contre-clefs, les voussoirs a et K voisins de la clef; on leur donne ce nom surtout lorsqu'ils sont décorés d'une moulure :

Sommiers, les premiers voussoirs N N ′ qui reposent directement sur les naissances.

Si l'intrados est cylindrique, la voûte est dite *en berceau*.

Dans une voûte en berceau, on nomme :

Ouverture, l'écartement N N ′ des pieds droits à la naissance ;

Montée, la distance J H de la génératrice supérieure au plan des naissances.

Les voûtes en berceau se distinguent en trois classes :

On les dit en *plein cintre* quand la montée est égale à la moitié de l'ouverture ; *surhaussées* ou *surbaissées* selon que la montée est supérieure ou inférieure à la moitié de l'ouverture

Les voûtes surhaussées sont rares ; l'*ogive* en est un exemple ; elle est formée de deux arcs symétriques tangents aux pieds droits ; on la dit *équilatérale* quand les deux arcs sont des arcs de cercle ayant leurs centres aux naissances.

Les voûtes surbaissées sont plus communes. On emploie pour directrices l'*arc de cercle*, la *demi-ellipse* ou l'*anse de panier*. La demi-ellipse offre l'inconvénient de s'abaisser trop rapidement près des naissances. Dans les ponts sur rivière, les eaux ne trouvent pas un débouché suffisant s'il y a des crues. On préfère alors l'anse de panier qui s'élève plus sur les reins. Les courbes en anse de panier se tracent avec des arcs de cercle.

On nomme *arcs rampants* (fig. 111), des voûtes en berceau dont les naissances sont à des hauteurs différentes; on les rencontre surtout dans les contreforts d'église et dans les rampes d'escalier.

Les voûtes, ne se soutenant que par les réactions mutuelles des voussoirs, tendent à renverser leurs pieds droits. Cet effort se nomme la *poussée* de la voûte.

On conçoit que si deux voûtes identiques reposent sur le même pied droit, elles produisent des poussées égales et contraires qui se détruisent, et le pied droit n'a plus besoin que de résister à la force verticale produite par le poids des pierres. Dans ce cas, on appelle les pieds droits des *piles;* lorsqu'ils ont à résister à une poussée horizontale, on dit qu'ils forment une *culée.*

Dans un pont à plusieurs arches, c'est la dernière pile qui porte le nom de *culée.* Dans une pareille série de voûtes, les poussées se détruisent sur les pieds droits, si ceux-ci ne sont que des piles. On conçoit que si l'on détruit une arche, toutes les autres doivent tomber successivement, les pieds droits n'étant plus assez forts pour résister aux poussées. C'est pourquoi on prend souvent la précaution de faire, de distance en distance, des piles plus épaisses, que l'on nomme des *piles-culées* et qui seraient capables de résister, seules, à la poussée d'une voûte, non contre-balancée par celle de la voûte située de l'autre côté.

§ 77. — Tracé des épures et procédés de taille.

(*a*) Epures. — Nous avons dit que les épures se tracent sur parquet horizontal ou sur aire verticale en plâtre.

Un parquet se compose de planches reliées et dressées avec soin. Dans la construction de ces parquets, on évite le sapin dont les filets se déchirent trop lorsque l'on trace des lignes à la pointe d'acier ; on préfère de minces planches de chêne. Sur ces parquets, les épures se tracent en grandeur d'exécution, absolument de même que les épures réduites se tracent sur le papier. Néanmoins, il faut remarquer, dès maintenant, que certaines constructions qui sont très faciles à exécuter sur une planche à dessin, comme le tracé de lignes parallèles de grandes longueurs, ou celui de circonférences de grand rayon, sont, au contraire, longues et difficiles à réaliser exactement sur une épure en grandeur d'exécution. Ces difficultés d'exécution sont, dans bien des cas, la cause du choix de telle méthode, plutôt que de telle autre. Nous indiquerons, chaque fois, l'influence des procédés d'exécution sur le choix des méthodes adoptées par les appareilleurs.

On emploie, pour tracer les lignes droites, des *règles*, lorsque la ligne est courte, et le *cordeau* lorsqu'elle est trop longue pour pouvoir être tracée de cette première manière. Pour les cercles, on se sert du compas ordinaire, ou du compas à verge, si les dimensions sont plus grandes. On est quelquefois obligé de tracer, par points, des cercles très grands, et l'on a pour cela plusieurs méthodes sur lesquelles nous reviendrons au paragraphe suivant.

Dans ces épures, les constructions se font à la craie, à la sanguine ou au charbon, et les lignes, qui doivent subsister et être utiles dans la taille des pierres, se tracent à la pointe d'acier qu'on appelle *traceret.* L'épure terminée, on balaie le parquet, et il ne reste plus que les lignes faites au traceret ; l'épure ainsi simplifiée doit rester jusqu'à l'achèvement total de la construction. Ensuite, on rabote légèrement le parquet pour pouvoir y construire une nouvelle épure. Quand on opère sur un mur, on efface une épure en enduisant le mur d'une nouvelle couche de plâtre.

(*b*) Panneaux. — L'épure terminée, on procède à la construction des panneaux.

Par exemple, sur le voussoir représenté en perspective figure 112, le polygone A B C D E sera le *panneau de tête ;* on aura en C D C′ D′ le *panneau de lit de pose* ou *lit de dessous* ; en A B A′ B′ (caché) le panneau *de lit de dessus.* En A E A′ E′ le *panneau supérieur*, peu important ; en E D E′ D′ le *panneau de côté.* En B C B′ C′ la *douelle*, qui pourra se développer et être tracée sur un carton flexible. Si l'on avait joint B C et B′ C′ par des lignes droites, au lieu d'un cylindre la douelle eût formé la face d'un prisme : dans ce cas elle porte le nom de *douelle plate.*

Le menuisier est chargé des panneaux. Il les construit avec des règles minces assemblées à mi-bois et retenues par des pointes.

Les panneaux étant achevés, on les cloue sur l'épure elle-même, comme l'indique la figure 117. L'appareilleur, qui est chargé de l'épure, a représenté les lits par une ligne aussi fine que possible, mais il a eu soin de prévenir le menuisier de l'épaisseur qu'on voulait donner au mortier interposé entre les lits ; cette épaisseur n'est jamais inférieure à 3 ou 4 millimètres ; le menuisier ménage donc cette épaisseur.

Les panneaux étant cloués sur l'épure, l'appareilleur les vérifie et examine surtout si l'on a laissé les dimensions nécessaires aux lits. Pour cela, il est muni souvent d'une tige qui a même épaisseur que les lits futurs, et qui doit pouvoir circuler entre les panneaux et ne pas avoir de jeu une fois le travail du menuisier terminé. On marque les panneaux avec des lignes convenues et on les enlève pour les porter au chantier. On met en général une couche de peinture à l'huile sur la partie du panneau qui correspond au parement vu, afin que l'ouvrier la soigne d'une manière particulière.

Quand une construction dure longtemps, il importe de faire rentrer de temps en temps les panneaux à la salle d'épures, afin de les vérifier de nouveau.

A Paris, où l'espace horizontal est trop précieux pour en employer un très grand à des salles d'épures, on profite du bas prix du plâtre et de son excellente qualité pour construire des aires verticales sur un pan de mur quelconque soigneusement dressé. Dans les épures ainsi construites, le niveau et le fil à plomb jouent un très grand rôle.

Outre les panneaux, on construit encore des *contre-panneaux* P (fig. 112), surtout dans le cas où la pierre est décorée de moulures. Ces contre-panneaux sont des planchettes en bois ou en métal ; ils s'appliquent perpendiculairement à la pierre, et portent, en creux, l'empreinte des saillies P, qu'on doit laisser subsister dans la pierre.

On appelait autrefois *cherche* et aujourd'hui *cerce* le contre-panneau d'une courbe ; $b_1 c_1$ est la cerce de la courbe d'intrados B C.

(*c*) Biveaux. — On nomme *beuveau* ou *biveau* l'ensemble de deux règles réunies entre elles suivant un angle déterminé. Cet instrument sert pour passer d'un plan à un autre. E_1 est un biveau droit ou *équerre*. D_1 est le biveau qui mesure l'angle rectiligne du dièdre formé par les deux plans E D et D C du voussoir.

Le biveau est dit *biveau cerce* si l'une de ses branches est courbe et sert à passer d'un plan à une surface courbe, ou inversement. B_1 est le biveau cerce répondant au plan de lit de dessus et à l'intrados.

La *fausse équerre* qui, en charpente, prend le nom de *sauterelle*, S, se compose d'une branche de biveau assemblée à enfourchement, entre deux règles qui forment une seconde branche ; elle sert à tracer un angle d'une pièce sur l'autre.

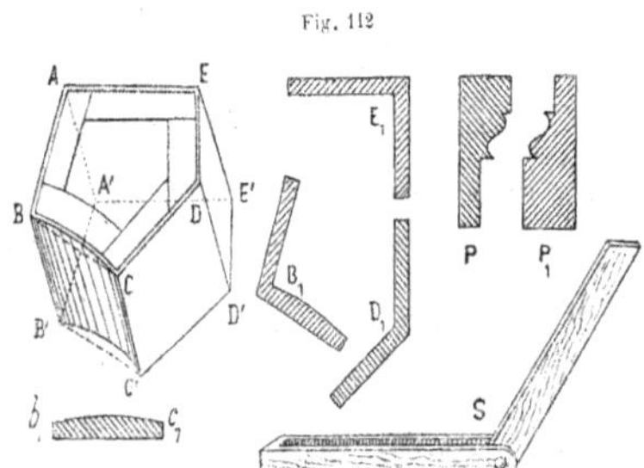

Fig. 112

Elle pourrait donc remplacer un biveau ; mais comme elle est variable et sujette à se déranger, il vaut mieux construire chaque fois les biveaux voulus, soit en bois, soit en zinc.

On nomme *jauge* une tige de bois droite, recoupée exactement à la mesure que doit donner l'ouvrier à une longueur. On l'emploie au lieu d'indiquer à l'ouvrier la dimension en mètres et fraction de mètre, afin d'éviter les erreurs, souvent notables, qui résulteraient des différences qui existent entre les divers mètres.

L'épure étant construite ainsi que les panneaux de lit, les panneaux de tête, les douelles etc., on arrive à tailler la pierre.

(*d*) Taille par équarrissement et taille directe. — On peut employer deux méthodes, la *taille par équarrissement*, et la *taille directe*.

Dans la première, dite encore méthode par *dérobement*, on prépare un solide géométrique (ordinairement parallélipipède rectangle) capable de contenir la pierre, et l'on opère par troncatures en retranchant successivement les portions de la pierre qui ne doivent pas rester.

Dans la taille directe, on prend le bloc de pierre tel qu'il sort de la carrière, et l'on y taille une des surfaces de la pierre à établir. Puis, de cette surface, on passe à une voisine, au moyen de biveaux et de panneaux. Les panneaux nécessaires sont différents selon la méthode qu'on emploie. Quand on taille une pierre par la méthode directe, on substitue en général, lorsque cela est possible, comme sur le voussoir de la figure 112, à la douelle courbe qu'elle renferme, un plan B C B' C' qui passe par les extrémités de la douelle, et l'on taille d'abord la pierre suivant ce plan que nous avons appelé *douelle plate ;* ce n'est qu'ensuite que l'on creuse la douelle courbe.

La méthode par équarrissement est plus exacte que l'autre et ne présente pas plus de travail quand la pierre est déjà grossièrement équarrie et qu'il y a peu de chose à faire pour l'équarrir parfaitement. A Paris, toutes les pierres arrivent presque équarries, parce qu'on évite ainsi le transport d'un poids inutile considérable, ce qui augmenterait le prix du transport sans augmenter celui de la pierre.

Mais il arrive souvent qu'on ouvre, ou du moins qu'on exploite, une carrière uniquement pour un ouvrage ; alors l'équarrissement augmente beaucoup le travail et l'on peut être amené à y renoncer par économie. C'est l'affaire des maîtres appareilleurs de juger d'un coup d'œil si un bloc pourra contenir tel ou tel voussoir, et, grâce à l'habitude, ils se trompent rarement ; la taille directe est un peu moins rigoureuse, mais, avec des soins, on arrive encore à d'excellents résultats, en l'employant.

Lorsqu'une pierre de taille est placée dans une construction, il importe de tenir compte de la constitution de cette pierre. Un grand nombre de matériaux présentent une stratification, en sorte que la matière est composée de feuilles superposées, et la résistance est beaucoup plus grande perpendiculairement à ces feuilles que parallèlement.

Ce fait est beaucoup plus grave qu'on ne le penserait au premier abord ; il faut avoir rigoureusement égard à cette considération et placer la pierre de telle sorte que la pression qu'elle supporte soit perpendiculaire à la feuille. La direction de ces feuilles constittue ce que l'on nomme le *lit de carrière* ; avec un peu d'habitude il est bien visible sur les pierres. Dans les voûtes, il est impossible de satisfaire rigoureusement à cette condition, puisque les pressions que supporte un voussoir sur ses deux lits ne sont pas parallèles ; mais il importe de s'écarter le moins possible de la perpendicularité de la pression sur la feuille. Les pierres qui ne sont pas placées conformément à cette indication sont dites en *délit*.

§ 78. — Tracé des cercles de grand rayon.

Quand un cercle a plus de 5 mètres de rayon, il est impossible de le tracer avec le compas à verge ; il faut le construire par points. On pourrait déterminer les points par des ordonnées que l'on calcule ; mais les appareilleurs emploient de préférence d'autres méthodes, telles que la suivante :

Soient trois points A B C par lesquels il faut faire passer un cercle (fig. 113).

1° Je joins A B, B C, et je prends à partir de A et de C, sur les cordes A B et C B, des longueurs A D, C E arbitraires, mais égales entre elles ;

2° Aux points D et E j'élève sur A B et sur B C des lignes perpendiculaires sur lesquelles je porte en dessus et en dessous des longueurs arbitraires égales D a — a b — b c, au-dessous de A B et E a' — a' b' — b' c au-dessus de B C ;

3° Je mène les droites telles que A d et C d' ; le point de rencontre, m, de ces deux droites est un point du cercle.

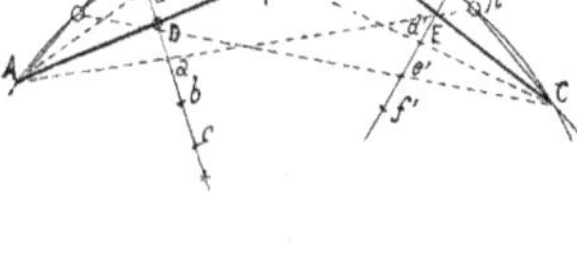

Fig. 113

En effet, les deux triangles A m P et C B P sont semblables, car les angles d A D et d' C E sont égaux et les angles en P sont aussi égaux comme opposés par le sommet ; donc les angles en m et B sont égaux et les points m et B sont sur le segment capable de cet angle décrit sur A C, c'est-à-dire sur un cercle.

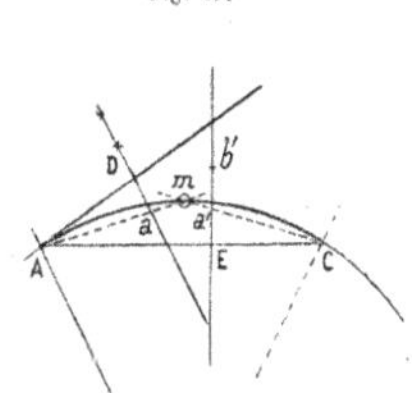

Fig. 114

La construction s'applique aussi lorsque (fig. 114) le cercle est défini par une tangente, A D, avec le point de contact A, et par un autre point C. La seule différence c'est que l'une des cordes sera remplacée par la tangente. On prend sur la tangente une longueur arbitraire A D égale à la longueur C E prise sur la corde. On élève la perpendiculaire D a, E a'. On prend sur elles des points a b... a' b'... équidistants ; on joint A a et C a' et la rencontre donne en m un point du cercle. Toutes ces opérations se font avec le cordeau et avec le grand compas d'appareil ; ce sont donc bien des constructions exécutables sur un chantier.

CHAPITRE XI

LES MURS

§ 79. — Mur droit en talus (fig. 115).

(*a*) Epure d'ensemble. — On voit en A la coupe faite sur le mur par un plan vertical qui lui serait perpendiculaire.

$a'\,b'$ est une ligne de plus grande pente du plan de parement extérieur du mur. On dit que le mur est droit, parce que les horizontales de ses plans de parement intérieur et extérieur sont parallèles.

La construction est faite par assises horizontales (assises n° 1, n° 2, n° 3). D'une assise sur l'autre les joints sont découpés. Ainsi, sur l'élévation B, le joint $c''\,d''$ n'est pas dans le prolongement du joint $m''\,n''$.

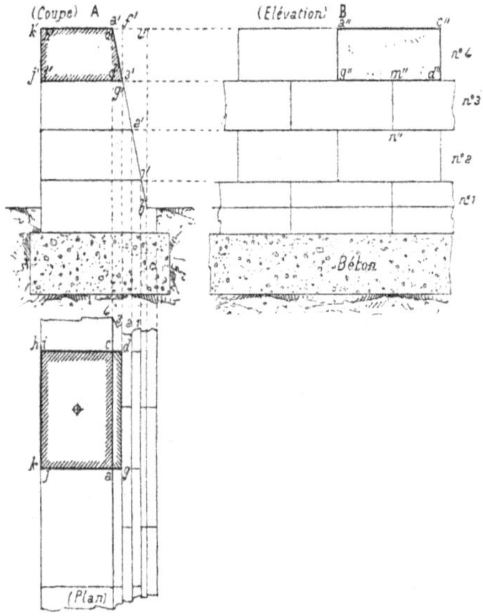

(*b*) Détail d'une pierre. — Etudions la pierre $a''\,c''\,d''\,g''$ (fig. B) de la 4ᵉ assise.

En plan (fig. C), sa projection horizontale est $h\,k\,g\,d$..... En coupe (fig. A), elle est tout entière projetée suivant le trapèze $a'\,k'\,j'\,d'$; ce trapèze constituera un panneau de joint.

(*c*) Taille d'un parallélipipède rectangle (fig. 116). — Avant de parler de l'application du trait sur la pierre, disons d'abord comment on taille un parallélipipède rectangle (fig. 116, D et E).

Il faut commencer par dresser une surface bien plane. Pour cela (fig. D), on pratique au ciseau, sur une face de la pierre brute, une ciselure très peu profonde $\alpha\beta$, voisine de l'arête et sur laquelle une règle $\alpha\beta$ puisse s'appliquer bien exactement.

Sur le croquis (fig. D et E), la profondeur de la ciselure a été très exagérée pour la mieux faire voir. Dans la pratique on la réduit à presque rien.

Sur la face opposée, que nous supposons avoir été dégrossie à la carrière, l'ouvrier place une seconde règle $\alpha'\beta'$, de telle sorte que son arête *supérieure u' v'* soit dans un même plan avec l'arête *inférieure* $\alpha\beta$ de la première. Pour s'assurer que cette condition est réalisée, il lui suffit de se reculer un peu et de déplacer cette seconde règle jusqu'à ce que ses rayons visuels rasant la ligne $u'\,v'$ la mettent en coïncidence apparente avec l'arête $\alpha\beta$. Il trace alors une ligne droite sur la pierre en suivant l'arête $u'\,v'$ avec un crayon et il fait une ciselure plane le long de cette ligne comme il avait fait sur la première face.

Après quoi, sur les deux autres arêtes, il pratique des ciselures droites $\beta\,v'$ et $\alpha\,u'$ (fig. E), qui relient les extrémités de celles qu'il vient de terminer.

A ce moment le plan est défini par quatre directrices rectilignes $\alpha\,u'\,v'\,\beta$. Il ne reste plus qu'à enlever la pierre comprise entre les ciselures et à s'assurer, en y appuyant une règle dans toutes les positions, que la surface dressée est bien plane.

Sur ce plan (fig. F), on tracera au crayon ou au traceret en *h k* 1 2 la base du parallélipipède. On aura pour cela relevé sur l'épure (fig. C) les dimensions ou, mieux encore, le panneau *h k g d*.

Pour faire apparaître les faces verticales, on pratiquera d'abord sur les parois verticales de la pierre brute une série d'entailles que l'on nomme *des jouées*. Elles seront telles que le fond de ces entailles soit bien droit, et qu'en appliquant (fig. F) la branche W *w'* d'une équerre sur le plan déjà fait, le sommet rentrant, W, de cette équerre étant appuyé sur le côté *h k* du rectangle de base et le plan de l'équerre tenu bien perpendiculaire à la face plane déjà taillée, l'autre branche W *w* de l'équerre coïncide bien avec le fond de la jouée.

On pratiquera ainsi deux jouées pour chaque face latérale du prisme, une à chaque angle *h*, *k*, etc., et l'on aura ainsi des directrices des plans latéraux. Ceux-ci se tailleront donc ensuite facilement. On donnera aux arêtes latérales les longueurs voulues *k j*, 1 *g*, etc., on reliera par des droites *j g d i* les sommets inférieurs et le plan de la face de dessous sera défini, lui aussi, par des directrices rectilignes, ce qui permettra de le tailler.

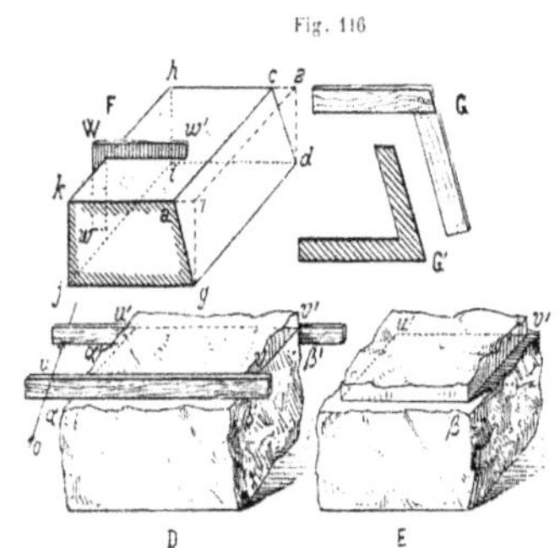

Fig. 116

Revenons maintenant à la pierre spéciale du mur en talus que nous étudions.

(*c*) Application du trait sur la pierre. — taille par équarrissement. — On prépare d'abord un solide capable de contenir la pierre d'appareil. Ce sera un parallélipipède rectangle dont la base *h k d g* se relève en plan (fig. 115, C) et dont la hauteur *j' k'* est donnée en coupe (fig. A). Nous venons de voir comment on le taille.

On a relevé (en coupe, fig. A) le panneau de joint *a' g' j' k'*, qui est un trapèze. On l'applique (fig. 116, F) sur chacune des faces latérales, en *a g k j* et *h c d i*, et, dès lors, le plan *a c d g* de parement en talus est déterminé par ses directrices et peut se tailler.

(*d*) Taille directe. — On pourrait éviter la taille complète du solide capable. A cet effet, après avoir dressé une face plane sur la pierre et y avoir appliqué (fig. 116, F) le panneau de dessus *a c h k*, on passerait aux faces latérales en se servant de biveaux. Pour trois d'entre elles ce biveau sera l'équerre *w* W *w'*. Pour la face de parement ce sera un biveau G, relevé en *h' a' d'* sur la coupe A.

Nota. — Il vaudrait mieux commencer par dresser très soigneusement la face inférieure *i j g d*, qui servira de lit de pose, et par un biveau G', qui sera aigu au lieu d'être obtus, obtenir la face inclinée de parement.

Le lit de dessus *h a c k* peut être dressé avec un peu moins de soin que l'autre. D'ailleurs il a presque toujours besoin d'être retouché et dérasé sur le tas, c'est-à-dire une fois la pierre mise en place.

§ 80. — Mur en pan coupé (fig. 117).

(*a*) Données. — Épure d'ensemble. — Deux murs, avec fruit, ont pour traces sur le sol les lignes S P et R Q. Pour éviter, en T, une intersection trop aiguë, on ajoute en P Q un petit mur dit en *pan coupé*. On donne (fig. D et fig. B) les coupes sur chacun des murs principaux, ce qui fait connaître les fruits de chacun d'eux. Nous supposons ces fruits différents. On a fait également (fig. C) une coupe sur le pan coupé, et le fruit de ce mur intermédiaire a une valeur ordinairement comprise entre celles des fruits des murs principaux.

(*b*) Intersection des surfaces en présence. — Appareil. — Les surfaces en présence sont des plans.

Pour en trouver les intersections, il faudrait posséder des horizontales de même niveau sur chacun d'eux.

Or, comme les assises des pierres doivent être horizontales, nous sommes donc amenés à les représenter, c'est-à-dire à appareiller le mur. Les lignes d'appareil, c'est-à-dire les lignes de lit, seront aussi les lignes auxiliaires que la géométrie descriptive nous dit de choisir pour résoudre les problèmes d'intersection.

Nous avons pris trois assises de pierre, qui apparaissent avec les mêmes hauteurs sur chacune des trois coupes. Les horizontales de lit se recoupent et font connaître en P *a* et *b* Q les intersections des trois plans.

(*c*) Préparation du trait. — Etudions la pierre d'encoignure, dont les projections ou coupes sont figurées sur notre épure par un trait plus fort.

On voit sur nos dessins les divers panneaux de lit ou de joint indiqués par des hachures, ainsi que les différents biveaux qui pourront servir.

(*d*) Application du trait sur la pierre (fig. E, perspective).

1° *Taille par équarrissement.* — Le solide capable est un parallélipipède dont la base est prise en 3, 4, 5, 6, sur le plan (fig. **A**), et dont la hauteur est celle de l'assise, prise sur une des coupes.

On a relevé, sur ce plan, le panneau de dessus *e f a b c...* et le panneau de dessous *m g h i j...* On les porte sur les faces de dessus et de dessous du solide et, dès lors, tous les plans, inclinés ou non, qui doivent limiter la pierre, sont déterminés par des directrices rectilignes et peuvent être taillés.

2° *Taille directe.* — Disons immédiatement qu'elle est moins précise que l'autre.

On dressera, d'abord, sur une pierre dégrossie la face plane de lit inférieur ou lit de pose et on y appliquera le panneau de dessous *g h i j...*

En se servant de biveaux relevés, en α, β, γ, sur les trois coupes (fig. D, C et B), on fera apparaître les trois plans des talus. Une équerre, servant de biveau, permettra d'obtenir les faces de joint, qui sont verticales, ainsi que l'angle rentrant *e 1 2 d*. Il ne reste plus alors qu'à donner à la pierre la hauteur de l'assise, et de l'araser sur son lit de dessus.

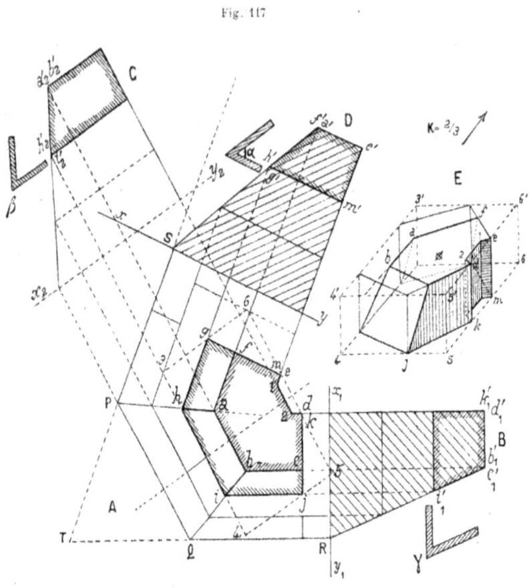

Fig. 117

§ 81. — Mur conique, dit mur de tour ronde en talus (fig. 118).

(*a*) Données. — A B est le cercle de base du cône qui forme le parement extérieur du mur. La coupe (fig. V) en fait connaître le fruit. Le cône est de révolution.

(*b*) Appareil. — Nous prenons quatre assises. Les *lignes de lit* sont des cercles horizontaux tels que *a b*, *d c*, *m n*. Dans chaque assise les pierres sont séparées par des plans méridiens tels que *a n* et *b m*. Ces plans, qui sont normaux aux cercles de lit, constituent donc les surfaces de joint; et les *lignes de joint* sont des génératrices *d n*, *c m* du cône.

(*c*) Préparation et application du trait sur la pierre. — 1° *Taille par équarrissement.* — Le solide capable a pour base le rectangle 1, 2, 3, 4 pris sur le plan (fig. Z). (Voir sa perspective, fig. 119.) Sa hauteur est celle de l'assise.

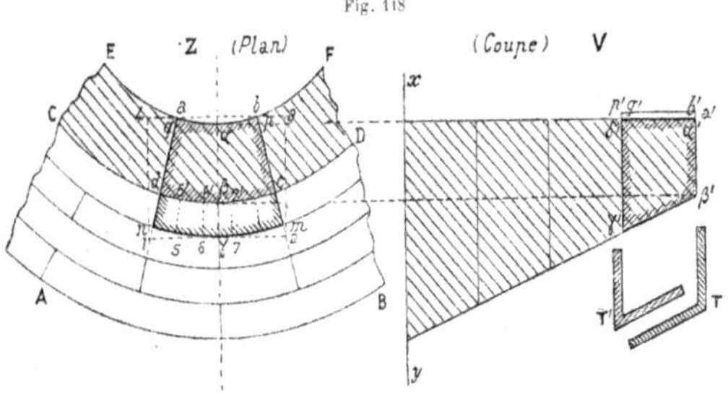

Fig. 118

On applique sur ses faces de dessous et de dessus les panneaux de lit relevés en *p q m n* et *a b c d* sur le plan, ce qui donne les directrices des plans de joint *a n* et *b m* que l'on peut, dès lors, abattre et tailler.

Quant à la surface conique *d c m n*, on a eu soin de diviser en un même nombre de parties égales le cercle de dessus *c d*, aux points 5', 6', 7'..... et le cercle de dessous *m n* aux points 5, 6, 7... On pratique alors, dans la pierre, des jouées rectilignes reliant ces points, et la pierre laissée brute entre ces jouées s'abat en dernier lieu.

La partie cylindrique intérieure $a\,d$, se taillera d'une manière analogue.

2° *Taille directe* (fig. 119). — Sur la pierre dégrossie on pratiquera d'abord un plan qui sera le lit de pose. On y appliquera le panneau de dessous $m\,n\,p\,q$. Puis, en se servant d'une équerre comme biveau, on fera apparaître les plans de joint $c\,b\,m\,p$ et $a\,d\,n\,q$, et même le cylindre intérieur $a\,b$, $p\,q$.

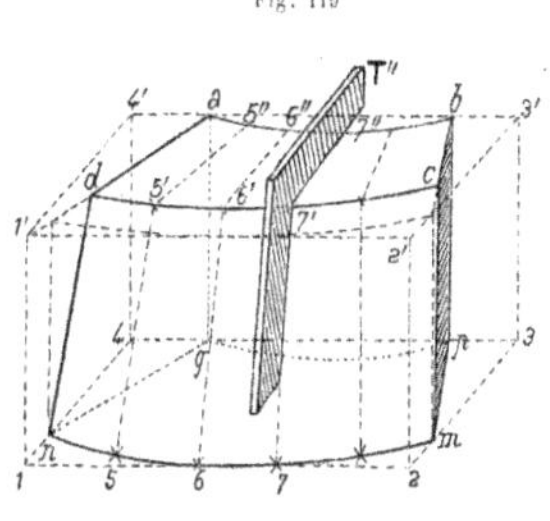

Fig. 119

On aura relevé sur la coupe (fig. V), le panneau de joint $\alpha'\,\beta'\,\gamma'\,\delta'$, que l'on appliquera (fig. 119) en $a\,d\,n\,q$ et $b\,c\,m\,n$ sur les plans de joint qui viennent d'être terminés.

Dès lors le plan de lit de dessus est défini par deux directrices $a\,d$ et $b\,c$, ce qui suffit pour le tailler ; on le fait apparaître et on y applique alors le panneau curviligne de dessus $a\,b\,c\,d$. Le cône s'obtient ensuite comme tout à l'heure.

Remarque. — En relevant sur la coupe (fig. V) le biveau obtus T ou le biveau aigu T' du fruit du mur, et appliquant sa branche horizontale T″ (fig. 119) sur des rayons $5'\,5''$ — $6'\,6''$ — $7\,7''$ des cercles de lit, l'autre branche devrait donner chaque fois des génératrices du cône : cela permettrait de tailler directement le cône en partant d'un seul des cercles de lit. Mais l'autre manière, en se guidant sur les deux cercles, est plus exacte.

CHAPITRE XII

VOUTES CYLINDRIQUES HORIZONTALES, SIMPLES

§ 82. — **Définition d'une voûte simple**.

On dit qu'une voûte est *simple*, lorsqu'il n'y entre qu'une seule surface d'intrados ; elle est *composée*, lorsqu'elle résulte de la rencontre de plusieurs surfaces. Par exemple, si deux cylindres se rencontrent, la voûte qu'ils forment par leur ensemble sera dite composée. Nous étudierons plus loin la voûte d'arête et la voûte en arc de cloître qui résultent toutes deux de la rencontre de deux cylindres (ou berceaux) ayant même plan de naissance et même montée ; nous verrons aussi la lunette cylindrique, etc.

Néanmoins, une voûte peut être classée dans la catégorie des voûtes simples si son intrados rencontre l'intrados d'une autre voûte ; mais il faut alors que cette autre voûte soit construite en maçonnerie, soit de moellons, soit de briques, soit de béton, mais ne soit pas appareillée en pierres de taille. On dit alors que la première voûte rachète la seconde. Ainsi nous trouverons plus loin une porte biaise en tour ronde *rachetant* une voûte sphérique (§ 86).

A. PORTE BIAISE DANS UN MUR EN TALUS (fig. 120 et 121.)

§ 83. — **Epure d'ensemble**. (Voir le croquis perspectif, fig. 120.)

(*a*) DONNÉES. — On donne un mur (fig. C) dont les deux parements X X′ et Y′ Y ne sont pas parallèles. L'un, le parement X′X′ est vertical ; l'autre a pour trace sur le plan des naissances, pris comme plan horizontal (1), la droite Y′ Y qui n'est pas parallèle à X′ X. Le mur est donc biais.

De plus, le parement Y Y′ a un fruit *f*. La coupe faite sur ce mur par le plan vertical $x_1\, y_1$ (fig. D) perpendiculaire à Y Y′ fait connaître en Y Z une ligne de plus grande pente et par conséquent le fruit du parement incliné.

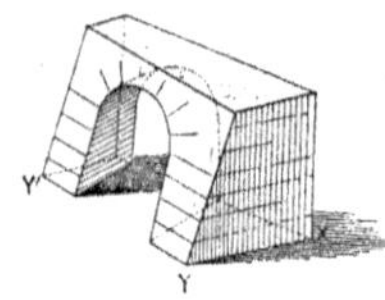

Fig. 120

Une porte plein cintre, A B C D E F, est pratiquée dans le mur. Le cylindre d'intrados a ses génératrices perpendiculaires à la trace X X′ mais obliques à la trace Y Y′. La porte est donc *droite* par rapport au parement X X′, mais biaise par rapport au parement Y Y′. Nous prenons notre plan vertical de projection principal xy (fig. A) parallèle au parement X X′, lequel donnera une section droite du cylindre tandis que le parement Y Y′ fournira une section oblique.

(*b*) SURFACES EN PRÉSENCE. — Au point de vue géométrique, nous avons, en présence, un cylindre et deux plans. La section droite faite par le plan X X′ est toute trouvée ; c'est le cercle A B C D..... en élévation et la droite $a\, b\, c\, d$..... en plan.

Pour trouver la section par le plan incliné Y Y′, rappelons la théorie : « On mène par chaque génératrice des plans auxiliaires convenablement choisis. On prend les intersections auxiliaires de ces plans et du plan sécant, et les points de rencontre des génératrices et de ces lignes auxiliaires sont des points de l'intersection cherchée. »

Il nous faut donc d'abord des génératrices, et, comme le tracé de l'appareil en exige également, nous appareillons immédiatement la voûte.

Nous constatons ici, comme dans presque tous les problèmes de coupe de pierres que nous étudierons par la suite, que le tracé de l'appareil et la recherche des intersections des surfaces en présence marchent ensemble. C'est une remarque que nous faisons ici pour ne plus y revenir par la suite (2).

---

(1) On prend presque toujours le plan des naissances pour plan horizontal de projection.
(2) Cependant, dans les arches biaises, les génératrices des surfaces d'intrados ne seront pas prises comme lignes d'appareil.

(*c*) APPAREIL DE LA VOUTE. — Le demi-cercle d'intrados a été divisé en un nombre impair de parties égales (ici, cinq) aux points B C D E, ce qui donne les points de départ des génératrices, lesquelles constituent des *lignes de lit d'intrados.*

Les surfaces de lit sont, d'une manière générale, formées par le lieu des normales menées à l'intrados en tous les points des lignes de lit. Ces surfaces de lit dans le cas actuel sont donc des plans tels que O D G — O E K..... perpendiculaires au plan vertical et passant par l'axe O O' du berceau.

La profondeur D G ou E K des lits est donnée en traçant un extrados fictif *x* G K *y* qui n'est pas tout à fait parallèle à l'intrados. Il est bon de lui donner plus de largeur *x* A aux naissances qu'à la clef ω V.

On peut *extradosser parallèlement,* comme est le voussoir de gauche B C, ou *extradosser en tas de charge,* comme est le voussoir de droite D E K H G, qui est celui que nous étudierons spécialement. On voit que, en dehors de sa *douelle cylindrique* D E, et de ses deux plans de lit D G et E K, le voussoir est limité à la partie supérieure par un plan horizontal G H, qui sera son *plan supérieur,* et sur le côté, par un plan vertical, qui sera son *plan de côté.*

(*d*) INTERSECTIONS DES SURFACES EN PRÉSENCE. — Cela posé, cherchons les intersections de toutes les surfaces en présence.

Si nous considérons l'ensemble de la voûte, non encore appareillée, nous avons un cylindre de section droite ABCD qui recoupe un plan incliné Y′ Y Z. Si nous prenons le voussoir seul, nous avons à trouver l'intersection, tou - jours avec le même plan Y′ Y Z, d'une portion D E du cylindre précédent, et, en plus, de quatre plans D G, G H, H K et K E. Le voussoir peut donc, dans son ensemble, être considéré comme un cylindre parallèle à celui de la voûte, mais qui aurait pour base le pentagone mixtiligne D E K H G, et, par conséquent, toutes les intersections vont se déterminer

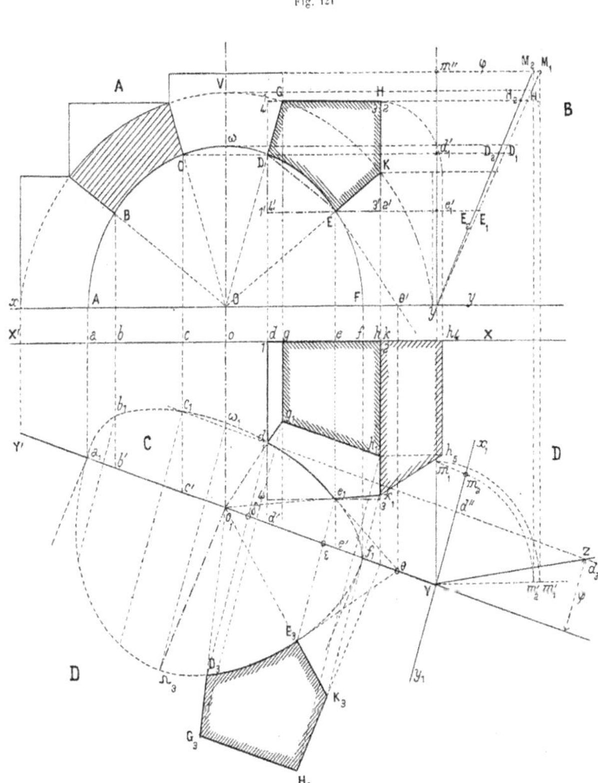

Fig. 121

en employant une seule et même méthode. Voici celle qui est préférée par les appareilleurs :

Par chaque génératrice $d\,d_1$ — $e\,e_1$ — $g\,g_1$, etc., on fait passer, comme auxiliaire, le plan qui la projette horizontalement. Ce plan détermine dans le talus une ligne située dans un plan de profil et dont nous allons chercher le rabattement sur le plan vertical.

A cet effet (fig. C), coupons simultanément le talus par un plan de profil Y m_1 et par un plan de section droite Y m_2 ; prenons sur chacune des deux droites de section un point m_1 et m_2 situés sur la même horizontale, et amenons le tout en Y m'_2 et Y m'_1 à être de front. Nous obtenons ainsi (fig. B) en élévation d'une part la verticale $y\,m''$ et d'autre part les deux sections rabattues $y\,M_2$ (section droite) et $y\,M_1$ (section de profil) ; la première peut se dessiner *à priori*, puisque nous connaissons le fruit, φ, du mur. On remarquera que la section de profil, $x\,M_1$, doit s'écarter plus de la verticale que la section droite $x\,M_2$.

Cela posé : soit à trouver le point d_1 où la génératrice D perce le talus. Menons (fig. C) le plan de profil qui contient cette droite ; il perce la base du talus en d', et si nous pouvions connaître la profondeur $d'\,d_1$ le problème serait résolu. Prenons (fig. B) sur la verticale $y\,m''$ le point d'_1 qui est au niveau de D ; menons l'horizontale $d'_1\,D_1$ jusqu'à la rencontre avec la *ligne de profil* et nous obtenons en $d'_1\,D_1$ la profondeur cherchée, que nous relevons au compas et que nous reportons sur le plan (fig. C) de d' en d_1.

Nous obtiendrons de la même façon tous les autres points des intersections.

Remarque. — Cette méthode paraît un peu détournée, mais, sur le chantier, elle est très pratique, en ce sens qu'elle ne nécessite que l'emploi du compas et d'une équerre de dimension moyenne ; c'est pourquoi elle est employée.

(*e*) Détails géométriques. — L'ellipse de tête s'obtient ainsi en $a_1\,b_1\,c_1\,d_1$... (fig. C). Aux points a_1 et f_1 de naissance, elle doit être tangente aux génératrices de naissance $a\,a_1$ et $f\,f_1$ qui sont des lignes de contour apparent pour le cylindre d'intrados. Dans l'espace, les tangentes en ces points sont des lignes de profil. Pour avoir la tangente en un point quelconque e_1, menons le plan tangent tout le long de la génératrice. Sa trace (fig. A) sur le plan de section droite est la tangente $E\,\vartheta'$ qui perce la ligne de terre en ϑ'. Sa trace horizontale (fig. C) est $\vartheta'\,\vartheta$, parallèle aux génératrices puisque ces dernières sont horizontales. Elle rencontre la trace du talus en ϑ ; la tangente est donc $\vartheta\,e_1$ (que nous rabattrons tout à l'heure en $\vartheta\,E_3$). Le point le plus haut ω_1 est obtenu sur la génératrice la plus haute ω. La tangente y est horizontale. La ligne de naissance $a_1\,f_1$ et la droite $o_1\,\omega_1$ sont donc deux diamètres conjugués de l'ellipse.

Vérifications. — Les lignes de lit de tête, $d_1\,g_1$ et $k_1\,e_1$, prolongées, doivent aller passer par le point o_1 où l'axe du berceau perce le talus. La ligne supérieure $g_1\,h_1$ est horizontale et est parallèle à la trace $Y'\,Y$ du talus.

§ 84. — **Préparation de la taille.**

Nous aurons besoin, pour appliquer le trait sur la pierre, de détailler certains éléments du voussoir. Nous allons à titre d'exercice, dans cette épure, donner tous ces détails. Ils seront plus nombreux qu'il ne le faudrait rigoureusement pour la taille ; mais nous indiquerons, plus loin, ceux qui seraient strictement nécessaires et ceux qui ne serviraient que comme vérification de l'exécution.

1° *Panneau de tête droite.* — Nous l'avons en E D G H (fig. A) sur l'élévation.

3° *Panneau de tête oblique.* — Nous rabattons (fig. D) sur le plan horizontal le parement du talus. A cet effet, la charnière du rabattement est la trace $Y'Y$. Nous abaissons les rayons de rotation $d_1\,\delta — e_1\,\varepsilon$.... perpendiculaires sur la charnière et nous trouvons la vraie grandeur à leur donner sur la figure B ; non plus cette fois sur la ligne de profil $y\,M_1$, mais sur la ligne de section droite $y\,M_2$. Ces rayons sont $y\,E_2$, $y\,D_2$. On les prend au compas ou au mètre, s'ils sont trop grands, et on les reporte (fig. D) de δ en D_3 , de ε en E_3, etc.

On opère de même pour tous les points $G_3\,H_3\,K_3$ du panneau. Comme vérification, on remarquera que les lignes de lit $G_3\,D_3$ et $K_3\,E_3$ doivent concourir au centre o_1 ; que la ligne supérieure $G_3\,H_3$ est horizontale et parallèle à la charnière $Y\,Y'$; que la ligne de côté $H_3\,K_3$ est oblique à la charnière et parallèle à $o_1\,\Omega_3$; c'est le rabattement d'une ligne de profil. Pour se guider dans le tracé de l'ellipse on fera bien de rabattre, comme on l'a fait en $E_3\,\vartheta$, les principales tangentes. Aux naissances en f_1 et a_1 les tangentes sont des lignes de profil parallèles, par conséquent, à $o_1\,\Omega_3$.

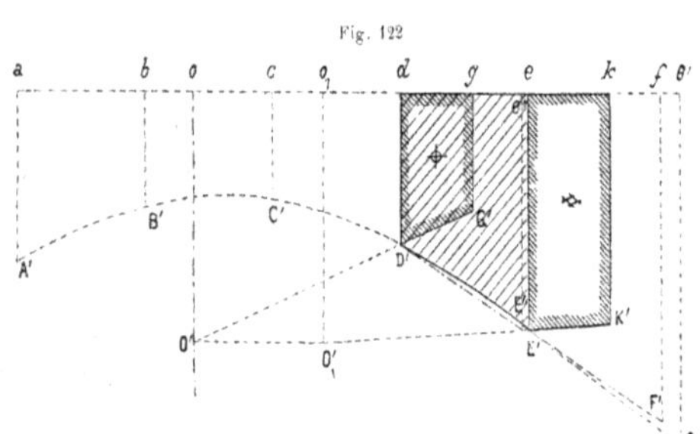

Fig. 122

3° *Panneau supérieur.* — On le voit obtenu *à priori* en $g\,g_1\,h_1\,h$ sur le plan (fig. C).

4° *Panneau de côté.* — On le voit rabattu (fig. C) en $k\,k_1\,h_5\,h_4$.

5° *Panneau de lit et douelle développée.* — On fait le développement de la surface d'intrados.

A cet effet (fig. 112), sur une droite indéfinie on porte les longueurs $a\,b$, $b\,c$, $c\,d$.... qui sont les rectifications des arcs de section droite pris (fig. 121, A). Cette droite est la transformée de la section droite faite dans l'intrados par le plan de tête

X'X. On élève des perpendiculaires a A', b B'..... sur lesquelles on porte les longueurs des génératrices, prises sur l'épure (fig. 5, C) de b en b_1, de c en c_1, etc., et, joignant les points A' B' C'..... par une ligne continue, on obtient la transformée de la section oblique ; c'est une sinusoïde.

On développe ensuite chaque panneau de lit de la même manière. Pour le lit de dessus on a pris $d\,g$ (fig. 122) égale à D G (fig. 121, A) et g G' égale à la longueur de l'arête de dessus G. Le panneau de lit de pose, e E'kK', a été obtenu de la même manière.

Dès lors la préparation de la taille est achevée.

§ 85. — Application du trait sur la pierre.

(a) Taille par équarrissement. — Le solide capable sera le parallélipipède rectangle défini en 1, 2, 3, 4..... sur la figure 121 et représenté en perspective sur la figure 123. Nous avons pris ses faces horizontales et verticales.

Sur la face d'avant 4 3 4' 3' et sur la face d'arrière on appliquera le panneau de section droite D E K H G relevé, figure 121, A ; ce qui permettra de tailler le prisme qui l'aurait pour base. Ce prisme est plus long qu'il ne faut, et l'on doit rogner ses arêtes de manière à faire apparaître la tête $D_1\,G_1\,H_1$..... de la face en talus. On pourrait pour cela relever sur l'épure, à l'aide de *jauges*, les longueurs de ces arêtes ; mais on confondrait facilement toutes ces jauges entre elles,

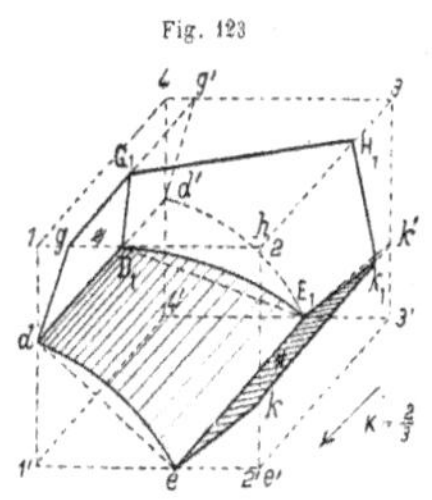

Fig. 123

c'est pourquoi on se sert des panneaux de lit que l'on applique sur les plans $d\,g\,D_1\,G_1$ pour le lit de dessus et $k\,e\,K_1\,E_1$ pour le lit de pose. On suit alors, avec une pointe traçante, les lignes de tête $D_1\,G_1$ et $K_1\,E_1$ de ces panneaux, ce qui donne deux directrices du parement incliné et suffirait, à la rigueur, pour le tailler. Mais, en appliquant sur la partie cylindrique la douelle $d\,\varrho\,D'\,E'$, que l'on a relevée sur le développement (fig. 122) et découpée sur un carton flexible, on peut tracer l'ellipse $D_1\,E_1$. Enfin on peut joindre G_1 et H_1 par une droite ; dès lors tout le contour du plan de la tête en talus est tracé et la taille de ce plan est facile à faire.

Comme vérification le panneau de tête $D_3\,E_3\,K_3$..... (fig. 121, D) devra pouvoir s'appliquer exactement sur le parement une fois terminé.

Remarque. — Le solide capable placé comme nous l'avons indiqué mettrait la pierre en délit, surtout si le voussoir était près de la clef. Près des naissances cet inconvénient serait négligeable. Alors il faudrait, au lieu de placer horizontale la face 1 2 du solide, l'incliner suivant le lit de dessous E K. On voit (fig. 124), en perspective la disposition à donner au solide capable. Il est inutile d'insister sur la manière dont on conduirait la taille dans ce cas.

(b) Taille directe. — On dresse d'abord un plan qui sera le plan de lit de pose $E_1\,K_1$ (fig. 123). On y applique le panneau de dessous et, avec une pointe traçante, on en suit tout le contour.

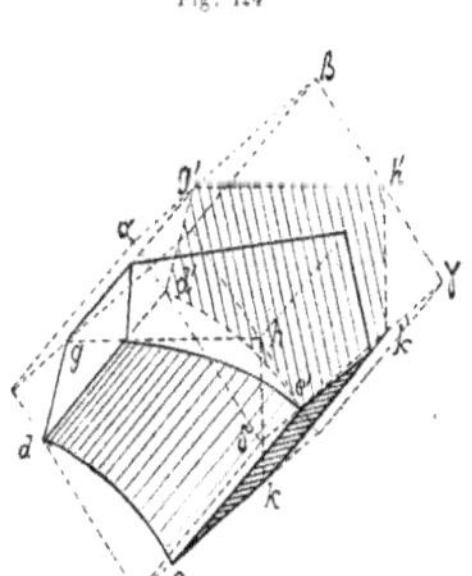

Fig. 124

On passe ensuite à l'intrados, mais on substitue à la douelle courbe la douelle plate qui aurait pour section droite la corde D E (fig. 121, A) ou $D_1\,E_1$ (fig. 123) de l'arc. Ce passage d'un plan à l'autre se fait par un biveau donné (fig. 121, A) par l'angle K E D.

La vraie grandeur du panneau de douelle plate a été cherchée sur le développement en d D' e'' E'' (fig. 122) ; c'est un trapèze dont la hauteur $d\,e''$ est un peu plus petite que celle, $d\,e$, de la douelle courbe, de toute la différence entre l'arc et sa corde, et dont le côté D'E'' est une ligne droite au lieu d'être une ligne courbe. On suit, à la pointe, sur le plan qui vient d'être taillé le contour de cette douelle plate. On passe du plan de douelle plate au plan de lit de dessus D G, également par un biveau E D G et ainsi de suite. On voit que, à l'aide des biveaux et de panneaux, on fait, pour ainsi dire, le tour du voussoir, mais en commençant presque toujours par le lit de pose.

La douelle cylindrique se creuse facilement, en dernier lieu, en se servant des deux directrices courbes, l'une, l'arc de cercle dans le plan de section droite, l'autre, l'arc d'ellipse dans le plan de la tête en talus.

B. PORTE BIAISE EN TOUR RONDE, EN TALUS, RACHETANT UNE VOUTE SPHÉRIQUE.

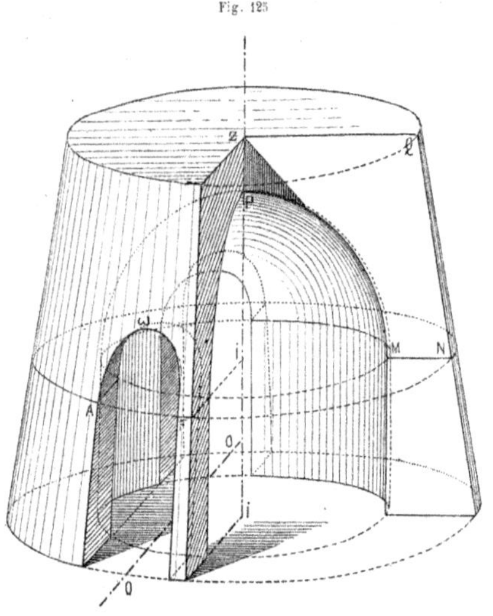

Fig. 125

§ 86. — Description de la voûte (fig. 125, perspective).

La figure 125 montre, en perspective, l'ensemble des surfaces en présence.

Une tour ronde est en talus, ce qui veut dire que sa surface extérieure est formée par un cône de révolution dont la génératrice est figurée en N Q sur la partie coupée. Intérieurement la tour est cylindrique et elle se termine par une partie sphérique M P. C'est ce qui fait dire que la porte *rachète une voûte sphérique.*

Une porte cylindrique A ω F est *biaise*, ce qui veut dire que son axe $o\,o$, horizontal, ne rencontre pas l'axe vertical de la tour.

La section droite du cylindre qui constitue la porte est un cercle ; et nous supposerons que le plan de naissance A F de la porte, est le même que le plan de naissance M N de la voûte sphérique.

Au point de vue géométrique, nous aurons donc à chercher la double intersection du cylindre de la porte avec le cône extérieur de la tour et avec la sphère intérieure.

§ 87. — Epure d'ensemble (fig. 126).

(*a*) Données. — On voit en B la projection horizontale ; le plan des naissances est pris comme plan horizontal et les voûtes sont supposées vues par dessous.

La figure A est une coupe faite par le plan méridien de front de la tour et de la sphère. L'axe de la porte est $o\,o_1$ en plan ; il est pris perpendiculaire au plan vertical de projection ; par conséquent, en élévation, la porte apparaît projetée tout entière suivant un demi-cercle A B C D E F.

Le fruit extérieur de la tour est donné par la coupe méridienne N Q (fig. A), et la sphère intérieure est déterminée également par sa méridienne M U P.

(*b*) Intersection des grandes surfaces en présence. — Il faut trouver les intersections des génératrices du cylindre d'intrados de la porte avec le cône et avec la sphère. On commence donc par appareiller la porte.

On a pris cinq voussoirs, limités sur l'intrados aux points A B C D E F, et, extérieurement, en des points tels que G et J, à un extrados fictif convenablement choisi.

Par les génératrices B, C..... du cylindre on fait passer des plans horizontaux qui déterminent des cercles auxiliaires aussi bien dans le cône que dans la sphère. L'épure indique, pour la génératrice C seulement, comment ces cercles sont obtenus. La difficulté que l'on a, sur une épure en grandeur naturelle, à tracer des cercles de grande dimension conduit à employer le procédé suivant :

1° Par les pieds N et M du talus extérieur et intérieur (fig. A) on mène une verticale, exactement comme dans l'épure précédente de la porte biaise en talus.

2° On prend sur ces verticales les points c'' et c''_1 qui sont à la même hauteur que le point C, ce qui se fait au compas d'appareil ou au mètre.

3° Par ces points on mène, à l'équerre, une horizontale $c''\,c'$ et $c''_1\,c'_1$ et on prend, au compas, les longueurs $c''\,c'$ et $c''_1\,c'_1$ de cette horizontale interceptée entre les verticales N N' ou M M' et le talus sphérique M U, ou conique N Q.

4° Sur le plan, avec les ouvertures de compas ainsi obtenues, on trace, par parallélisme avec les cercles de base m et n, les cercles $c'_2\,c$ et $c_2\,c_1$, dont les recoupements avec la génératrice C, donnent en c et c_1 les points cherchés.

Remarque. — Sur notre épure les cercles auxiliaires ont été tracés en entier, en mettant une pointe de compas en I, centre de la sphère ; mais, en exécution, on ne trace que les portions, très restreintes, de ces cercles comprises dans le voisinage de la génératrice C, et si les deux cercles de base $n\,o$ et $m\,o_1$ ont été soigneusement dessinés, ces cercles auxiliaires s'obtiennent ensuite par simple parallélisme sans plus avoir recours au centre I, et en ne se servant que des ouvertures de compas $c''\,c'$ et $c''_1\,c'_1$. Tous les autres points d'intersection, tels que g, h, j et g_1, h_1, j_1, répondant aux arêtes du voussoir, se trouveront de la même manière.

(c) Détails géométriques. — L'intersection $a\,b\,c\,d$..... avec le cône est une courbe gauche quelconque. L'épure fait voir en $e\,\theta$, une tangente obtenue par l'intersection du plan tangent $E\,\theta$ au cylindre de la porte avec le plan tangent $e'''\,\theta$ au cône. Aux points a et f, de naissance, la courbe est, en projection horizontale, tangente aux génératrices de contour apparent $a\,a_1$ et $f\,f_1$ du cylindre.

L'intersection $a_1\,b_1\,c_1\,d_1\,f_1$ avec la sphère est aussi une courbe gauche ; mais, en projection horizontale, la sphère et le cylindre ayant un même plan de symétrie commun et horizontal (le plan des naissances), cette courbe doit se projeter suivant une courbe ou une portion de courbe du second degré (1).

Par exception, les tangentes en a_1 et en f_1 étant verticales, la courbe présente en ces points un rebroussement, et même ici un point d'arrêt.

(d) Troncature de l'angle aigu. — L'angle supérieur II h_1, du côté de la sphère, serait trop aigu et par conséquent fragile. On le supprime en tronquant

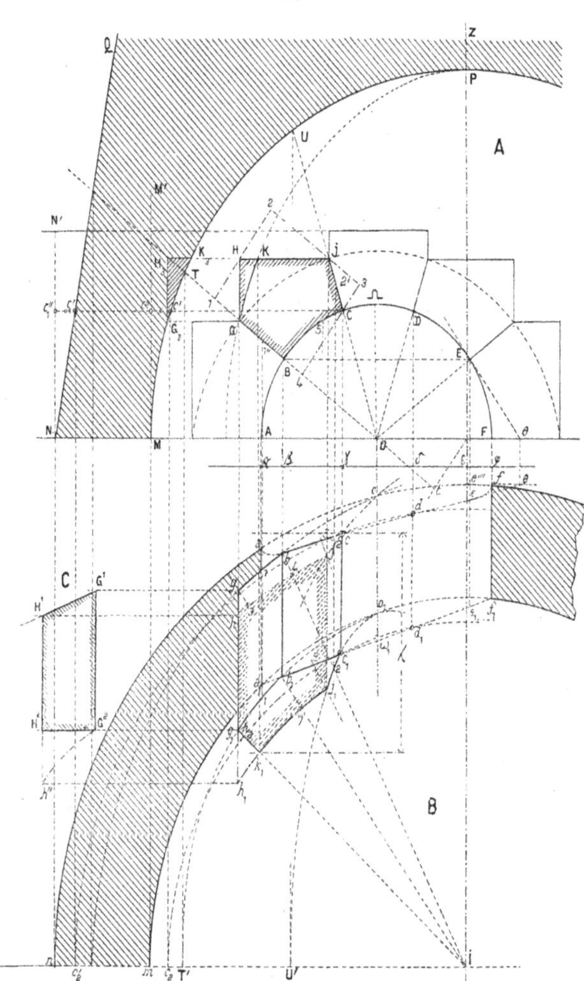

Fig. 126

le voussoir par un plan méridien de la sphère g_1 I, passant par le point inférieur d'extrados G g_1.

(e) Plans de lit et lignes de lit. — Les plans de lit tels que C J et B G, recoupent la sphère et le cône suivant des

____

(1) Et même, l'une des deux surfaces étant ici une sphère, c'est un arc de parabole.

courbes dont on a déjà obtenu les extrémités en j et g sur le cône et en j_1 et g_1 sur la sphère. On en aurait exactement de la même manière des points intermédiaires tels que $2'$, 2, 2. Sur la sphère ces courbes sont des cercles projetés horizontalement suivant des ellipses dont les prolongements iront tous passer par le point o_1 où l'axe de la porte perce l'équateur de la sphère et elles sont tangentes à cet équateur. Sur le cône ces courbes peuvent être des ellipses, ou des hyperboles. Exceptionnellement on aurait une parabole si le plan de lit avait la même pente que le cône. En plan toutes ces courbes prolongées sur le cône iraient passer par le point o où l'axe de la porte perce le cône ; mais elles n'y sont pas tangentes au cercle de naissance $a\,o\,f$.

§ 88. — Préparation du trait.

Cette préparation comprendra, comme pour l'épure précédente, le développement de la douelle cylindrique et la recherche des panneaux de lit, en vraie grandeur.

(a) DOUELLE ET PANNEAUX DE LIT. — La figure 127 donne tous ces résultats. Une section droite a été choisie en $\alpha\beta\gamma$..... sur la figure (126, A). Elle a été développée en $\alpha\beta\gamma$..... sur la figure 127. Les longueurs des génératrices sont fournies par le plan (fig. 126, A), ce qui permet d'obtenir en $A_2\,B_2\,C_2$..... et $A_3\,B_3\,C_3$..... (fig. 127) les transformées des deux intersections. Le point intercalaire, 2, a été développé en 2, $2'$, $2''$.

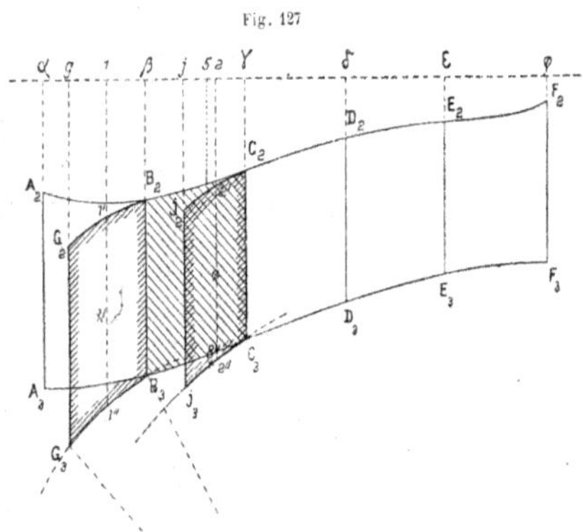

Fig. 127

Le panneau de dessus est obtenu de la même manière en $J_2\,C_2 - J_3\,C_3$, en utilisant sa section droite $j\,\gamma$. De même le panneau de pose est obtenu en $G_2\,B_2 - G_3\,B_3$.

On remarquera que les lignes $G_2\,B_2$ et $J_2\,C_2$ qui appartiennent au cône sont des arcs d'ellipses, tandis que les lignes $G_3\,B_3$ et $J_3\,C_3$, qui appartiennent à la sphère, sont des arcs de cercle. La figure (126, A) donne en $t\,T$ le rayon de l'arc de cercle $B_3\,G_3$.

(b) PANNEAU SUPÉRIEUR. — La figure (126, A) donne en $h\,j\,h$ $k_1\,j_1$, qui est caché en projection horizontale, le panneau supérieur. Les deux courbes $h\,j$ et $k_1\,j_1$ sont des arcs de cercle.

(c) PANNEAU DE CÔTÉ. — On le voit en C (fig. 126) obtenu par des reports de hauteurs. La ligne $H'\,G'$, section du cône par un plan de profil, est un arc d'hyperbole presque confondu avec une ligne droite.

(d) PANNEAU DE TRONCATURE. — On l'obtient (fig. 126, A) en amenant à être de front, en $H_3\,K_3\,G_3$, le triangle mixtiligne $H\,K\,G$. On a fait tourner, pour cela, le plan $I\,g$, autour de l'axe de la sphère comme charnière.

Dès lors, nous avons, et au-delà, tous les éléments voulus pour tailler la pierre.

§ 89. — Application du trait sur la pierre.

(a) SOLIDE CAPABLE. — On prend un bloc de pierre grossièrement équarri et on le suppose placé comme l'indique le rectangle 1, 2, 3, 4 (fig. 126, A), c'est-à-dire de telle sorte que le lit de pose B G, soit parallèle au lit de carrière. La figure 128 montre, en 1, 2, 3, 4, le bloc en perspective. On relève (fig. 126, A), en B C G K J, le panneau de section droite et le plan donne (fig. 126, B) en λ la longueur maxima du voussoir.

Dès lors on peut tailler (fig. 128) en $h'\,g'\,b'\,c'$..... $h''\,g''\,b''$..... un prisme droit de la longueur λ dont il ne reste plus qu'à rogner les arêtes de la longueur voulue ; dès lors le solide capable, qui est ici un prisme, est obtenu.

(b) APPLICATION DES PANNEAUX ET DES DOUELLES. — Les longueurs définitives des arêtes sont obtenues en appliquant, sur toutes les faces du solide prismatique capable, les panneaux qui ont été trouvés. On fait cette application des panneaux et on en suit le contour avec le traceret, ou avec un crayon. Dès lors, les limites de toutes les surfaces sont arrêtées et on taillera ces surfaces de la manière suivante (suivre sur la figure 128).

(a) TRONCATURE. — C'est un plan $h_2\,k'\,g_1$ qui est parfaitement défini par les deux droites $h_2\,g_1$ et $h_2\,k'$ qu'ont fournies les panneaux.

(b) LE CÔNE EXTÉRIEUR. — On en a deux directrices, savoir : 1° une directrice circulaire $h\,j$ fournie par le panneau

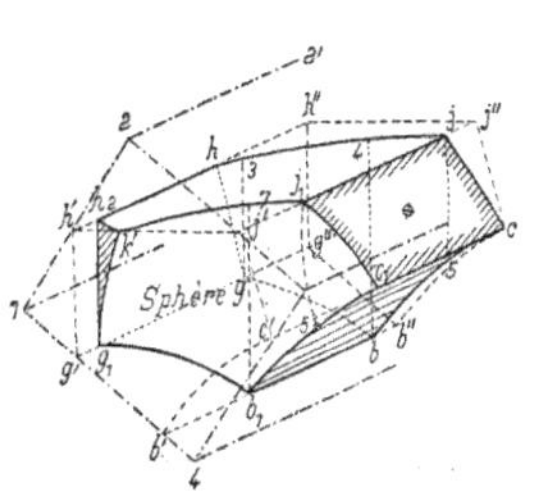

supérieur, et, 2° une directrice gauche bc fournie par la douelle d'intrados enroulée sur la partie cylindrique du solide capable, laquelle se continue par une directrice elliptique et plane bg, fournie par le panneau de lit de pose.

On aura eu le soin, sur l'épure (fig. 126, B), de faire passer des génératrices du cône telles que $g7$, $b4$, $5j$, par les points les plus importants du solide ; on aura reporté les points numérotés 7, 4, 5, sur les panneaux voulus et l'on aura ainsi des points de départ et des points d'arrivée de certaines génératrices du cône suffisamment rapprochées pour permettre d'obtenir les autres au jugé.

(*c*) LA SPHÈRE INTÉRIEURE. — On procédera comme pour le cône ; seulement, au lieu de génératrices rectilignes, ce seront des cercles obtenus en coupant la sphère par des plans méridiens verticaux tels que $Ig_1 - Ib_1 - Ij_1$..... qui serviront. Les points d'arrivée et les points de départ de ces cercles méridiens auront été soigneusement repérés sur les panneaux. Après quoi, à l'aide d'une cerce circulaire, relevée sur le méridien de la sphère et que l'on guidera sur ces points, on pratiquera d'abord des jouées circulaires telles que $j_1 5$ (fig. 128) dans la pierre, ce qui permettra d'abattre ensuite, comme il conviendra, les masses laissées non taillées entre ces jouées.

CHAPITRE XIII

VOUTES PLATES

§ 90. — **Description**.

Les voûtes plates sont celles dont l'intrados est constitué par un plan, ordinairement horizontal. Le plan étant un cas particulier du cylindre, les voûtes plates rentrent dans la catégorie des voûtes cylindriques. Mais, si on les appareillait par des plans de lit perpendiculaires à l'intrados, alors les voussoirs seraient limités latéralement par des plans verticaux parallèles ; ils auraient la forme de prismes verticaux qui ne feraient pas *coins* les uns sur les autres et qui, par conséquent, ne tiendraient pas ; ils glisseraient.

§ 91. — **Porte (ou fenêtre) en plate-bande** (fig. 129).

(*a*) Définitions. — Le plan (fig. P) montre en d_1 d_2 ce que l'on nomme le *tableau* de la porte ; vient ensuite une partie rentrante, d_2 l_1 l_2, de 6 à 8 centimètres environ dans tous les sens et qui se nomme la *feuillure*. C'est dans ce rentrant que l'on scelle le cadre en bois nommé *batis* sur lequel les *battants* de la porte seront fixés par des charnières.

A la suite, le mur qui forme le *piédroit* de la porte est légèrement évasé du côté de l'intérieur, comme le montre la ligne l_2 k_1. Cette partie évasée se nomme le *plan d'ébrasement*. On lui donne de l'évasement du côté de l'intérieur de l'édifice afin de permettre aux battants de la porte ou de la fenêtre de s'ouvrir plus largement et afin que la lumière pénètre plus abondamment dans les pièces.

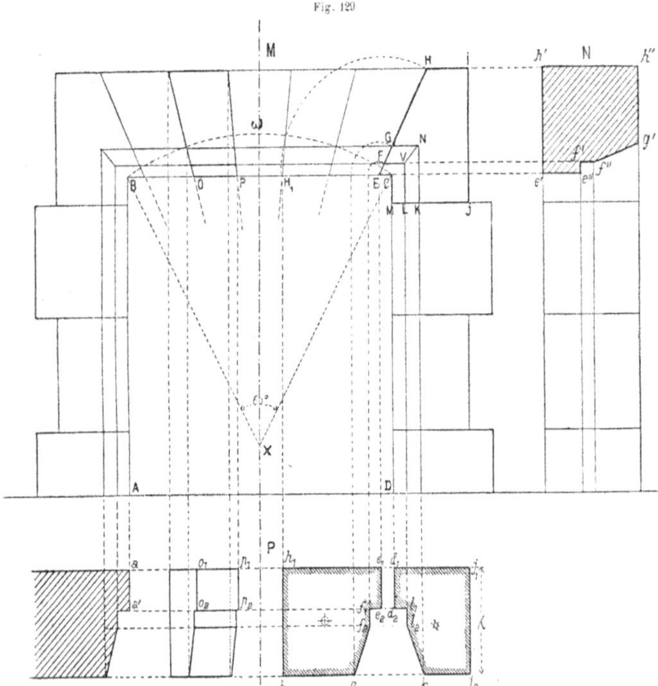

Fig. 129

Sur la coupe (fig. N) on retrouve le *tableau* en e' e'', la feuillure en e'' f' f'' et l'ébrasement en f'' g'.

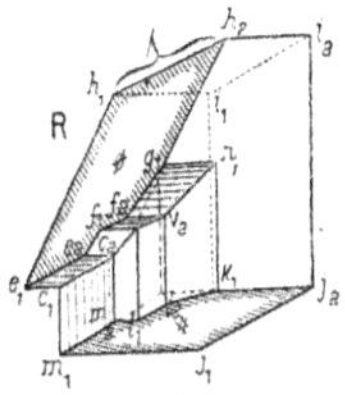

(*b*) APPAREIL. — Pour appareiller, de manière à ce que les voussoirs se maintiennent, on trace en B ω C (fig. M) un intrados circulaire fictif dont le centre X est ordinairement le sommet d'un triangle équilatéral construit sur B C comme côté.

On trace ensuite les lignes comme on le ferait pour un cylindre qui aurait pour base l'arc surbaissé B ω C.

L'épure (fig. 129) montre en détail le sommier (1) E C M J.....

Le panneau de lit de dessus E G H... a été rabattu en e_1 h_1 h_2 g_1... (fig. P). Le panneau de lit de pose est en vraie grandeur en d_1 j_1 j_2 k_1... sur le plan (fig. P).

(*c*) TAILLE DU VOUSSOIR (fig. 130). — Le solide capable sera un prisme droit dont la base est le polygone H I J M C E relevé en élévation (fig. M) et dont la profondeur λ est donnée par le plan.

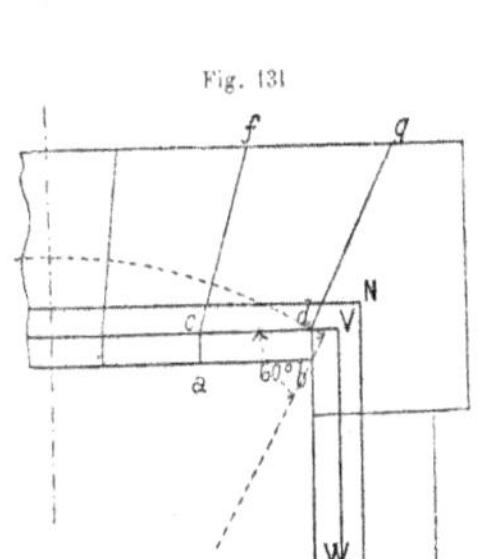

Fig. 130

La figure 130 le montre en perspective cavalière en i_1 h_1 e_1 c_1 m_1.

Une fois ce prisme obtenu, on applique sur son lit de dessus h_2 h_1 e_1..... et sur celui de dessous m_1 j_1 j_2..... les panneaux correspondants.

A l'équerre, en se guidant sur le contour m_2 l_1 l_2 k_1... on creuse la partie verticale de la pierre, ce qui fait apparaître les parties verticales de la feuillure et de l'ébrasement. Des jauges ou mieux encore des panneaux (que notre épure n'indique pas) permettent de connaître exactement les dimensions à donner à ces évidements pour ne pas entamer la partie horizontale. On obtient ainsi les arêtes en creux telles que v_2 m_1, etc.

Les parties à génératrices horizontales de la feuillure et de l'ébrasement sont dès lors définies par deux directrices, savoir : pour l'ébrasement, f_2 g_1 qu'a fourni le panneau de dessus et v_2 n_1 que vient de fournir la taille précédente.

(*d*) AUTRE APPAREIL (fig. 131). — Quelquefois, pour éviter des angles trop aigus, on retourne le plan de lit de f c en c a, cette dernière partie du lit étant perpendiculaire au linteau de la porte.

Fig. 131

Mais cet appareil est plus compliqué que l'autre et il est assez difficile, dans la pratique, de tailler les pierres de taille de sorte que l'angle obtus rentrant $a c f$, du voussoir de gauche, s'applique bien exactement sur l'angle obtus saillant de la pierre de droite.

§ 92. — Voûtes plates composées (fig. 132).

(*a*) DESCRIPTION ET APPAREIL. — Imaginons deux galeries (voir le plan, fig. B) à angle droit l'une sur l'autre et d'ouvertures différentes. Sur l'épure l'ouverture A_1 A'_1 est plus grande que A_1 A. Ces galeries doivent être couvertes par une voûte plate formant plafond.

On a donné (fig. A et fig. C) les sections droites de chacune des voûtes plates ; elles ont été appareillées chacune, comme la plate-bande du § 91, en se servant d'un intrados fictif répondant à un triangle équilatéral. Le point Z où convergent les lits de la petite voûte (fig. A) est donc placé plus haut que le point Y où convergent ceux de la grande voûte (fig. C) (2).

Sur la figure C on voit en Z z le plan horizontal dont le niveau est le même que celui du point Z de la figure A. Sur le plan, Z z, on cherchera comme il est indiqué en z α' les traces horizontales des plans de lit de la grande voûte.

(*b*) ÉTUDE D'UN VOUSSOIR (3, 3', 3"). — Ce voussoir est *composé*, ce qui veut dire qu'une portion appartient à la première voûte et une autre à la seconde voûte.

Nous avons à chercher les intersections des plans de lit. Les lits de dessus m' t' (fig. A) et q'' l'' (fig. C) se recoupent suivant s w (fig. B).

De même les plans de pose ou lit de dessous, se recoupent suivant u v (fig. B).

Géométriquement nous avons eu à résoudre ce problème connu de géométrie descriptive :

« Trouver l'intersection de deux plans définis chacun par leur ligne de plus grande pente. » On sait qu'il faut les

<hr>

(1) On nomme *sommier*, dans une voûte, le voussoir qui repose directement sur le piédroit.

(2) Ordinairement, la grande voûte (fig. C) est appareillée en se servant du triangle équilatéral ; ce qui donne en Y le point de concours de ses lits. Quant au point de concours Z, des lits de la petite voûte, il est pris au même niveau que le point Y ; l'intrados fictif de la petite voûte ne dérive donc plus du triangle équilatéral. Cela donne des constructions plus simples.

couper par deux plans horizontaux auxiliaires ; ici ces deux plans sont : 1° le plan d'intrados qui a donné, comme lignes

Fig. 132

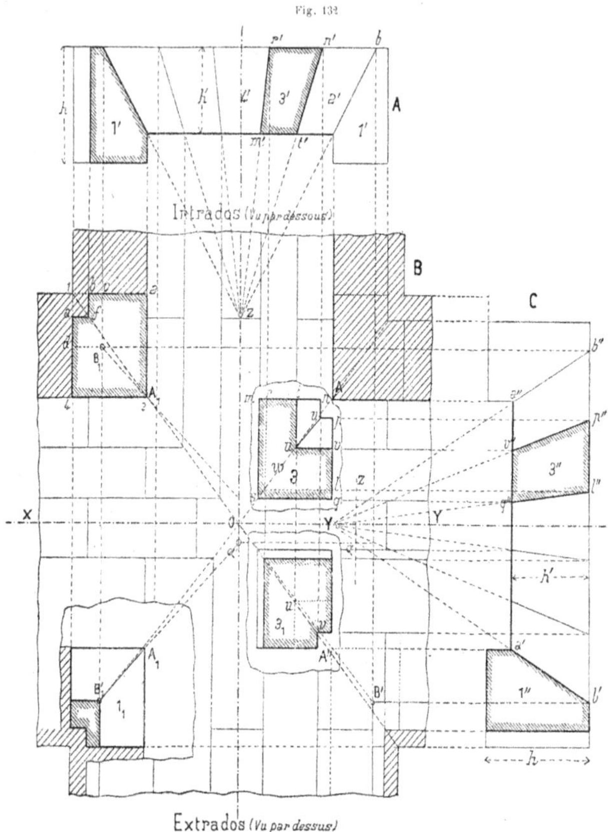

auxiliaires les lignes de lit d'intrados ; 2° le plan d'extrados situé à la hauteur h' au-dessus du précédent et qui a donné comme droites auxiliaires les lignes de lit d'extrados.

L'épure (fig. B) montre, en 3, le voussoir vu par dessous, et, en 3_1, le voussoir symétrique, mais vu par dessus. Elle montre également un sommier. En B_1 ce sommier est vu par dessous et en B'_1, son symétrique est vu par dessus.

(c) TAILLE DES VOUSSOIRS. — La figure 133 montre, en perspective, comment se fait la taille du voussoir n° 3.

Un parallélipipède rectangle ayant pour base le rectangle $m\,s\,q\ldots$, pris sur le plan, sert de solide capable. Sur sa surface supérieure $m\,p\,n\ldots$ on applique le panneau $m\,p\,n\,t$ relevé sur l'épure en 3' (fig. A). On applique

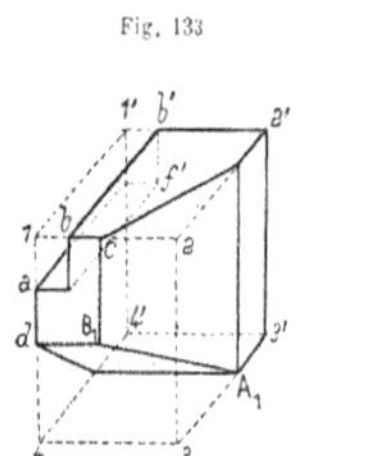

Fig. 133

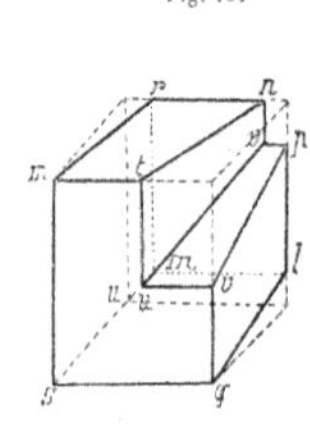

Fig. 134

de même sur sa face latérale $vpl\ldots$ le panneau de section droite relevé en 3″ (fig. C) et la taille se fait en se servant de l'équerre.

La figure 134 montre en perspective le sommier B_1. La taille se fait en suivant la même marche. Il est inutile de la décrire.

CHAPITRE XIV

DESCENTES

§ 93. — Définitions.

Les descentes sont des voûtes cylindriques qui servent à couvrir et, souvent aussi, à soutenir des escaliers. Par conséquent, ce qui les caractérise c'est d'avoir leurs génératrices inclinées sur l'horizon. La figure 135 montre, en perspective, une descente assez compliquée, dont nous allons donner la définition.

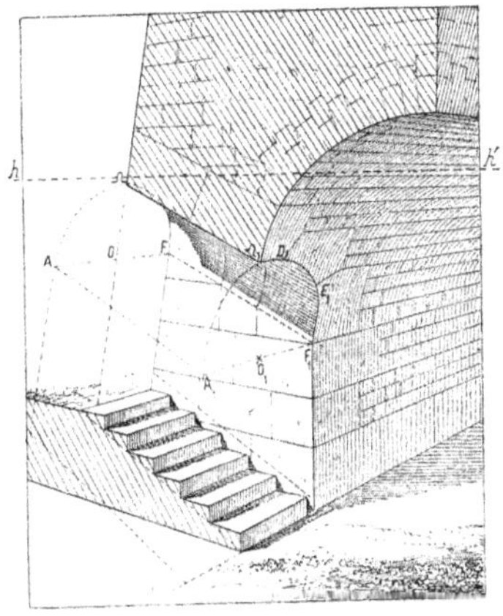

Fig. 135

1° C'est une *descente biaise*, parce que les génératrices telles que F F₁ de la descente ne sont pas perpendiculaires aux horizontales A F du mur de tête. Si elles étaient perpendiculaires, la descente serait droite.

2° Elle est dite : dans un *mur en talus*, parce que le mur de tête o Ω n'est pas vertical.

3° Elle *rachète un berceau parallèle*, parce qu'elle vient recouper, suivant la courbe gauche, dont A₁ D₁ E₁ F₁ ne représente que la moitié, un berceau cylindrique.

Le berceau cylindrique est dit *parallèle*, parce que ses génératrices telles que A₁ F₁ sont parallèles aux horizontales du mur de tête ; autrement on dirait que le berceau est *oblique*.

On fait presque toujours en sorte que les génératrices de naissance A A₁ et F F₁ de la descente, lesquelles sont inclinées, viennent rencontrer la génératrice de naissance A₁ F₁ du berceau.

Nous étudierons plus loin ce cas général, assez compliqué (voir les figures 138 et 139). Pour ne pas aborder à la fois toutes les difficultés, nous commencerons par faire l'épure dans le cas, plus simple, où le mur de tête est vertical, où le berceau de la figure 135 est remplacé par un mur vertical parallèle au premier ; mais nous supposerons, cependant, que la descente est biaise.

A. DESCENTE BIAISE DANS DEUX MURS VERTICAUX PARALLÈLES

§ 94. — Données (fig. 136).

La ligne o o₁ donne en plan (fig. B) la projection horizontale de l'axe du berceau. On prend une ligne de terre $x\,y$ parallèle à cette droite, et sur le plan vertical défini par cette ligne de terre on donne (fig. C) une élévation de l'axe en o′ o′₁. Cette élévation est déterminée par ce fait que l'on connaît l'angle α, que les génératrices du berceau doivent faire avec le plan horizontal. Sur cette projection C, non seulement l'axe de la descente, mais toutes ses génératrices apparaîtront en vraie grandeur.

Plus tard, lorsque nous chercherons en S S′ (fig. C) une section droite du berceau, cette section droite sera projetée sur l'élévation C tout entière suivant une droite S S′ perpendiculaire aux génératrices, et elle sera très facile à rabattre.

On voit donc, dès maintenant, l'intérêt qu'il y a à prendre une élévation sur le plan vertical $x\,y$, parallèle aux génératrices du cylindre.

Les deux murs verticaux que la descente réunit sont définis en P et P₁ (fig. B) par leurs traces horizontales, et un second plan vertical de projection est pris en $x_1 y_1$ parallèle au mur de tête P. Sur cette élévation, la tête apparaît en vraie grandeur. Nous avons pris un demi-cercle pour courbe de tête, mais il convient de remarquer dès maintenant, que si la courbe de tête est un demi-cercle, le cylindre qui constitue la descente n'est pas de révolution et sa section droite $A_3 B_3 C_3\ldots$ (fig. B) sera une ellipse et non pas un cercle.

§ 95. — Epure d'ensemble et appareil (fig.-136).

(*a*) GÉNÉRATRICES. — Le demi-cercle de tête (fig. A) a été divisé en cinq parties égales aux points B, C. D..... On a projeté ces points en $a, b, c, d\ldots$ sur le plan (fig. B), et par report de hauteurs on a déduit (fig. C) sur l'élévation $x y$ les projections $a' b' c'\ldots$ Par ces points on a mené parallèlement à l'axe, déjà défini, les génératrices et on a trouvé immédiatement en a_1 b_1 c_1 sur la seconde tête P_1 les extrémités de ces génératrices.

Fig. 136

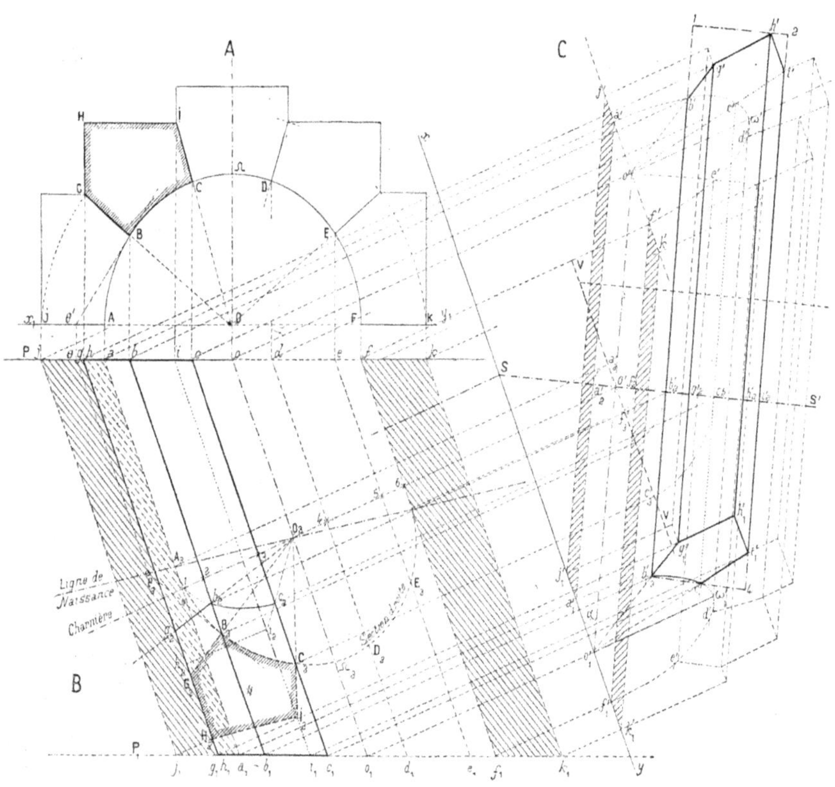

(*b*) PLANS DE LIT. — Nous prenons ici les plans de lit passant par l'axe de la descente. Ils s'accusent, par conséquent, sur la tête (fig. A) par des droites O B G, O C I..... qui concourent en O au point où l'axe perce le plan de tête.

On a extradossé en tas de charge suivant G H I, et la projection horizontale (fig. B) et verticale (fig. C) du voussoir étudié a été facile à obtenir.

(*c*) REMARQUE. — Cet appareil n'est pas très bon. En effet, dans ces conditions, les plans de lit ne sont pas normaux à l'intrados et, comme le montrera tout à l'heure la section droite $A_3 B_3 C_3$ ....., les lignes de lit $B_3 G_3$ ou $C_3 I_3$, en section droite, ne seront pas perpendiculaires à l'ellipse ; par conséquent, les voussoirs présenteront sur les génératrices de lit des angles dièdres aigus ou obtus, qui seront fragiles. Si le biais n'est pas trop prononcé, cela n'aura pas de grands inconvénients. Dans l'épure suivante (§ 98), nous emploierons un appareil véritablement normal.

§ 96. — Préparation de la taille (fig. 136).

Il nous faut établir : 1° une section droite de la descente ; 2° le développement de sa douelle ; 3° la vraie grandeur des panneaux qui constituent les faces du voussoir.

(*a*) Section droite. — Le voussoir étudié sera, sans doute, trop long pour être pris dans une seule pierre et nous le décomposerons en deux voussoirs plus petits séparés par un plan de section droite.

Ce plan sera défini en S S′ par sa trace verticale perpendiculaire (en élévation latérale, fig. C) aux génératrices et par sa trace horizontale S, perpendiculaire aussi aux génératrices, en plan ; mais cette dernière trace ne nous servira pas.

La figure C donne immédiatement en $a'_2 b'_2 c'_2$... . rappelés horizontalement en $b_2 c_2$..... les points de section droite. Mais ce qu'il importe de connaître, c'est la vraie grandeur de cette section. Pour y arriver, on la rabat sur un plan horizontal V V (fig. C) que, pour simplier, nous avons fait passer par le centre $o' o_3$. L'épure (fig. C) porte l'indication des arcs de cercle qui pourraient servir au rabattement. Mais dans la pratique, sur le chantier, on ne trace pas ces arcs ; on mesure au compas en $o'b'_2$, $o' a'_2$, $o' c'_2$..... les rayons de rotation et on les reporte en plan (fig. B) à partir de la charnière, de 1 en A_3, de 2 en B_3, de 3 en C_3, etc...... sur les génératrices elles-mêmes.

On obtient ainsi la section droite, vraie grandeur, en $A_3 B_3 C_3$..... et le panneau de section droite du voussoir étudié est $B_3 C_3 I_3 H_3 G_3$.

(*b*) Détails géométriques. — Si l'on joint les points de naissance A_3 et F_3, rabattus, nous aurons, en rabattement, ce que nous nommerons *la ligne des naissances*. Le côté supérieur $H_3 I_3$ du panneau de section droite doit lui être parallèle.

(*c*) Tangente. — La tangente en un point quelconque, B_3 par exemple, est, on le sait, l'intersection du plan sécant (ici, plan de section droite) et du plan tangent au cylindre.

Voici comment les appareilleurs déterminent cette intersection. Le plan tangent a pour trace, sur le plan vertical de tête (fig. A), la tangente B θ′ au cercle. θ′ est rappelé en θ sur la figure B, et si l'on mène la ligne θ $θ_3$ parallèle aux génératrices, cette ligne est la trace du plan tangent, non pas sur le plan horizontal de projection, mais sur le plan des naissances (1).

Cette trace recouperait, dans l'espace, la ligne des naissances en un point qui appartiendrait à la tangente cherchée. Mais, dans le rabattement de la section droite, ce point se déplaçant sur une perpendiculaire à la charnière ne quittera pas la parallèle aux génératrices θ $θ_3$ sur laquelle il se trouve. Donc, après le rabattement, il sera venu en $θ_3$ sur la ligne de naissance rabattue et, par conséquent, la tangente au point B_3 est la droite $θ_3 B_3$.

(*d*) Remarque. — Les plans de lit donnent, comme traces en section droite, des droites $B_3 O_3$, $C_3 O_3$ qui convergent au centre O_3 de l'ellipse et qui, par conséquent, ne lui sont pas normales. Nous avons dit plus haut que cet appareil était défectueux. Dans l'exemple qui suivra nous n'opérerons pas de même et nous prendrons des plans de lit normaux à l'intrados.

(*e*) Développement de la douelle d'intrados (fig. 137). — Sur une droite S S′ on a porté en $A_3 B_3 C_3$...: les longueurs rectifiées, des arcs de l'ellipse de section droite. On a mené les perpendiculaires $A_3 a$, $B_3 b$..... et on leur a donné les longueurs

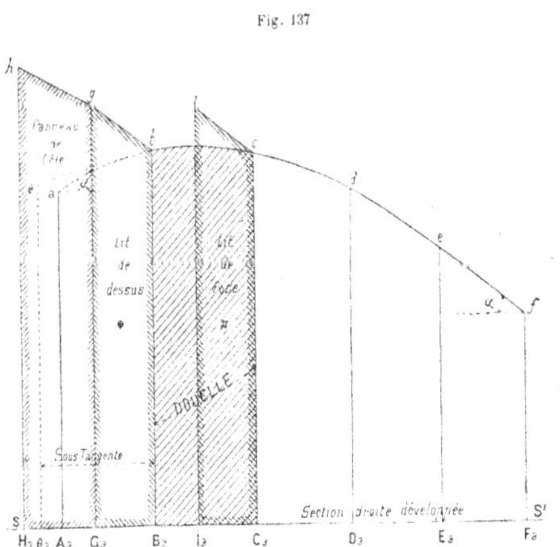

(1) On se rappelle que nous avons appelé ainsi le plan incliné qui passe par les génératrices de naissance $a a_1$ et $f f_1$ de la descente. Sur les figures B et C, ce plan de naissance est recouvert par des hachures.

mesurées sur l'élévation latérale (fig. 136, C). On a donc obtenu la courbe a, b, c, d, e, f, qui est la transformée du cercle de tête.

On a obtenu de même les panneaux de lit, savoir en $G_3 B_3 g b$ le lit de dessus et en $I_3 C_3 i c$ le lit de pose. On a même cherché en $H_3 G_3 h g$ le panneau latéral.

§ 97. — **Taille d'un voussoir.**

On prépare, comme solide capable, un prisme dont la section droite est le panneau $B_3 C_3 I_3 H_3 G_3$ relevé (fig. 136, B) sur la section droite rabattue. On lui donne la longueur $1 b'$ prise sur l'élévation latérale (fig. 136, C). Après quoi, appliquant sur ses faces, les panneaux fournis par le développement (fig. 137), on limite le prisme aux lignes voulues et le plan de tête est défini par les lignes de son périmètre ; il est, par conséquent, facile à tailler.

B. Descente biaise dans un mur en talus et rachetant un berceau horizontal parallèle
(Le croquis perspectif a été donné fig. 135).

des pierres.
ème Leçon.

§ 98. — **Données** (fig. 138).

(*a*) Direction et inclinaison de la descente. — Le plan est dessiné sur la figure (138, A). oo_1 est la projection horizontale de l'axe de la descente.

Une élévation latérale (fig. D) faite sur un plan vertical dont la ligne de terre $x_2 y_2$ est parallèle à l'axe de la descente, permet, comme dans le cas précédent, d'obtenir l'axe et toutes les génératrices projetées en vraie grandeur ; on connaît l'inclinaison α de la descente, et, par conséquent, cette élévation latérale (fig. D) donne en $O'O'_1$ la projection en vraie grandeur de cet axe, et la différence de niveau, h, entre ses deux extrémités O' et O'_1.

(*b*) Le mur de tête et le grand berceau. — Pour définir, à la fois, le mur de tête et le berceau que doit racheter la descente, on donne une seconde projection qui, en réalité, est une coupe faite par un mur $x y$ (fig. C) perpendiculaire aux horizontales du mur de tête et par conséquent aussi aux génératrices du berceau, puisque ces horizontales et ces génératrices sont parallèles (1).

On a donné cette coupe (fig. C) : 1° parce qu'elle définit le mur de tête par sa ligne de plus grande pente $O'P$ et le berceau par sa section droite $O'_1 P'_1$; 2° parce que l'intersection de la descente et du mur de tête y sera projetée tout entière suivant la droite $o' \omega'$, de même que l'intersection de la descente et du berceau y sera projetée en entier, suivant l'arc de cercle $o'_1 \omega'_1$.

(*c*) Directrice de la descente et ses génératrices. — Pour directrice de la descente, nous prendrons un demi-cercle idéal dont le centre serait le point $o' o$ (fig. A et C), qui serait tracé dans le plan vertical $o' z$ (fig. C), et qui aurait pour diamètre horizontal la ligne de naissance AF (fig. A).

Pour pouvoir nous servir de ce cercle idéal, nous le rabattons (fig. B) en $A B'' C'' E'' F$. Puis nous relevons tous ses points de division, savoir : $\Omega'' \omega''$ en ω''_1 sur le plan vertical $o' z$ (fig. C), B'' en B''_1, C'' en C''_1, et, dès lors, les génératrices de la descente peuvent être tracées en $B''_1 b'_1 — C''_1 c'_1 — \omega''_1 \omega'_1$ sur l'élévation xy (fig. C). On les obtient ensuite facilement en $b b_1 — c c_1$, etc., sur le plan (fig. A).

A ce moment les données sont complètement assurées et l'épure est prête pour la recherche des intersections.

§ 99. — **Epure d'ensemble.** — **Recherche des intersections.**

(*a*) Ellipse de tête. — L'intersection de la descente avec le plan de tête est projetée, *a priori*, sur la figure C suivant les points, en ligne droite, $b', c', \omega' \ldots\ldots$ desquels on déduit, en plan (fig. A), par des lignes de rappel, les points $b c \omega d e$ qui permettent : 1° de tracer la projection horizontale de l'ellipse de tête ; 2° de la rabattre, vraie grandeur, en $ABCDEF$: et 3° de la projeter, par reports de hauteurs (fig. D) en $A'B'C'D'E'F'$ sur l'élévation latérale. Cela permet de tracer sur cette élévation latérale, les projections $B'B_3 B_1 — C'C_3 C_1$, etc., des gérératrices, lignes de lit d'intrados.

(*b*) Détails géométriques. — 1° Pour faire le rabattement du point b, par exemple, en B (fig. B), on a abaissé $b \beta$ perpendiculaire sur la charnière AB et le rayon de rotation βB a été pris au compas, de o' en b' sur la figure C.

2° La tangente $F t$ au point de naissance est parallèle à $o \Omega$ (fig. B) qui est le diamètre conjugué du diamètre de naissance AF.

(1) Si le berceau n'avait pas eu ses génératrices parallèles aux génératrices horizontales du plan, il eût fallu prendre un troisième plan vertical de projection perpendiculaire à son axe, afin d'avoir l'intersection du berceau et de la descente projetée, sur ce plan vertical, en entier, suivant la courbe de section droite du berceau.

Fig. 138

Panneau de côté
D
A
(Plan)
B
Section droite
Panneau de Tête
C
Niveau Supér
Niveau Infér
Niveau Inférieur
Niveau Supérieur
Ligne de Naissance

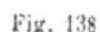

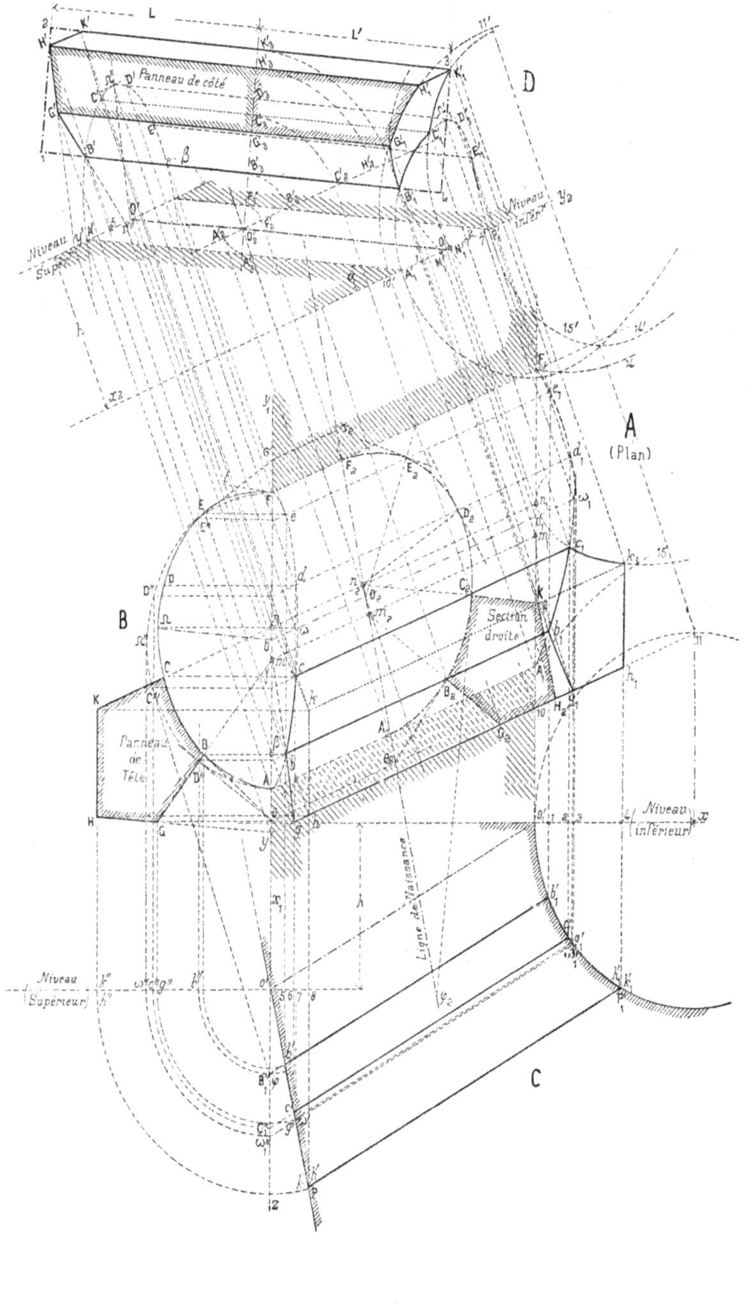

3° Aux points de naissance A et F, en plan (fig. B), l'ellipse A b c d F est tangente aux génératrices A A_1 et F F_1 de la descente, parce que ces dernières forment le contour apparent du cylindre de descente.

Il est facile de voir que si, au lieu de prendre pour directrice de la descente le demi-cercle idéal tracé dans le plan vertical O' Z, nous avions pris un demi-cercle tracé dans le plan de tête, et ayant A F pour diamètre, le contour apparent de ce cylindre n'eût pas été constitué par ses deux génératrices de naissance.

4° La tangente B θ au point B se déduit facilement de la tangente B″ θ au cercle idéal rabattu, en prenant comme intermédiaire le point de charnière θ qui ne bouge pas dans le rabattement ni dans le relèvement.

(c) Section droite. — Comme dans l'épure précédente, on fait (fig. D) une section droite O'$_2$, B'$_3$..... K'$_3$ que l'on rabat, vraie grandeur, en $A_2 B_2 C_2$.... F_2 (fig. A). La tangente, $\theta_2 B_2$, en un point quelconque, s'obtient comme dans l'épure précédente.

(d) Plans de lit. — Cette fois nous appareillerons comme il convient pour la stabilité et pour la solidité des voussoirs, et nous prendrons pour traces des plans de lit sur la section droite, les normales $G_2 B_2 m_2$ — $K_2 C_2 n_2$, etc., à cette section droite rabattue.

Nous dessinerons alors, en section droite, le contour de chaque voussoir en remarquant que la ligne supérieure $K_2 H_2$ doit être parallèle à la ligne de naissance $A_2 F_2$, et que la ligne de côté $G_2 H_2$ est choisie parallèle aux génératrices. Une fois les points $G_2 H_2$ et K_2 déterminés en section droite rabattue, on les relève par l'opération inverse du rabattement, en $G'_3 H'_3$ et K'_3 sur l'élévation latérale (fig. D) et on en déduit, sur toutes les élévations et sur le plan, les projections de toutes les arêtes du voussoir.

(e) Sortie des plans de lit sur le mur de tête. — Ce sont des droites telles que m b g (fig. A), rabattue en m B G (fig. B), mais qui, cette fois, au lieu de converger au centre o de l'ellipse de tête, vont passer, par prolongement, au point m, où la trace $m_2 m$ du plan de lit sur le plan incliné des naissances, va rencontrer la trace AF du plan de tête sur ce même plan de naissance.

Nota. — La ligne supérieure H K (fig. B) est parallèle à A B et la ligne de côté H G est parallèle au diamètre o Ω de l'ellipse.

(f) Intersection avec le grand berceau. — Aussi bien l'intersection de l'intrados de la descente que celles des plans de lit, du plan de dessus H K et du plan de côté H G, tout est projeté sur la coupe C, suivant l'arc de cercle $o'_1 b'_1$..... k'_1, ce qui permet, par lignes de rappel, de trouver les intersections en plan (fig. A) et d'en déduire, par d'autres lignes de rappel que vérifieront des reports de hauteur, la projection de ces intersections sur l'élévation latérale (fig. D).

(g) Détails géométriques. — 1° En A_1 et F_1 sur les naissances, la courbe présente des rebroussements. Cela tient à ce que sa tangente, étant l'intersection de deux plans tangents, tous deux verticaux, comme plans de contours apparents respectifs des cylindres en présence, est elle-même verticale.

2° On cherchera la tangente en un point quelconque b_1. L'épure n'indique pas cette construction.

3° Si l'on cherchait, comme en géométrie descriptive, l'intersection complète, on reconnaîtrait que, avec les données de la figure 138, elle répond à ce que l'on nomme un *arrachement*. Nous avons indiqué en A_1 — 13 et F_1 — 14 l'amorce du reste de l'intersection.

4° Le plan de lit $m_2 B_2 G_2$ donne comme intersection, avec l'intrados du grand berceau, une ellipse qui, par prolongement, irait passer par le point m_1 et y serait tangente à la génératrice de naissance $A_1 F_1$ du grand berceau. De même le plan de lit $K_2 C_2 n_2$ donne une ellipse qui passerait par n_1.

5° Le plan supérieur $H_2 K_2$ donne comme intersection une génératrice $h_1 k_1$ du berceau.

§ 100. — **Préparation de la taille** (fig. 139).

Cette préparation entraîne (fig. 139) le développement de la douelle d'intrados et le rabattement de tous les panneaux. L'opération a été faite (fig. 139) exactement comme dans le cas précédent. On voit en $A_2 B_2$..... F_2 la section droite développée suivant une droite ; en A B C... . F, la transformée de la courbe de tête et en $A_1 B_1$..... F_1 celle de la courbe gauche d'intersection de la descente et du berceau.

On remarquera que sur les panneaux de lit, tels que B G $B_1 G_1$, la ligne B G est droite tandis que $B_1 G_1$ est elliptique.

§ 101. — **Taille d'un voussoir.**

On procède comme dans le cas précédent en préparant d'abord, comme solide capable, un prisme droit dont la section droite est $B_2 C_2 K_2$.... G_2 (fig. 138, A), et dont la longueur est fournie par l'élévation latérale (fig. 138, D).

Sur les faces et sur la douelle de ce prisme on applique les panneaux fournis par le développement (fig. 139), on en

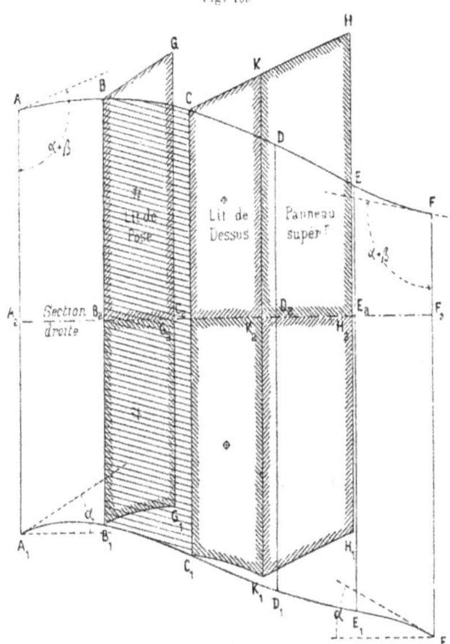

Fig. 130

suit le contour avec une pointe et, dès lors, toutes les surfaces qui restent à faire apparaître dans la pierre sont limitées.

Le plan de tête apparaît facilement puisque, ayant son contour arrêté, il suffit d'abattre la pierre jusqu'à ce qu'une droite puisse s'y appliquer dans n'importe quelle direction.

Quant au cylindre d'intrados du berceau B′₁ G′₁ H′₁... C′₁ (fig. 138, D), on a bien son contour, mais il faut qu'une droite puisse s'appuyer sur ce contour en restant toujours parallèle à la ligne supérieure H′₁ K₁ qui est une génératrice. Sur le chantier cela se fait facilement de la manière suivante :

On place la face supérieure du prisme H′ K′ — H′₁ K′₁ (fig. 138, D) bien horizontale, et s'aidant ensuite d'un fil à plomb, d'un niveau et d'une règle divisée, il est facile de marquer sur le contour curviligne H′₁ G′₁ B′₁ d'une part et K′₁ C′₁ B′₁ de l'autre des points qui soient deux à deux au même niveau, et qu'il suffira ensuite de joindre par des lignes droites pour que le cylindre d'intrados du grand berceau soit apparu.

CHAPITRE XV

VOUTES CYLINDRIQUES COMPOSÉES

A. CLASSIFICATION DES VOUTES CYLINDRIQUES COMPOSÉES USUELLES

§ 102. — **Généralités, définitions et descriptions.**

Une voûte cylindrique est dite *composée*, lorsqu'elle résulte de l'existence simultanée de deux berceaux cylindriques simples. Les combinaisons de cylindres, qui donnent lieu à des voûtes composées, peuvent varier à l'infini. Nous n'étudierons que les cas les plus usuels, ceux dans lesquels les berceaux sont horizontaux et ont, en outre, le même plan de naissance.

Nous allons d'abord nous rendre compte géométriquement des diverses conditions du problème.

(a) Lunette cylindrique et voute en bonnet de prêtre (fig. 140, 141, 142). — Un grand berceau Y Y, ordinairement plein

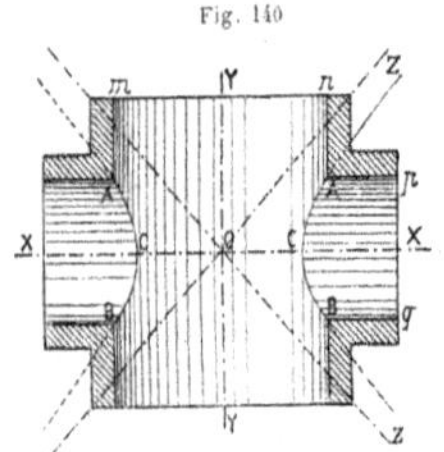

Fig. 140

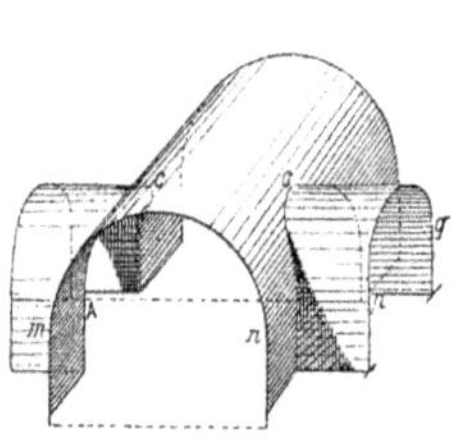

Fig. 141

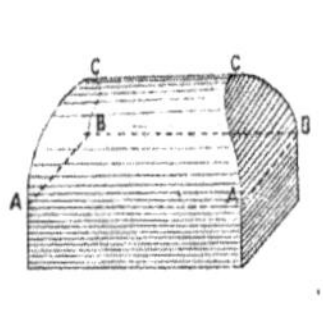

Fig. 142

cintre, est rencontré par un berceau plus petit X X, également plein cintre. Le plan de naissance est commun aux deux berceaux. L'intersection se compose de deux courbes gauches ACB et ACB, qui se nomment *arétiers*, ou encore *arêtes de lunette*.

Au point de vue géométrique, c'est le problème suivant : « Intersection de deux cylindres dont les axes se rencontrent. »

Si les cylindres sont du second degré, l'intersection, quoique gauche dans l'espace, se projette horizontalement suivant une courbe ou une portion de courbe du second degré d'après ce théorème que : « Lorsque deux surfaces du second degré ont un plan de symétrie commun, leur intersection est projetée sur ce plan de symétrie suivant une courbe du second degré. »

Dans le cas actuel les deux courbes A C B et A C B sont des fragments d'une hyperbole équilatère qui aurait pour asymptotes les bissectrices $o\,z$ et $o\,z$ des angles formés par les axes (1).

Dans le croquis de la figure 140, la lunette est droite.

La lunette serait biaise si les axes O X et O Y n'étaient pas perpendiculaires l'un sur l'autre. (Nous donnerons plus loin l'épure d'une lunette biaise.)

(1) En effet : prenons pour axes coordonnés dans le plan horizontal les lignes OX, OY et pour axe des Z la verticale du point O.
Soient R et r les rayons des cylindres.
L'équation du grand cylindre sera :
(1) $x^2 + Z^2 = R^2$; celle du petit cylindre sera :
(2) $y^2 + Z^2 = r^2$.
Éliminons Z entre ces deux équations, nous aurons l'équation de leur intersection en projection horizontale.
L'élimination donne :
(3) $x^2 - y^2 = R^2 - r^2$, qui est bien l'équation d'une hyperbole équilatère ; C. Q. F. D.

Il n'est pas nécessaire que les berceaux soient en plein cintre. Ils peuvent être elliptiques et même à directrices quelconques. Pour que la voûte constitue une lunette cylindrique, il suffit :

1° Que les deux berceaux aient le même plan de naissance ;

2° Qu'ils n'aient pas la même montée.

La figure 141 montre, en perspective, les surfaces géométriques en présence. Pour simplifier le dessin, on les a supposées sans épaisseur.

On voit que l'on y a conservé les parties des cylindres qui sont en dehors de l'intersection. Une pareille construction pourrait couvrir une salle quadrangulaire A A B B (fig. 140) en laissant libres les quatre murs du pourtour. Elle ne prendrait de points d'appui que sur les angles A, A, B, B, et la poussée des voûtes serait détruite par des éperons tels que A n, ou A m (fig. 140) placés en dehors de la salle et dans le prolongement de ses murs. La poussée qu'ils ont à détruire se fait dans le sens de leur longueur, et, même avec une faible épaisseur, ils équilibreront facilement cette poussée. C'est une construction assez économique.

On peut (fig. 142) ne conserver que le solide commun ; la voûte est dite alors en *bonnet de prêtre*.

Elle peut servir encore à couvrir une salle rectangulaire ; seulement elle prend ses points d'appui sur la totalité des murs du pourtour, lesquels demandent alors à avoir une épaisseur assez grande dans toute leur étendue, car, en tous leurs points, ils ont à résister à une poussée perpendiculaire à leur direction. Il faudra donc beaucoup plus d'épaisseur de mur que dans le cas précédent et la construction ne sera pas aussi économique.

(*b*) VOÛTE D'ARÊTE ET VOÛTE EN ARC DE CLOÎTRE (fig. 143, 144, 145). — Si, tout en ayant le même plan de naissance, les berceaux ont la même montée, alors les deux points les plus hauts C C de l'intersection qui, dans le cas de la lunette, (fig. 140), étaient séparés, viennent se réunir en C (fig. 143) et les deux courbes d'intersection se rejoignent au sommet.

Si, de plus, les deux berceaux ont pour directrices des courbes du second degré, alors l'intersection se compose de deux courbes planes (1), projetées horizontalement suivant les diagonales A B et A B. Ces courbes se nomment les *arêtes* de la voûte.

La figure 144 montre la voûte d'arête en perspective. On n'a conservé que les portions des surfaces situées en dehors

Fig. 143
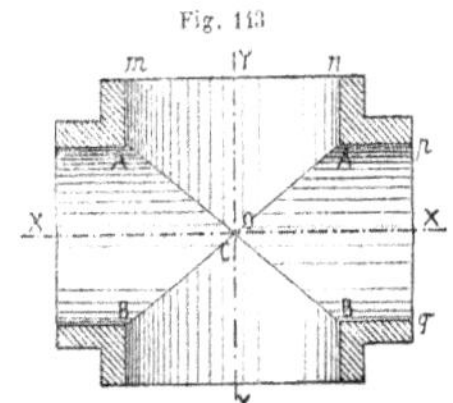
Fig. 144
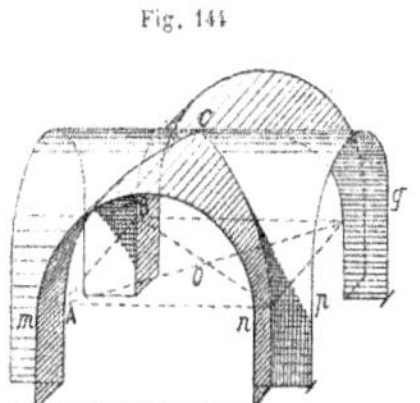
Fig. 145
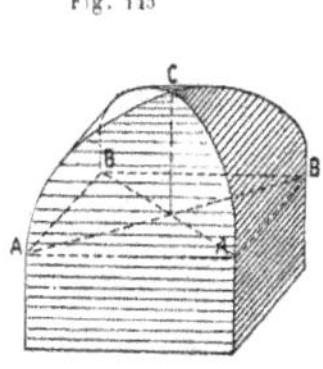

de l'intersection et, comme pour la lunette cylindrique, on voit qu'une voûte d'arête repose seulement sur les quatre angles de la salle qu'elle recouvre.

Si l'on conserve le solide commun, la voûte devient ce que l'on nomme *une voûte en arc de cloître* (fig. 145). Comme la voûte en bonnet de prêtre, elle prend ses points d'appui sur tous les murs du pourtour de la salle qu'elle recouvre et elle y exerce en tous les points une poussée normale. Elle exige donc, elle aussi, un grand volume de maçonnerie.

Fig. 146   Fig. 147

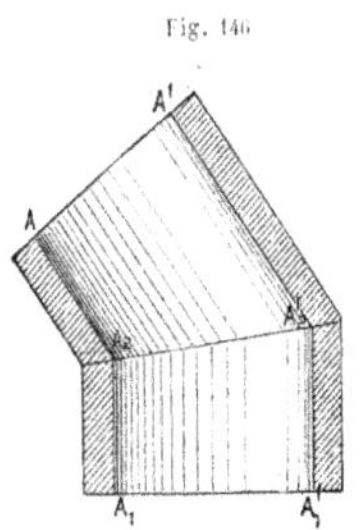
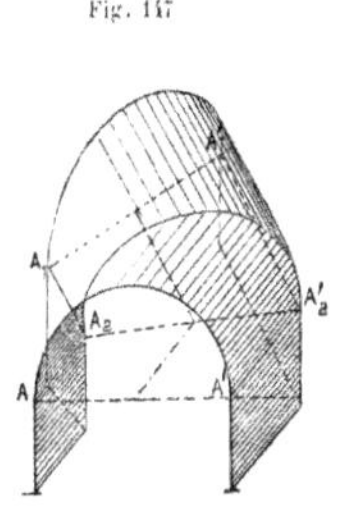

(*c*) BERCEAUX COUDÉS. — En réalité, les appareilleurs et les anciens constructeurs qui ont employé ces voûtes d'arête ne les ont pas imaginées par la considération des surfaces du second degré se coupant dans des conditions telles que les intersections soient planes.

Prenons (fig. 146) un berceau A A'.... plein cintre ou elliptique, peu importe, et coupons-le par un plan vertical $A_2 A'_2$. Prenons maintenant la courbe plane $A_2 A'_2$, ainsi déterminée, pour directrice d'un second berceau $A_1 A'_1$.....; nous aurons résolu le même problème que dans la voûte d'arête ou dans la voûte en arc de cloître.

(1) D'après ce théorème : Lorsque deux surfaces du second degré ont deux plans tangents communs, elles se recoupent suivant deux courbes planes.

On a ainsi ce que l'on nomme un berceau coudé. On en voit (fig. 147) la perspective.

Il est facile de se rendre compte que, du côté de l'angle saillant A_2 des piédroits, l'arête est saillante et analogue à celle d'une voûte d'arête, tandis que dans la partie rentrante A'_2, elle est analogue à celle d'une voûte en arc de cloître.

(*d*) VOUTE D'ARÈTE AVEC DOUBLE ARÉTIER, PENDENTIFS ET PLAFOND (fig. 148 et 149). — On a deux berceaux dont les axes sont X X et Y Y. On se donne en A B la directrice du premier berceau X X.

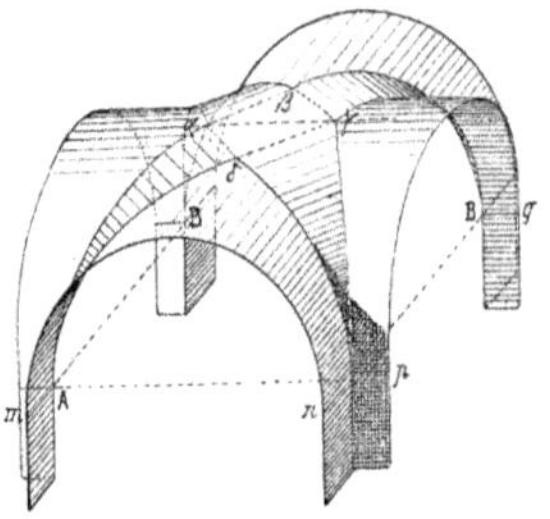

Sur les génératrices les plus hautes de chacun d'eux, génératrices qui sont supposées au même niveau, on prend quatre points $\alpha \beta \gamma \delta$, ordinairement symétriques deux à deux.

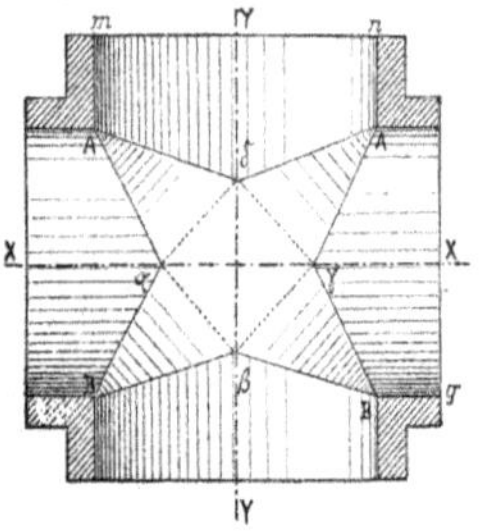

Ici la figure $\alpha \beta \gamma \delta$ est un carré, mais elle pourrait être un quadrilatère quelconque.

On joint α A, δ A, γ A, etc., et on prend ces droites pour traces de plans verticaux ; cela posé :

Le plan α A coupe le premier

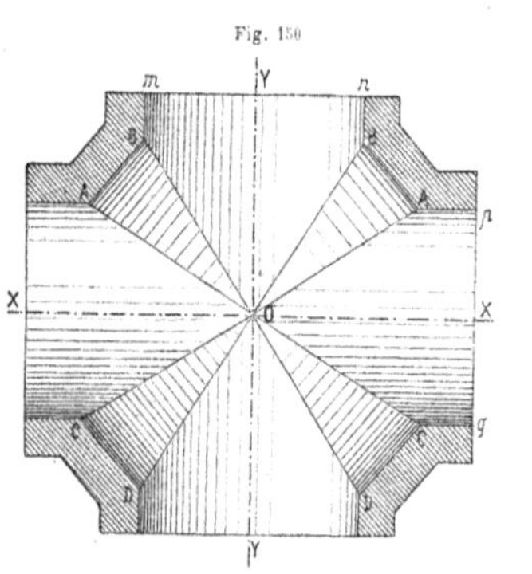

Fig. 148

Fig. 149

berceau suivant une courbe plane, que l'on prend pour directrice d'un berceau dont les génératrices sont parallèles à $\alpha \delta$.

Ce second berceau est coupé, à son tour, par le plan δ A, et la courbe d'intersection est prise pour directrice du berceau Y Y....., et ainsi de suite.

On voit que la génération de cette voûte d'arête s'explique en la considérant comme un ensemble de berceaux coudés.

L'espace quadrangulaire $\alpha \beta \gamma \delta$ est horizontal ; il forme plafond et sera couvert par une voûte plate. Nous donnerons plus loin l'épure de cette voûte (§ 109).

Les espaces cylindriques triangulaires $\alpha \beta B$ — $\alpha \delta A$, etc., dont la pointe est à la partie inférieure en A, A_1, B..... se nomment des *pendentifs*.

(*e*) VOUTE D'ARÈTE AVEC PANS COUPÉS (fig. 150). — En plan (fig. 150), les murs qui soutiennent les berceaux sont reliés par des pans coupés A B — A B et C D — C D.

En opérant comme dans le cas précédent, on pourra couper le premier berceau X X par un plan vertical ayant O C pour trace. On prendra la section ainsi déterminée, pour directrice d'un berceau dont les génératrices seront parallèles au pan coupé C D.

Ce second berceau sera, lui-même, coupé par le plan O D et la section ainsi déterminée sera prise pour directrice du troisième berceau Y Y, lequel sera donc bien déterminé ; en réalité il est, comme dans le cas précédent, déduit du premier berceau par des transitions successives.

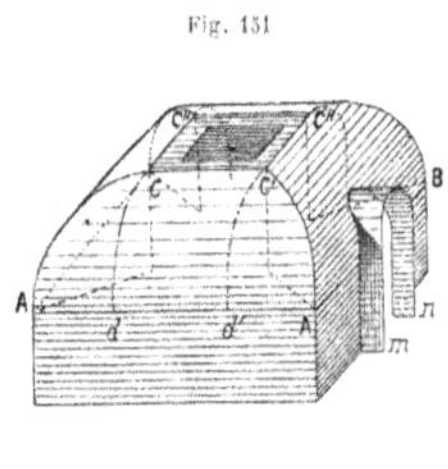

Fig. 150

Fig. 151

(*f*) VOUTE EN ARC DE CLOÎTRE AVEC PLAFOND (fig. 154). — Quatre demi-cylindres, de même montée, se rencontrent suivant des courbes planes à arêtes rentrantes A C — A C' — B C"..... et laissent ainsi libre, à la partie supérieure, un espace rectangulaire qui peut, à son tour, être couvert par une voûte plate et même être percé par une ouverture horizontale.

Cette voûte est très employée pour couvrir des grandes salles ou des escaliers noyés dans la masse d'un édifice. Dans ce cas, l'ouverture pratiquée au plafond permet de prendre un jour zénithal.

Les parties latérales de la voûte peuvent aussi être éclairées par des fenêtres telles que $m\,n$, qui les pénètrent en lunette cylindrique, droite ou biaise.

Ces généralités sur les divers cas de pénétrations de voûtes cylindriques une fois posées, nous allons faire l'épure d'un berceau coudé, puisque, ainsi que nous l'avons dit § c, nous trouverons pour la moitié saillante de l'arête un voussoir analogue à celui d'une voûte d'arête et pour la moitié rentrante le même voussoir que pour la voûte en arc de cloître.

B. ÉPURE DU BERCEAU COUDÉ

§ 103. — Epure d'ensemble (fig. 153).

(a) Données. — Intrados. — L'axe du premier berceau (plein cintre) est $o\,o_2$ (fig. 153, A, plan). Sa courbe de tête est un demi-cercle donné sur la première élévation (fig. B) en A B C D..... F. On pratique dans ce berceau une section par un plan vertical $A_2\,F_2$. L'ellipse ainsi obtenue et dont le rabattement est $A_2\,B_2\,C_2$..... F_2, obtenu par reports de hauteurs, est prise pour directrice d'un second berceau $o_2\,o_1$. La courbe de tête de ce second berceau est une ellipse obtenue sur la deuxième élévation (fig. C) en $A_1\,B_1\,C_1$..... F_1, toujours par reports de hauteurs.

(b) Extrados et lignes de lit. — On se donne, pour le premier berceau, un extrados fictif V P M..... qu'il est bon de prendre plus écarté de l'intrados aux naissances qu'à la clef. On mène les normales B P — C M, etc. (fig. B), à l'intrados et le premier berceau est appareillé. On peut le limiter à l'extérieur soit par un extrados parallèle V P M G....., soit par un extrados en tas de charge tel que P N M et G H K, etc.

Il faut, maintenant, déduire de l'extrados V P M..... de la première voûte (fig. B), l'extrados $V_1\,P_1\,M_1$..... de la seconde voûte (fig. C). On le fera en remplissant les conditions suivantes :

1° Les points $P_1\,M_1\,G_1\,K_1$..... seront sur les normales $B_1\,P_1$ — $C_1\,N_1$..... du deuxième intrados ;

2° Ils seront aux mêmes hauteurs que les points correspondants P, M, etc., du premier extrados (1).

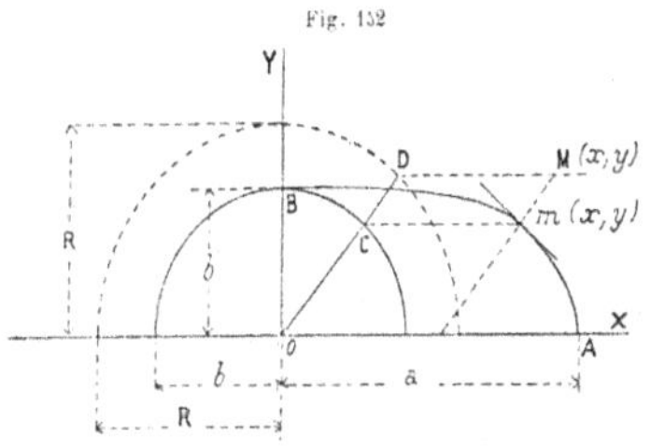

(1) Il est facile, par la géométrie analytique, de déduire l'équation du deuxième extrados de celle du premier intrados. On démontrera que si le premier extrados est un cercle concentrique à l'intrados, le second extrados est une ellipse.

En effet, soit O B A une ellipse, a et b ses deux demi-axes, et m un point pris sur la courbe ; x_1 et y_1 les coordonnées de ce point (fig. 152).

On aura la relation :

$$(1)\qquad \frac{x^2_1}{a^2} + \frac{y^2_1}{b^2} = 1, \qquad \text{qui est l'équation de l'ellipse.}$$

On mène la normale à l'ellipse au point m ; son équation est :

$$(2)\qquad y - y_1 = \frac{a^2\,y_1}{b^2\,x_1}\,(x - x_1).$$

Sur la circonférence décrite sur le petit axe, comme diamètre, prenons le point C, qui a même ordonnée que m. Menons la normale C D à ce cercle ; arrêtons-la en D au cercle de rayon R, concentrique au précédent, et, sur la normale à l'ellipse, prenons le point M, qui a la même hauteur que D. Il est facile de se rendre compte que c'est de cette façon que l'extrados du deuxième berceau se déduit de l'autre extrados, dans le berceau coudé.

Cherchons le lieu géométrique du point M ; on a évidemment la relation :

$$(3)\qquad \frac{y}{y_1} = \frac{O\,D}{O\,C} = \frac{R}{b}.$$

Entre les équations (1), (2) et (3), éliminons x_1 et y_1, nous aurons l'équation du lieu.

De l'équation (3) on tire :

$$(4)\qquad y_1 = \frac{b\,y}{R}$$

Substituant dans (2), cela donne :

$$y\left(\frac{R - b}{R}\right) = \frac{a^2\,b\,y}{b^2\,x_1\,R}\,(x - x)$$

$$(R - b)\,b\,x_1 = a^2\,(x - x_1)$$

$$(5)\qquad x_1 = \frac{a^2\,x}{b\,R + a^2 - b^2} = \frac{a^2\,x}{b\,R + c^2}.$$

ou, en simplifiant :

d'où l'on tire, en faisant $a^2 - b^2 = c^2$:

Substituant ces valeurs de x_1 et de y_1 dans (1), il vient :

$$\frac{x^2}{\left(\dfrac{b\,R + c^2}{a}\right)^2} + \frac{y^2}{R^2} = 1.$$

C'est une ellipse dont le petit axe est égal à R, rayon du cercle d'extrados, et dont le grand axe est égal à $\dfrac{b\,R + c^2}{a}$. C.Q.F.D.

On voit que ces conditions suffisent parfaitement, c'est pourquoi on opère de la manière suivante :

1° On mène la tangente $E\,\theta$ (fig. B) en un point quelconque, E, par exemple, du premier intrados, et on en déduit en $\theta\,\theta_2$ la trace horizontale du plan tangent à cet intrados tout le long de la génératrice $e\,e_2$;

2° Cette trace rencontre en θ_2 la trace $F_2\,A_2$ du plan de l'arête. Par conséquent, en rabattement, $\theta_2\,E_2$ est la tangente à l'ellipse d'arête ;

3° Donc la trace du plan tangent au second berceau tout le long de sa génératrice $e_2\,e_1$ est la droite $\theta_2\,\theta_1$ parallèle à l'axe du second berceau. Par conséquent $\theta_1\,E_1$ est la tangente au point E_1 de la courbe d'intrados du second berceau.

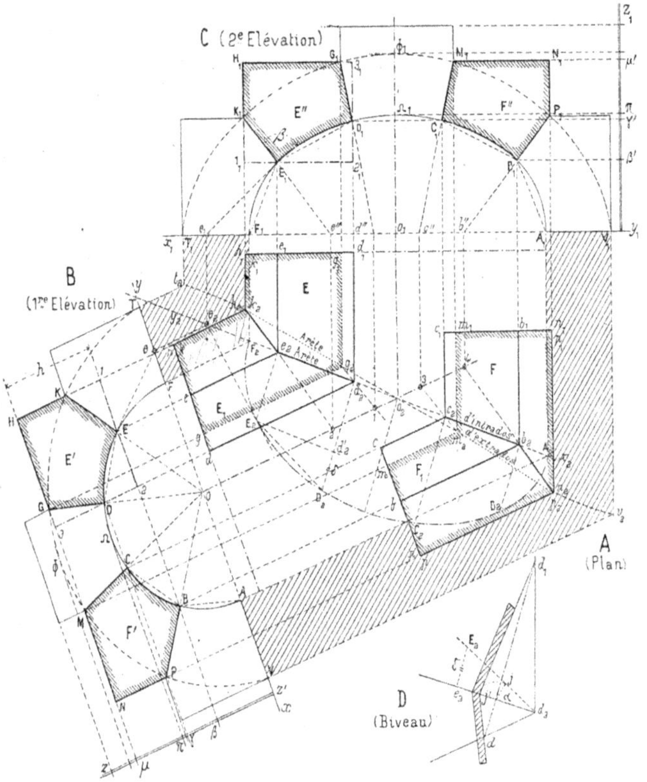

On en déduit la normale $E_1\,K_1$ qui est perpendiculaire à la tangente (fig. C) et on coupe cette normale par une horizontale située à la hauteur du point K (fig. B) de la normale au premier intrados.

Nota. — Pour ces reports de hauteurs nous nous sommes servis des deux échelles verticales $Z'Z$ (fig. B) et $y_1\,Z_1$ (fig. C).

(c) INTERSECTION DES GÉNÉRATRICES D'EXTRADOS. — ARÊTE D'EXTRADOS. — Une fois les points du second extrados déterminés en $K_1\,G_1\ldots$ on en déduit les génératrices d'extrados de la deuxième voûte et, comme elles sont, par construction, deux à deux dans les mêmes plans horizontaux que les génératrices correspondantes du premier extrados, elles les recoupent en des points $k_2\,g_2\,m_2\,n_2\ldots$ (fig. A).

Nota. — Si les voûtes étaient extradossées parallèlement, alors les points d'extrados devraient être rejoints par une courbe $k_2\,g_2\ldots m_2$ dite : *arête d'extrados.*

Cette courbe, sauf dans des cas particuliers, est gauche. Sa projection horizontale n'est donc pas une ligne droite et elle ne se confond pas, en projection, avec l'arête d'intrados. Elle la croise, en apparence, au point milieu o_2.

(d) LIMITATION D'UN VOUSSOIR D'ARÊTE. — Considérons le voussoir E' E″, lequel est un voussoir de voûte d'arête. (Le voussoir symétrique F' F″ serait un voussoir de voûte en arc de cloître.) Nous le limiterons à des plans $d\,h$ et $d_1\,h_1\ldots$ de section droite de chacun des berceaux.

(*e*) Intersection des plans de lit. — Ces intersections sont les droites $e_2 k_2$ pour les plans de lit de dessous (ligne vue) et $d_2 g_2$ (ligne cachée) pour le plan de lit de dessus.

Les extrémités d_2, g_2, e_2, k_2 de ces lignes ont été trouvées par les constructions précédentes, mais on devra vérifier que $e_2 k_2$ prolongée, doit passer par le point 2 où se coupent les traces horizontales des plans de lit. De même $d_2 g_2$ doit passer par le point 1.

A ce moment le voussoir est complètement représenté.

Nous allons indiquer comment se fait la taille.

On peut employer soit la taille par équarrissement, soit la taille directe.

§ 104. — Taille par équarrissement (fig. 154, en perspective).

Le solide capable sera un prisme dont la base (fig. 153) est l'hexagone concave $d\, h\, h_2\, h_1\, d_1\, d_2$ relevé sur le plan et dont la hauteur (h) est prise sur une quelconque des élévations (voir fig. B). On voit (fig. 154) en perspective ce prisme

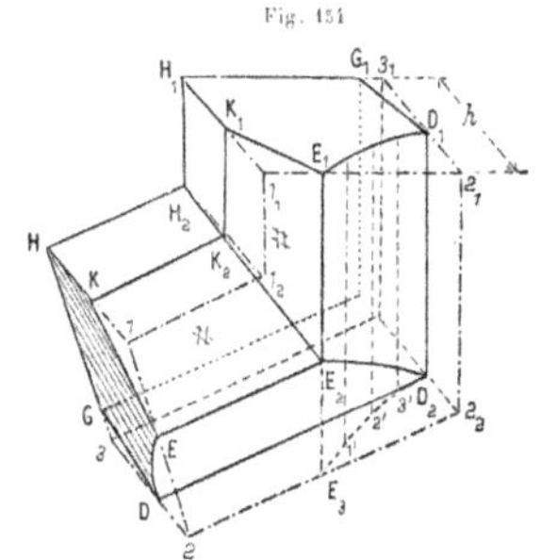

figuré en $1\ 2\ 1_1\ 2_1$, etc. Sur chacune de ses faces d'extrémités on applique les panneaux de section droite des berceaux, savoir : E′ (fig. B) et E″ (fig. C).

En se servant de l'équerre et se guidant sur les contours $H_1 G_1 D_1$, etc. (fig. 154), on abat tout ce qui appartient à l'un des berceaux, au second par exemple.

On fait de même ensuite pour le premier berceau. Seulement, il faut remarquer que, du côté de l'arête $E_2 D_2$ d'intrados on peut opérer *à la volée*, sans crainte d'entamer la pierre, tandis que du côté de l'intrados et là où les surfaces se rencontrent avec angle rentrant il faut opérer doucement, et présenter souvent les panneaux afin de ne pas dépasser la partie strictement nécessaire.

Nous n'insistons pas sur ce procédé de taille.

§ 105. — Taille directe.

(*a*) Douelles plates. — 1° On substitue aux douelles courbes des deux berceaux, des douelles plates accusées sur l'épure (fig. 153) par les cordes des arcs, savoir : corde D E (fig. B), corde $E_1 D_1$ (fig. C). Les deux douelles plates se recoupent suivant la corde $E_2 D_2$ (fig. A) rabattue avec l'ellipse d'arête.

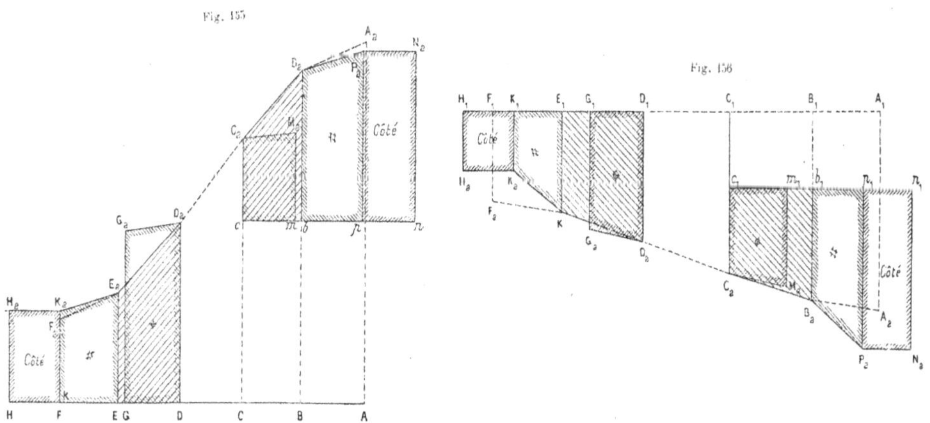

Ainsi donc cela revient à substituer aux deux berceaux cylindriques, deux berceaux prismatiques inscrits.

2° On cherche les développements des douelles plates.

La figure 155 donne le développement du prisme inscrit dans le berceau plein cintre et la figure 156 donne celui du second prisme.

On remarquera que nous avons en A_2 B_2 C_2, etc., sur chaque développement un polygone au lieu d'une courbe et que sur les deux figures 155 et 156 les lignes A_2 B_2 — B_2 C_2, etc., doivent être égales deux à deux comme étant les vraies grandeurs de mêmes lignes droites de l'espace.

(*b*) Panneaux. — On cherche, comme à l'ordinaire, les panneaux de lit et même les panneaux de côté.

(*c*) Exécution de la taille directe. — 1° On prendra une pierre, telle qu'elle est fournie par la carrière, et d'un volume suffisant pour contenir le voussoir.

2° On dressera en E_1 D_1 E_2 D_2 (fig. 157, en perspective) un plan et on y appliquera le panneau de douelle plate du premier prisme pris sur la figure 155. Avec une pointe traçante on en suivra le contour E_1 D_1 E_2 D_2.

Fig. 157

3° La ligne E_2 D_2 est l'arête du dièdre formé par les deux douelles plates.

On mesurera ce dièdre (nous indiquerons tout à l'heure comment). On fera un biveau W, à la grandeur du rectiligne de ce dièdre et, appuyant son sommet W sur l'arête E_2 D_2, on fera apparaître le plan, indéfini, E_2 D_2 E D de la seconde douelle plate.

4° Sur ce second plan on appliquera le panneau de la deuxième douelle plate, pris sur la figure 156, et avec une pointe, on en suivra le contour.

5° En continuant de même, à l'aide de biveaux soit droits, soit aigus, soit obtus, fournis par l'épure, on fera apparaître successivement toutes les faces du voussoir.

L'extrados, dans cette méthode, est ordinairement grossièrement équarri.

Les douelles cylindriques s'obtiennent en dernier lieu en se servant d'une cerce. Souvent même on les taille sur le tas, une fois la voûte montée.

On voit que cette méthode exige la recherche d'un angle dièdre. C'est par elle que nous terminerons cette étude.

§ 106. — **Recherche du biveau des douelles plates**.

C'est un problème de géométrie descriptive ordinaire, dont voici l'énoncé (voir fig. 153, A) :

Connaissant : 1° en d d_2 et d_2 d_1 des horizontales, de même niveau, de deux plans ; 2° en d_2 e_2 la projection horizontale de leur intersection, et 3° en D_2 E_2 le rabattement de cette intersection, trouver l'angle de ces deux plans.

Pour rendre la figure plus claire nous avons transporté toutes les lignes parallèlement à elles-mêmes en D.

Les horizontales de même niveau (fig. 153, D) sont d d_2 et d_2 d_1. L'intersection est projetée en d_2 e_2 et la figure A fait connaître la hauteur δ du point e_2 au-dessus de d_2.

On a donc pu rabattre e_2 en E_2, ce qui donne en d_2 E_2 le rabattement de l'intersection des deux plans.

On a pris en d d_1 (ponctuée) la trace d'un plan perpendiculaire à d_2 e_2, projection de l'arête du dièdre.

On a abaissé α J perpendiculaire sur le rabattement d_2 E_2 de cette arête et le point J rabattu en J' autour de α comme centre a donné en d J' d_1 le rectiligne cherché.

Nota. — Les mêmes figures 153, 155 et 156 donnent l'épure et les développements relatifs au voussoir de droite F F_1, lequel est tout à fait analogue à un claveau de voûte en arc de cloître.

C. Voutes d'arête et voutes en arc de cloître

§ 107. — **Voûtes d'arête sur plan barlong** (fig. 158).

(*a*) Constitution des voutes. — Les axes des deux berceaux sont o o_2 et o_2 o_1 ; ils sont à angle droit l'un sur l'autre. Le premier berceau (fig. C) est plein cintre. Il est extradossé parallèlement suivant la courbe L_1 K_1 M_1.

Pour avoir la courbe de base du second cylindre, on coupe le premier par le plan diagonal A_2 H_2 A_2 H_2 et en retournant les génératrices sur le plan de l'arête, on obtient la directrice A B C D E..... du second berceau. C'est une ellipse de même montée que le cercle.

La courbe d'extrados L K J L du deuxième berceau, s'obtient, comme dans l'épure du berceau coudé, en menant les normales aux divers points B C D..... G, du deuxième intrados et les arrêtant en J, K..... aux mêmes hauteurs que celles où ont été limitées, en J_1 K_1 M_1, les normales correspondantes du berceau plein cintre.

(*b*) Intersection des grandes surfaces en présence. — Les intrados se coupent suivant les arêtes A_2 H_2 et A_2 H_2, qui sont projetées en ligne droite sur la projection horizontale, mais qui, en réalité, sont des ellipses dans l'espace. Quant aux extrados, ils se recoupent suivant deux courbes $n_2\, m_2$ et $n_2\, m_2$ que nous nommerons les *arétes d'extrados*, et dont les points tels que $j_2\, k_2\, m_2\, n_2$ sont aux croisements des génératrices qui forment les lignes de lit d'extrados, lesquelles génératrices

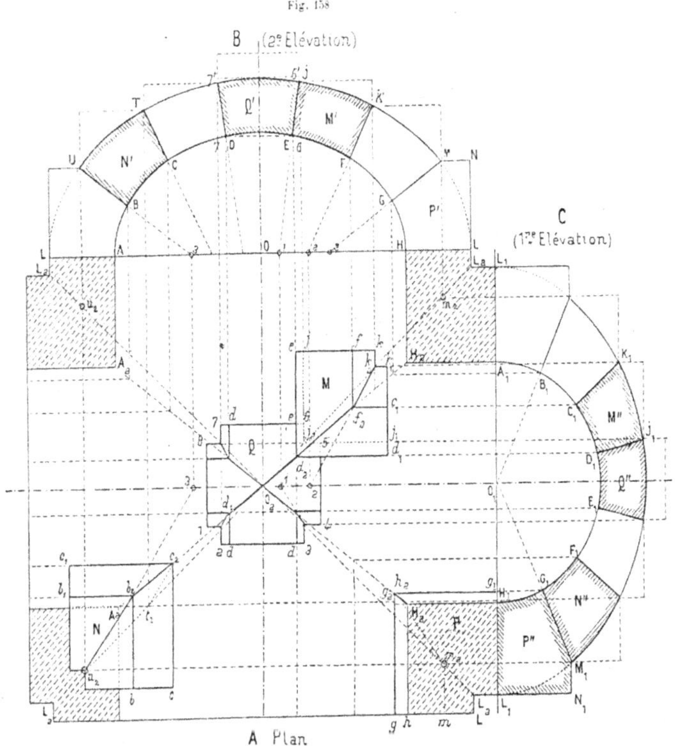

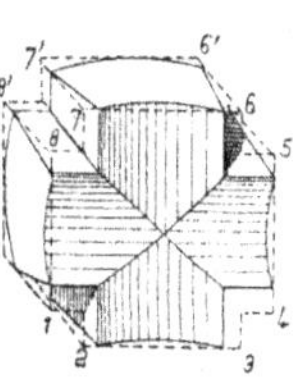

sont, par construction, deux à deux dans les mêmes plans horizontaux.

Les arêtes d'extrados sont gauches et, en plan (fig. A), elles ne se projettent pas suivant des lignes droites.

Par exception, si les données étaient telles que les deux extrados (dont l'un, on l'a vu, est une conséquence de l'autre) fussent deux ellipses, ou une ellipse et un cercle, alors les arêtes d'extrados se raient aussi des courbes planes.

(c) EPURE. — L'épure s'achève exactement comme celle du berceau coudé. On cherche les intersections des plans de lit, telles que les lignes $f_2\, k_2$ et $d_2\, j_2$ du voussoir M.

La clef Q est figurée en perspective sur la figure 159. On voit comment elle se déduit d'un solide capable en forme de croix, 1, 2, 3, 4, 5, 6, 7, 8.

§ 108. — Voûtes d'arête avec arcs doubleaux (fig. 160).

Les doubleaux sont des petits cylindres tels que A B — A′ B′, qui font saillie sur le corps de la voûte. Dans les premières constructions où ils ont été employés ils constituaient de véritables cintres permanents. La voûte proprement dite était alors soutenue par eux et en était indépendante.

Plus tard, les arcs doubleaux ont été employés, surtout, dans un but de décoration, et ils ont été pris dans les mêmes pierres que celles de la voûte.

Près des naissances les voussoirs de l'arête s'étendent, en même temps, sur les arcs doubleaux, comme le montrent, en perspective, les figures 161 et 162.

Chaque voussoir présente (fig. 161) une surface saillante $t\,\mathrm{K}\,f\,\mathrm{F}$ qui vient s'emboîter dans une surface rentrante $t\,\mathrm{K}\,f\,\mathrm{F}$ (fig. 162). Les joints sont croisés sur l'arc doubleau même, comme l'indiquent les lignes 1, 2 et 3, 4. Quelquefois (fig. 163).

les piédroits présentent une arête saillante C et C′ entre les deux bandeaux qui supportent les arcs doubleaux. Sur cette

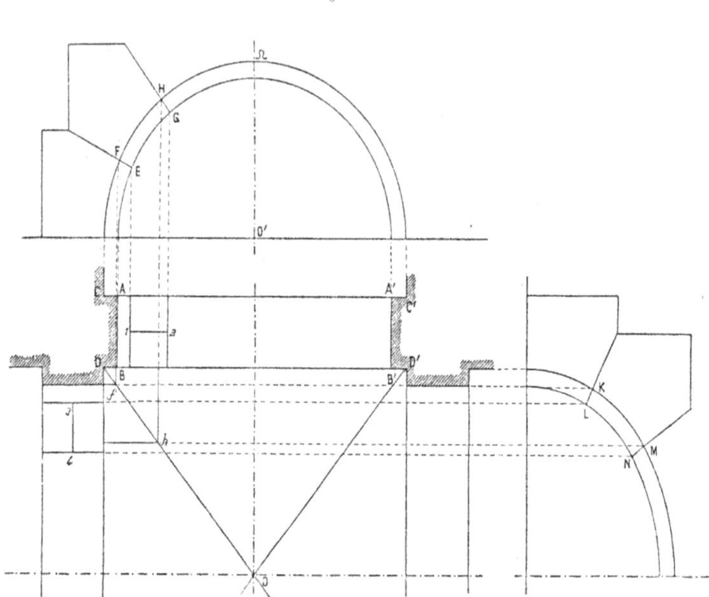

Fig. 160

arête des piédroits vient aboutir l'arête de la voûte et tous les voussoirs présentent une forme analogue à celle de la figure 162.

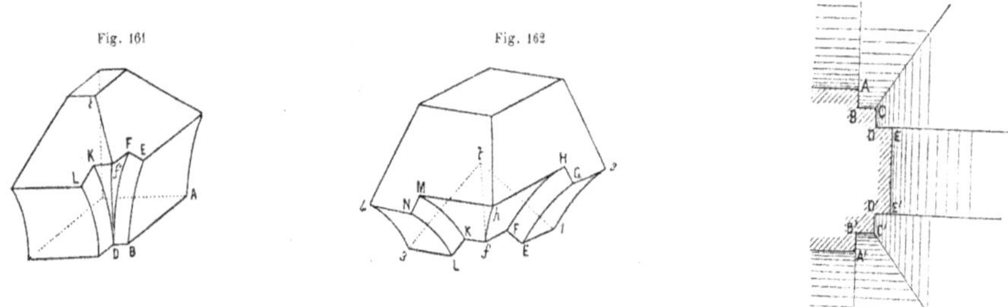

Fig. 161

Fig. 162

Fig. 163

§ 109. — **Voûtes d'arête, avec double arêtier, pendentifs et plafond** (fig. 164).

Nous avons donné plus haut (fig. 148 et 149), le mode de génération de cette voûte. En voici l'épure :

(*a*) BERCEAUX PRINCIPAUX. — Les deux intrados des berceaux principaux sont donnés en C et en B. L'un est un demi-cercle, et l'autre une demi-ellipse de même montée que le demi-cercle.

Chaque voûte est appareillée par les normales $D_1 E_1 - C_1 F_1$ sur la première élévation (fig. C) et $D E - C F$, sur la deuxième voûte (fig. B). A l'extrados les normales sont limitées aux mêmes hauteurs sur chaque voûte.

(*b*) PENDENTIFS. — Sur les génératrices supérieures on a pris quatre points α, β, γ et δ, symétriques deux à deux.

Sur la figure 164, ces quatre points sont les sommets d'un carré ; mais ils pourraient être les sommets d'un losange ou même d'un quadrilatère quelconque.

On joint les points α, β, γ et δ aux quatre angles a_1 a_2..... des piédroits, par des plans verticaux qui déterminent des sections elliptiques dans chaque berceau. Les points b_2 c_2 d_2..... d'un de ces arêtiers β a_1 sont joints aux points b_3 c_3 d_3..... de l'autre arêtier γ a_1 par des génératrices horizontales.

Nous avons donc quatre cylindres, savoir : les deux berceaux principaux et les deux cylindres qui recouvrent des

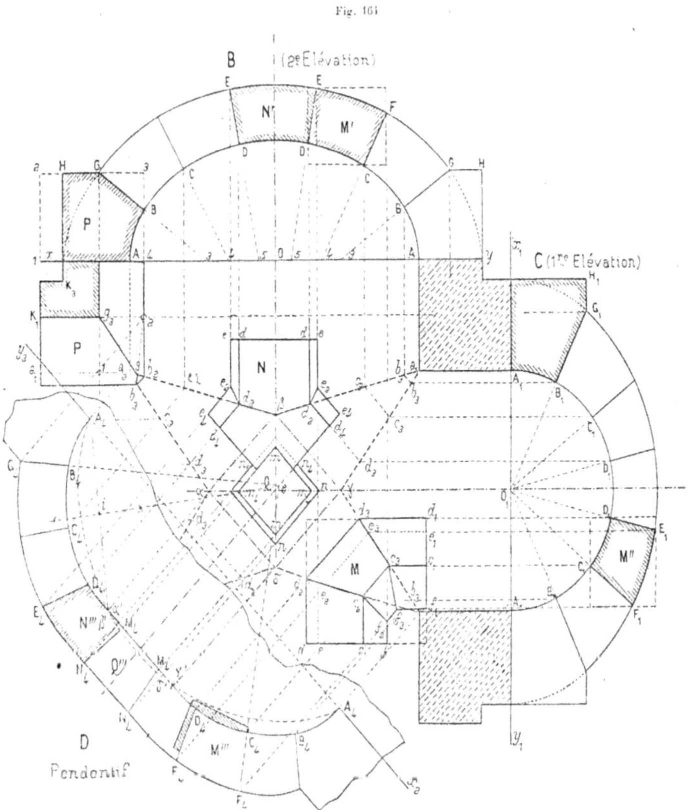

Fig. 164

pendentifs β a_1 γ — β a_2 α, etc. Au centre se trouve un espace carré α β γ δ qui restera horizontal et formera plafond, mais qui pourrait, à la rigueur, être percé par une ouverture.

On donne, en plus des sections droites B et C des deux berceaux principaux, une section droite (fig. D) du pendentif, c'est-à-dire une projection du pendentif sur un mur x_2 y_2 perpendiculaire à ses génératrices.

Cette section droite se compose donc (fig. D) de deux quarts d'ellipse A_4 D_4 α' et A_4 D_4 γ' réunis par une partie droite α' γ'. On ne peut pas l'appareiller normalement, car la partie plate α' β', serait formée de voussoirs qui tomberaient. Mais alors nous faisons passer un cercle fictif A_4 α' γ' A_4 par les points de naissance A_4 A_4 et par les sommets α' et γ' du plafond et les lits sont formés par des plans tels que D_4 E_4 — M_4 N_4, etc., qui convergent au centre, 0, de cet arc de cercle.

Les points d'extrados $E_4 N_4 F_4$..... des pendentifs sont pris, sur les normales à ce cercle fictif, aux mêmes hauteurs que les points d'extrados correspondants des berceaux principaux.

Dès lors toutes les intersections des plans de lit s'obtiennent comme dans les épures précédentes.

Il est inutile d'insister ; la clef Q aura, comme dans toute voûte plate composée, la forme d'un tronc de pyramide.

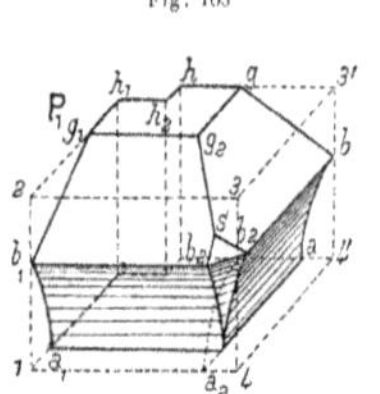

Fig. 165

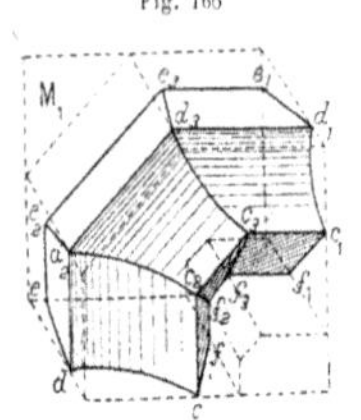

Fig. 166

La figure 165 montre, en perspective cavalière, le sommier P de la figure 164.

La figure 166 donne la perspective cavalière du troisième voussoir M M'.

Sur chacune de ces perspectives on voit, figuré en pointillé, le solide capable ; les panneaux de joint tels que $h g b a$..... (fig. 165), ou bien $e_1 d_1 c_1 f_1$..... (fig. 166) sont appliqués sur les faces voulues du solide capable et, en se servant de l'équerre, comme biveau, on fait apparaître les plans de lit et même les cylindres. On limite les plans de lit, surtout dans les angles rentrants où il serait dangereux d'aller trop loin, en se servant de panneaux de lit qui auront dû être cherchés, mais que notre épure n'indique pas ;

On limite les douelles cylindriques à l'aide de cartons flexibles taillés sur ces douelles développées. C'est ainsi (fig. 166) que les arcs d'ellipse $c_2 d_2$ et $c_3 d_3$ ont été obtenus ; ce qui permet, en les prenant à leur tour pour directrices, d'obtenir en $c_2 d_2 c_3 d_3$ la douelle cylindrique du pendentif.

De même le plan de lit $e_2 d_2 - e_3 d_3$ du pendentif a été obtenu en appliquant sur les deux plans de lit des berceaux principaux, obtenus à l'équerre, les panneaux de lit $e_1 d_1 e_3 d_3$ et $e d e_2 d_2$.

Nota. — La voûte indiquée plus haut, à la figure 150, sous le nom de *voûte d'arête avec pans coupés*, se traiterait exactement de la même manière. Son analogie avec le berceau coudé est plus frappante encore que pour la voûte que nous venons d'étudier.

§ 109. — **Voûtes en arc de cloître.**

La voûte en arc de cloître (fig. 167) est formée par la rencontre de deux berceaux, de même montée, dans lesquels on a conservé les portions de génératrices que l'on supprime dans la voûte d'arête.

Il résulte de cette combinaison que l'intrados offre deux arêtes rentrantes A C et B D. Nous avons fait remarquer plus

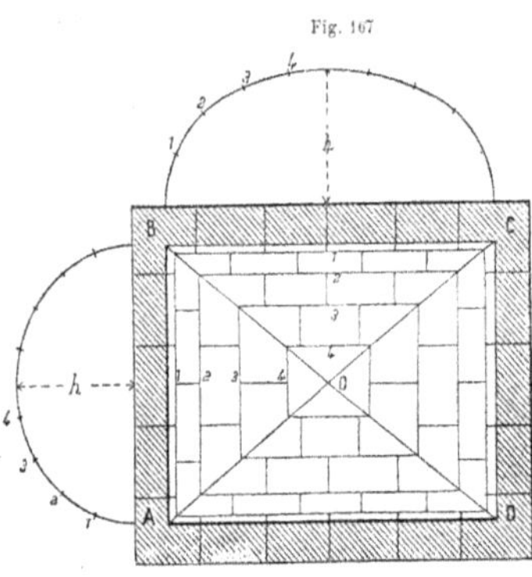

Fig. 167

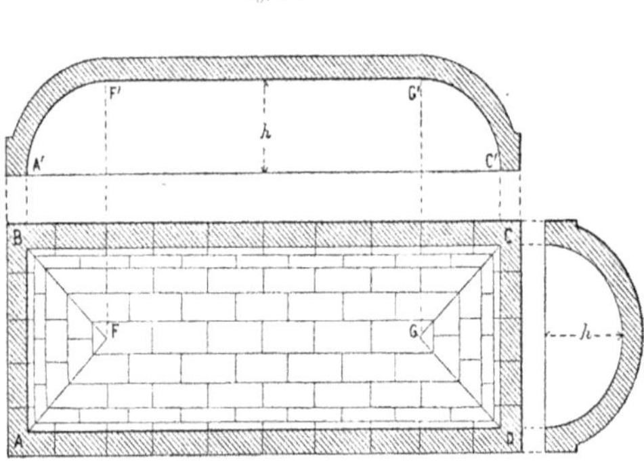

Fig. 168

haut que la voûte en arc de cloître demandait à être soutenue et contrebutée sur tout le périmètre de la salle qu'elle recouvre.

La division des intrados se fait comme pour la voûte d'arête et les lits normaux de l'un des berceaux se déduisent également des lits normaux de l'autre par des reports de hauteurs.

Quelquefois (fig. 168), les arêtes ne se rejoignent pas au centre ; cette disposition est souvent adoptée pour les salles longues. A chaque extrémité il y a deux arêtes C G, D G et B F, A F qui ne se prolongent pas au-delà de leur intersection et l'intervalle est couvert par un seul berceau.

Enfin, nous avons indiqué plus haut (fig. 151) la disposition de la voûte en arc de cloître avec plafond soit fermé, soit ouvert.

D. LUNETTE CYLINDRIQUE BIAISE

§ 110. — Epure d'ensemble.

On a vu (fig. 141) que la lunette cylindrique résultait de la pénétration de deux berceaux ayant même plan de naissance mais des montées différentes. Celle que nous étudierons est *biaise* parce que les génératrices d'un des berceaux ne sont pas perpendiculaires sur celles de l'autre.

Fig. 169

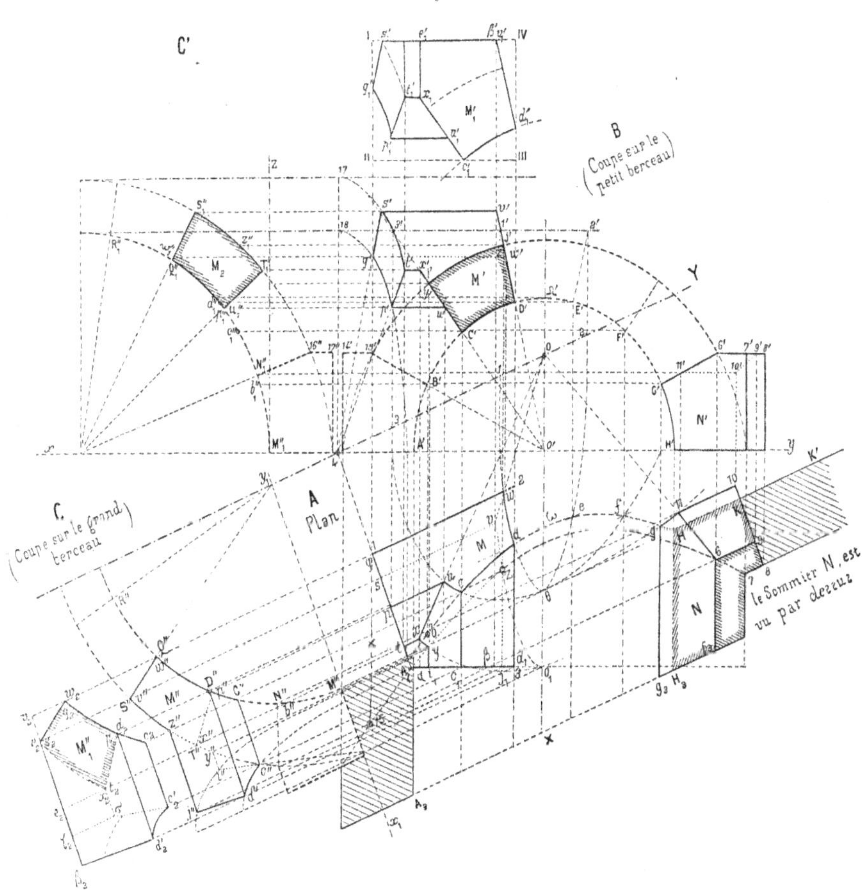

(*a*) DONNÉES (fig. 169). — Le plan (fig. A) indique en Y $o\,y_1$ l'axe du grand berceau, plein cintre, et en $o\,o_1$ X celui du petit berceau, également plein cintre. Les sections droites sont données, pour le grand berceau, sur la figure C, et pour le petit berceau, sur la figure B.

(*b*) APPAREIL. — L'intrados du petit berceau (fig. B) a été divisé en sept parties égales et celui du grand berceau (fig. C) en neuf parties égales.

Nota. — Il faut avoir soin que le premier point de division N″ (fig. C) du grand berceau se trouve à un niveau légèrement supérieur à celui du premier point B′ (fig. B) du petit berceau. S'il en est ainsi, les autres points de division du grand berceau seront, *a fortiori*, et de plus en plus, au-dessus de ceux du petit berceau.

Pour chaque voûte les plans de lit sont normaux aux intrados et contiennent par conséquent l'axe. Nous avons extradossé parallèlement.

(*c*) INTERSECTION DES SURFACES EN PRÉSENCE. — 1° *Les intrados.* — Ils se coupent suivant la courbe gauche A $b\,c\,d\,\omega\,f\,y$ H qui, en plan, est un arc d'hyperbole. Pour en obtenir un point, tel que $c\,C'$, on coupe par un plan horizontal auxiliaire passant par une génératrice du petit berceau. Ce plan donne, dans le grand cylindre, une génératrice auxiliaire, projetée en C″ sur la coupe (fig. C) et obtenue par un report de hauteur. L'intersection des deux génératrices donne le point c (fig. A).

Nota. — Sur les chantiers on reproduit (fig. C′) sur le plan de section droite du petit berceau, la coupe de l'autre cylindre. Sur cette coupe (fig. C′) la génératrice auxiliaire est projetée en c''_1. Dès lors on mesure, au compas, la distance entre c''_1 et la verticale M″₁ Z et reportant cette profondeur sur la figure A, en arrière de la ligne de naissance A H, on obtient facilement le point c sur la génératrice du petit berceau.

2° *Les extrados.* — Ils se coupent suivant la courbe 6, Z, 13, obtenue de la même manière. Ordinairement on ne la cherche pas.

3° *Les plans de lit du petit berceau.* — *Leurs intersections avec le grand intrados.* — Chaque plan de lit du petit berceau tel que $o'\,D'\,v'$ est prolongé et recoupe l'intrados du grand berceau suivant une ellipse qui n'est à conserver que depuis le point $d\,D'$ de l'arête, obtenu ci-dessus, jusqu'au point w (fig. A), w' (fig. B), w'' (fig. C) et w''_1 (fig. C′), où ce plan de lit rencontre la génératrice du grand berceau qui est immédiatement supérieure à celle du petit. Ce point w, w', w'' est obtenu exactement comme les points de l'arête.

Nota. — Sur le plan (fig. A), nous avons prolongé ces arcs d'ellipses dans leur partie inutile jusqu'au point o, où ils devraient, tous, rencontrer tangentiellement le contour apparent horizontal du grand berceau.

Les arcs d'ellipse utiles sont $d\,w$ pour le lit de dessus, et $c\,u$ pour le lit de pose. Les mêmes plans de lit recoupent le grand extrados suivant les arcs d'ellipse $r\,Z$ (caché) et $x\,y$ (vu).

4° *Intersections des plans de lit.* — Ce sont les droites $v\,w$ (saillante) et $x\,u$ (rentrante) qui joignent les points obtenus ci-dessus. Ces droites prolongées doivent passer par le point o où se croisent les axes des berceaux.

(*d*) PROJECTIONS D'UN VOUSSOIR COURANT. — Le voussoir M, M′, M″ est limité par deux plans de joint qui sont des sections droites de chaque berceau. On voit en M′ (fig. B) et en M″ (fig. C) ses projections sur les murs $x\,y$ et $x_1\,y_1$ dans le cas où les extrados sont courbes.

Si les voûtes étaient appareillées en tas de charge, alors la hauteur du point S′ le plus élevé dans le grand berceau déterminerait celle de tout le voussoir, lequel serait limité, à sa partie supérieure, par un plan horizontal. Dans ce cas il apparaîtrait comme cela est indiqué en M′₁ (fig. B) et M″₁ (fig. C). Il est à remarquer que dans un cas comme dans l'autre, le solide capable serait toujours déterminé en I, II, III, IV (fig. M′₁) ; il n'y a donc aucun intérêt à retailler, après coup, la pierre, pour faire apparaître des extrados sur chaque berceau. On perdrait de la pierre et on aurait à payer une main-d'œuvre inutile.

§ 111. — Taille d'un voussoir.

(*a*) PRÉPARATION. — Cette préparation comporte le développement (fig. 170) de la douelle d'intrados du petit berceau et la recherche des panneaux de lit correspondants. Il est inutile d'expliquer cette opération avec laquelle le lecteur a été familiarisé dans les épures précédentes. On voit en $d\,w$ et $c\,u$, les ellipses de section du grand intrados par les plans de lit, et en $z\,r$ et $y\,x$ celles d'extrados, moins importantes à déterminer avec précision.

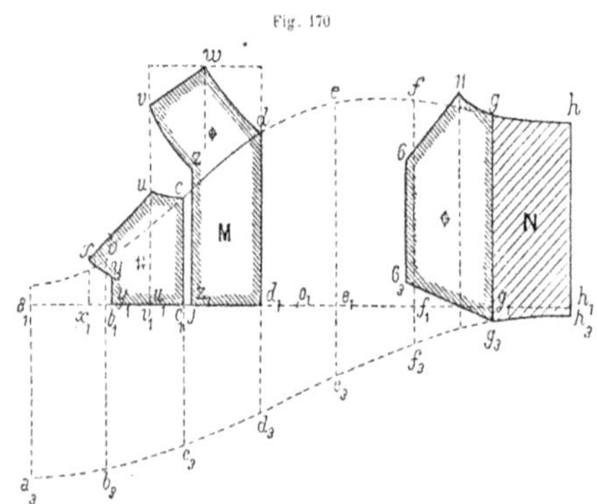

Fig. 170

(*b*) APPLICATION DU TRAIT. — Le solide capable est un prisme droit vertical, dont la base quadrilatère est prise (fig. 169, A), sur le plan, en 1, 2, 3, 4 et dont la hauteur est fournie en III, IV sur l'élévation (fig. B). On voit ce solide en perspective cavalière sur la figure 171. Le voussoir y est supposé en tas de charge, sans extrados courbes.

On commence (fig. 171) par abattre, à la volée, les plans de lit de dessus $d\,d_1\,\beta\,v$ et $q\,s\,v\,w$, ce qui se fait à l'équerre après avoir marqué sur les faces voulues du solide capable les lignes de plus grande pente $d_1\,\beta$ et $q\,s$ de ces plans.

Fig. 171

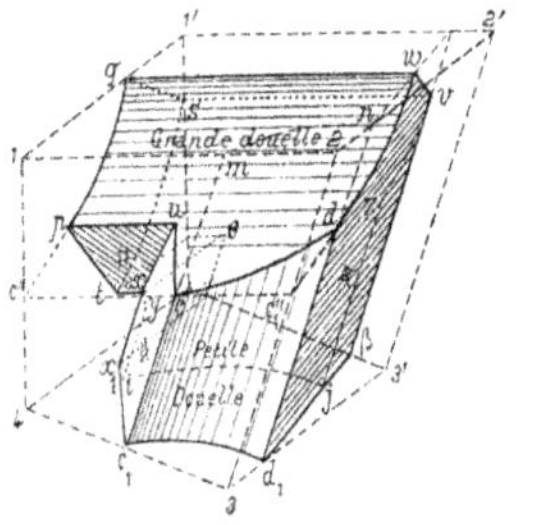

Sur le plan de lit $d\,d_1\,\beta\,v$ du petit berceau on applique le panneau $d\,d_1\,\beta\,v\,w$, ce qui va donner en $w\,d$ un arc d'ellipse, qui servira de directrice au grand intrados.

On commence la taille par le petit intrados. On a en $c_1\,d_1$ un arc de section droite, et on abat la pierre en se servant de l'équerre.

On pourrait, sur la face $1\,1' - 2\,2'$ du solide capable chercher en $m\,n$ l'ellipse de sortie de cet intrados ; ce qui serait plus précis. Une fois ce petit intrados taillé plus grand qu'il ne faut, on y applique le panneau $c\,d\,c_1\,d_1$ fourni (fig. 170) par le développement et on peut alors tailler le grand intrados ; car c'est un cylindre dont le contour est limité.

Enfin on termine par les plans de lit de pose qui forment en $x\,u$ un angle rentrant (1).

Le plan de lit $x_1\,c_1\,c\,u\,x$, du petit berceau se fait en premier, à l'équerre, en se guidant sur $x_1\,c_1$, mais il faut tailler avec précaution et présenter souvent le panneau donné en $x_1\,c_1\,c\,u\,x$ (fig. 170) par le développement, afin d'être sûr de ne pas dépasser l'arête rentrante $x\,u$.

On termine par le panneau de lit $p\,u\,t\,y$ du grand berceau, lequel est un plan déterminé par tout son contour.

(1) On aurait pu, et cela eût peut-être été préférable, commencer par tailler les lits de pose.

CHAPITRE XVI

VOUTES CONIQUES

A. PORTE CONIQUE BIAISE DANS UN MUR DROIT (fig. 172)

§ 113. — Epure.

(*a*) Données. — Un mur est limité par deux plans verticaux parallèles xy et $x_1 y_1$; une ouverture A M — $a'\, m'$ est à pratiquer dans ce mur ; seulement, la largeur, A M, sur un parement est plus grande que la largeur, $a'\, m'$, sur l'autre. Tel est le cas pour les embrasures de canon pratiquées dans les murs d'un fort.

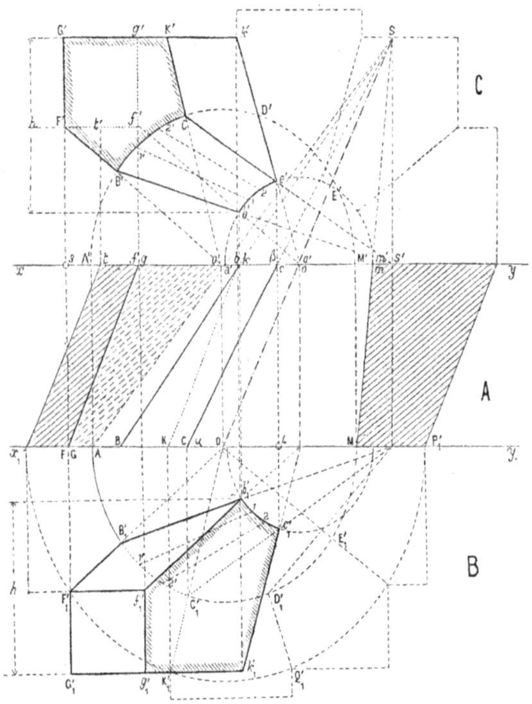

On se donne la courbe de tête A M, projetée sur la figure C, en A′ B′ C′... M′. Supposons ici que ce soit une demi-circonférence. On prendra pour couvrir le trapèze A a' M′ m' du plan (fig. A) un cône dont le sommet sera en S, au point de croisement des deux lignes de naissance A a' et M m' et dont la directrice sera le cercle de tête A B C... M — A′ B′ C′... M′. Ce sera donc un cône oblique, à base circulaire. L'autre mur de tête, xy, coupera ce cône suivant un autre cercle $a\, b\, c$.... $a'\, b'\, c'$.... facile à obtenir ; son centre est $o\, o'$ sur la droite O S — O′ S′ que nous nommerons le *diamètre* du cône (1). Si la droite S O — S′ O′ était perpendiculaire aux plans de tête, alors la porte serait droite et son intrados serait un cône de révolution ; S O — S′ O′ serait l'axe de ce cône.

(*b*) Appareil. — Le cercle de tête a été divisé en cinq parties égales.

Par les points A′ B′ C′ D′ E′ M′ on a mené des génératrices, et les surfaces de lit sont des plans passant par ces génératrices et par le diamètre S O — S′ O′ du cône. Mais il faut remarquer,

Fig. 172

---

(1) Le cône étant oblique, la droite O S — O′ S′ n'est pas un axe de symétrie, dans le sens rigoureux du mot. En réalité, c'est le diamètre des sections planes parallèles aux têtes.

dès maintenant, que ces plans de lit ne sont pas normaux au cône ; si le biais est peu prononcé, cela n'a qu'un faible inconvénient. Nous indiquerons plus loin comment il faudrait mener les lignes de lit B′ F″ — C′ K′..... sur la tête, pour que la normalité soit réalisée.

La figure C montre, en élévation, le deuxième voussoir de gauche, projeté en regardant du côté du grand cercle de tête. Ce même voussoir est projeté (fig. B), en le regardant du côté de la petite tête. Les lignes de lit sur les deux têtes, telles que C′ K′ et *c′ k′*, sont parallèles et divergent, la première du point O′ et la seconde du centre *o′*.

Latéralement le voussoir est limité par un plan F *f* (fig. A) parallèle au diamètre O S du cône ; on adopte cette disposition dans les voûtes coniques afin que les panneaux de lit soient terminés latéralement par des droites F *f* — F′ *f′*, parallèles à ce diamètre, et, par conséquent, horizontales. A la partie supérieure, si l'appareil est en tas de charge, le voussoir est limité par un plan horizontal G′ K′ *k′*.

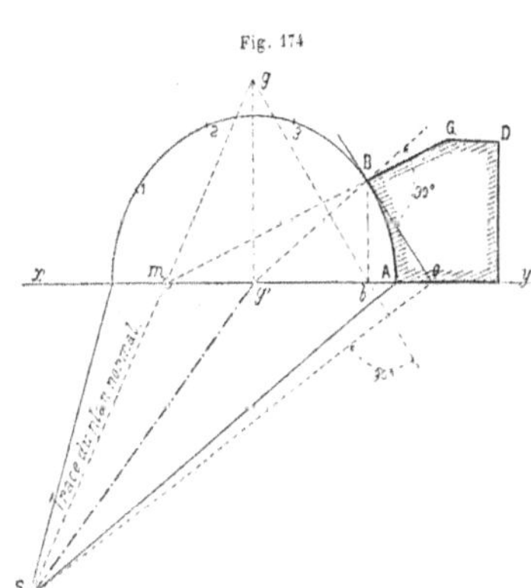

Fig. 173

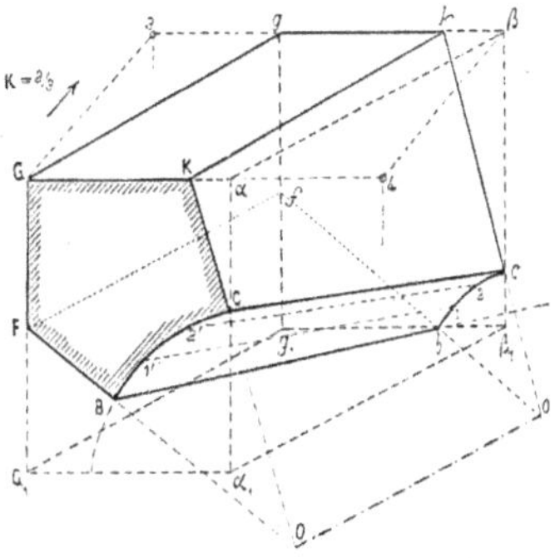

§ 113. — **Taille du voussoir.**

On emploie la méthode par équarrissement. Le solide capable est un prisme droit dont la base est un quadrilatère $\alpha\ \beta$ G *g*, relevé en projection horizontale (fig. A) et dont la hauteur, *h*, est prise sur une des élévations. La figure 173 le montre en perspective cavalière. Sur la face de tête, $\alpha\ \alpha_1$ G G_1 on applique le panneau B C K G F relevé sur la grande tête (fig. C) et sur la face arrière, le panneau de petite tête *b c k g f* relevé (fig. B), ce qui suffit pour permettre de tailler les plans de lit K C *k c*, et F B *f b*.

Pour tailler la douelle conique on se guidera sur les deux arcs de cercle B C et *b c* ; on les aura même divisés en parties égales aux points 1, 2, 3 et 1′, 2′, 3′, ce qui assurera la place d'un certain nombre de génératrices.

§ 114. — **Tracé des joints normaux dans la voûte précédente.**

Fig. 174

Reprenons (fig. 174) les données géométriques de l'épure précédente. Soit *b* B, un point du cercle de tête, et S, le sommet du cône. Le plan de lit devrait être, pour bien faire, normal à l'intrados. Il suffirait, pour qu'il en fût ainsi, qu'il contînt une normale, c'est-à-dire une perpendiculaire au plan tangent, au point *b* B par exemple.

Or le plan tangent en *b* B a pour trace verticale la tangente B θ, au cercle de tête. Sa trace horizontale est S θ. La normale a pour projection les droites *b g* et B *g′* perpendiculaires respectivement aux traces S θ et B θ du plan tangent.

Dès lors, on prend en *g′ g* la trace horizontale de cette normale, on joint S *g*, et cette ligne est la trace horizontale du plan normal, laquelle rencontre en *m*, la ligne de terre. On joint *m* B et l'on a ainsi la trace verticale du plan normal. Telle devrait être la véritable ligne de lit sur le plan de tête. On voit qu'elle diffère notablement du rayon *g′* B.

B. LUNETTE CYLINDRO-CONIQUE, OU PORTE CONIQUE BIAISE, DANS UN MUR EN TALUS, RACHETANT UN BERCEAU CYLINDRIQUE

§ 115. — **Epure** (fig. 175).

(*a*) PRÉLIMINAIRES. — Dans cet exemple nous emploierons un cône de révolution ; par conséquent, en faisant passer tous les plans de lit par l'axe, nous satisferons à la condition de normalité ; seulement, nous ne serons plus maîtres de choisir, à notre gré, la courbe de tête, et nous serons forcés d'accepter l'ellipse, d'une forme plus ou moins satisfaisante, que nous donnera l'intersection du cône par le plan de tête.

(*b*) Donńees. — La figure 175, A, donne en plan la trace horizontale x_2 y_2 du mur de tête et en m t la trace, c'est-à-dire la génératrice de naissance du berceau, laquelle est parallèle à x_2 y_2. La figure B montre, en coupe, les sections droites du mur de tête (a' h') et celle du berceau qui est un cercle (r' q' v') dont le centre est en O′.

Il faut couvrir par un cône de révolution l'espace trapézoïdal compris (fig. A) entre les droites z m et F t. Ces lignes qui formeront les lignes de naissance de la porte, ne sont pas également inclinées sur l'axe du berceau ; c'est ce qui fait que la porte conique sera biaise. Pour définir le cône, prenons en S F et en S A, sur les lignes de naissance, deux longueurs égales ; joignons F A, cela nous donnera la trace d'un plan vertical dans lequel nous tracerons une demi-circonférence, qui sera prise pour directrice ou section droite du cône. On voit (fig. D) en x_1 y_1 la projection, vraie grandeur, de cette demi-circonférence. L'axe du cône est la perpendiculaire S O′$_1$ qui passe par le milieu de F A.

Remarquons immédiatement que sur la projection (fig. D) tous les plans méridiens du cône, lesquels seront aussi les plans de lit normaux, se projetteront, avec tout ce qu'ils contiennent, et particulièrement avec les normales au cône, suivant des droites telles que o'_1 d'_1 i'_1 — o'_1 r'_1 k'_1, etc. Dès lors toutes les données sont prises.

(*b*) Appareil et intersection des surfaces en présence. — Divisons la section droite du cône (fig. D) en cinq parties (1), aux points B′$_1$ C′$_1$ D′$_1$ .... projetés horizontalement en B C D.....

Par reports de hauteurs, cherchons sur la figure B en A′ B′ C′ D′ les projections des différents points de la section droite, points que nous pourrions réunir par une ellipse dont F′ A′ serait le petit axe et u' l'extrémité du grand axe. Cela nous permet d'obtenir (fig. A) en S A — S B — S C, etc., et (fig. B) en S′A′ — S′B′ — S′C′..... les projections des génératrices.

Or, comme sur la figure B, le mur de tête est projeté tout entier suivant sa ligne de plus grande pente F′ h' tandis que le berceau est projeté suivant sa section droite circulaire, nous obtenons immédiatement en b' c' d'..... avec le mur et en r' q'..... avec le berceau, des points des intersections.

Par des lignes de rappel nous obtenons en b c d..... et en r q..... ces points en projection horizontale ; enfin d'autres lignes de rappel, avec vérifications par des reports de hauteurs, nous donnent ces mêmes points sur l'élévation en section droite (fig. D).

(*c*) Détails géométriques. — L'intersection avec le mur de tête est une ellipse a, b, c, d..... qui doit être tangente en a et F aux génératrices de naissance qui sont les lignes de contour apparent du cône en projection horizontale.

Avec le cylindre l'intersection m n p q r t est une courbe gauche, dans l'espace, mais qui est projetée suivant une conique (ici un arc d'hyperbole) ; en m et t, aux naissances, il y a un point d'arrêt et la courbe n'est tangente à aucun des contours apparents.

La tangente en un point b, ou m, s'obtient, comme toujours, par l'intersection du plan tangent au cône, dont la trace horizontale est S θ, soit avec le plan sécant, dont la trace est x_2 y_2, soit avec le plan tangent au cylindre dont la trace verticale est r' φ' et dont la trace horizontale est φ' φ.

(*d*) Délimitation des voussoirs ; sections par les plans de lit. — En avant, le plan de tête forme la limite du voussoir. Du côté de l'intrados du cylindre, la douelle cylindrique q p j v (fig. A) est limitée à une génératrice j v du cylindre, laquelle est projetée sur la figure B en un seul point j' v' et sur la figure D en j'_1 v'_1. En arrière, c'est-à-dire dans l'épaisseur du berceau cylindrique, le voussoir est limité par un plan de lit v' u' (fig. B) normal à l'intrados de ce berceau. Latéralement il est arrêté à un plan vertical 2, 3 (fig. A) parallèle à l'axe du cône. Enfin, en dessus et en dessous, il est limité par les plans de lit du cône, savoir : pour le lit de dessus, le plan o'_1 q'_1 i'_1 (fig. D) et pour le lit de pose, le plan o'_1 r'_1 k'_1.

Ces deux plans de lit recoupent le cylindre suivant deux arcs d'ellipses π, q, j, 6 et π, p, r, 5, faciles à déterminer de la manière suivante :

Raisonnons pour un seul des deux, par exemple pour l'arc π, p, r, 5.

On a en r, sur l'arête gauche m n p q r t, déjà obtenue, son point de départ. Son point d'arrivée, r, est projeté (fig. B) en v' sur la génératrice du cylindre. On l'obtient en r'_1 (fig. D) en coupant le plan de lit o'_1 v'_1, qui sur cette figure est projeté tout entier en ligne droite, par une horizontale j'_1 v'_1 située à la hauteur du point v' de la figure B. Dès lors, ayant les deux projections verticales v'_1 et v', on en déduit le point v en plan (fig. A) par croisement des lignes de rappel.

Tout autre point intermédiaire, tel que 1, serait obtenu de la même manière.

Remarques. — 1° Ces ellipses prolongées doivent rencontrer la génératrice de naissance du berceau au point π où elle est rencontrée par l'axe du cône, et être tangente à cette génératrice, puisqu'elle est le contour apparent du cylindre.

2° Menons (fig. D) en 5′ 6′ une horizontale à la même hauteur que la génératrice la plus haute du cylindre ; si nous prolongeons le plan de lit jusqu'à cette droite, nous aurons en 5′ (fig. D) rappelé en 5 (fig. A) un point de l'ellipse à tan-

---

(1) Il est bon de prendre ces parties inégales et plus petites du côté F, où la section droite F A touche le mur ; de cette façon, on aura des chances pour que, sur l'ellipse de tête, les arcs qui répondent aux différents voussoirs soient, à peu près, égaux entre eux, comme longueur.

Fig. 175

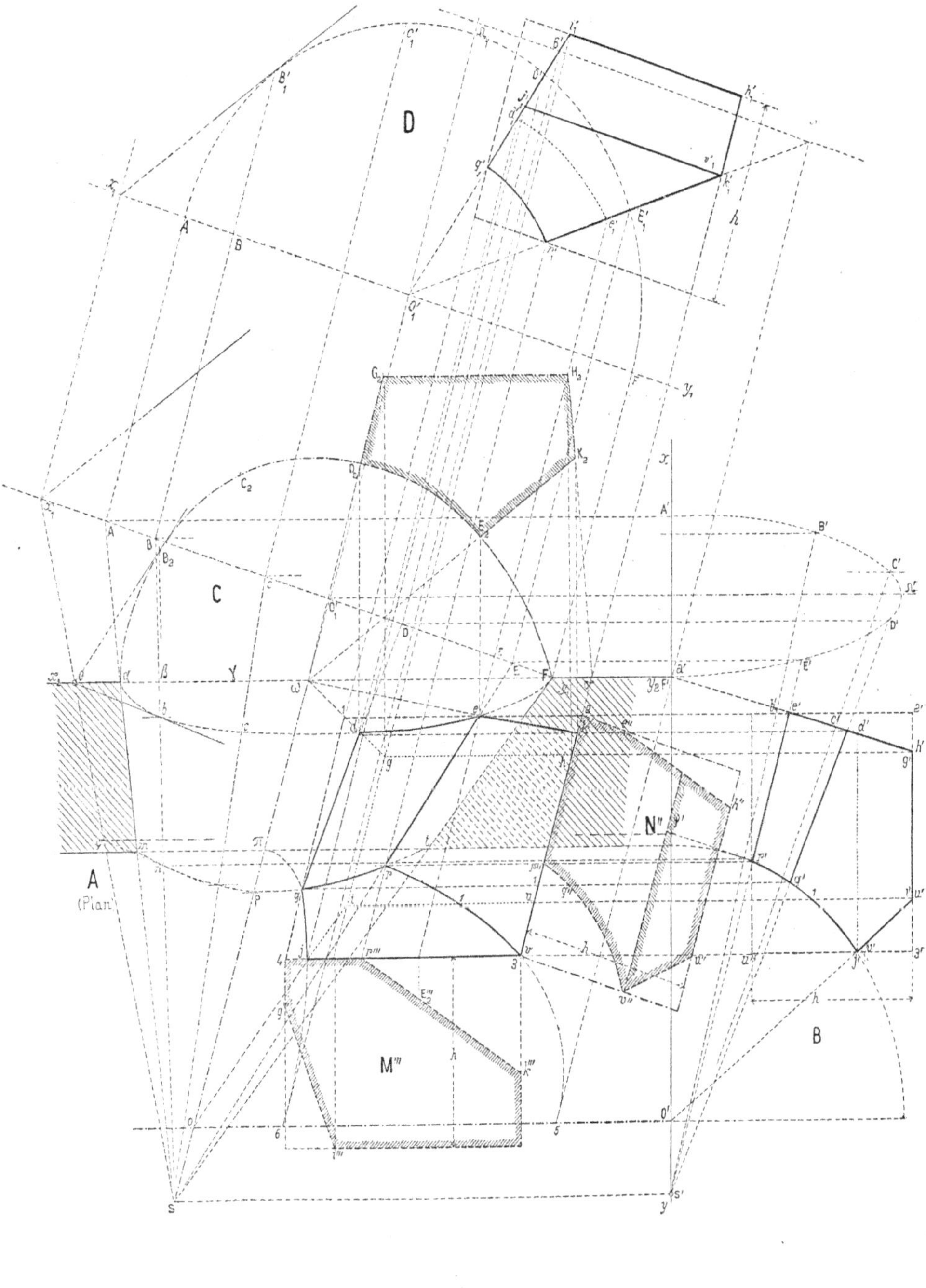

gente horizontale, c'est-à-dire parallèle à $o\,\pi$. Par conséquent, $o\,\pi$ et $o\,5$ seront deux demi-diamètres conjugués de cette ellipse.

(*e*) Rabattement du plan de tête. — On le rabat (fig. C) en le faisant tourner autour de $x_2\,y_2$ comme charnière. Les centres de rotation sont les points α, β.... sur la ligne de terre $x_2\,y_2$ et les rayons de rotation sont donnés, vraie grandeur (fig. B), en $F'\,b' - F'\,e' - F'\,c'$, etc...

Le panneau de tête du voussoir que nous étudions est donné, vraie grandeur, en $D_2\,E_2\,K_2\,H_2\,G_2$.

§ 116. — Taille d'un voussoir.

On emploie la méthode par équarrissement. Le solide capable est un prisme droit dont la base est le parallélogramme 1, 2, 3, 4 (fig. A) et dont la hauteur h est donnée sur une quelconque des élévations.

Supposons ce solide bien préparé. On peut alors procéder de deux manières :

1re *Manière.* — On cherche (fig. M‴) la sortie des plans de lit du cône sur sa face arrière 4, 3, et sur sa face avant 1, 2. Ces panneaux de sortie sont les mêmes sur chaque face.

Les droites $r'''\,k'''$ et $q'''\,i'''$, qui sont les intersections des plans de lit avec ces faces, sont obtenues en reportant en rk''' et $4\,q'''$ les hauteurs des points k et q.

Dès lors on peut abattre la pierre entre les lignes de chaque face et faire apparaître les plans de lit.

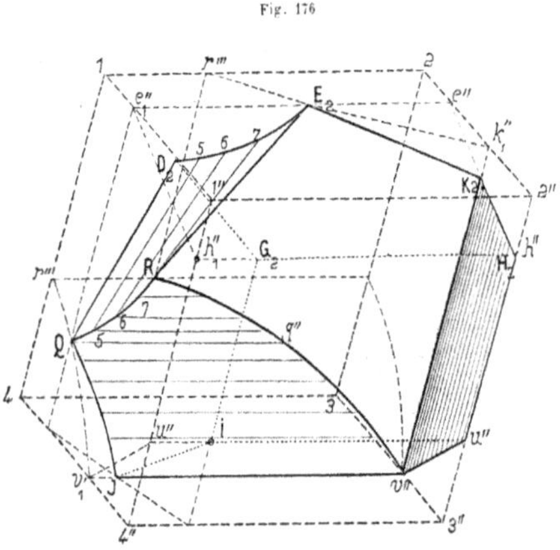

Fig. 176

Cela fait, on cherche, comme à l'ordinaire, la vraie grandeur des panneaux de lit du cône et (fig. 176, en perspective) on les applique en $R\,E_2\,K_2\,r''$ pour le lit de pose et $G_2\,I\,J\,Q\,D_2$ pour le lit de dessus. Cela permet d'abattre le plan de tête $E_2\,K_2\,H_2\,G_2$ dont on possède deux directrices $E_2\,K_2$ et $D_2\,G_2$.

Quant au cylindre, on possède deux directrices $R\,v''$ et $Q\,J$ données par les panneaux, ce qui permet de le tailler jusqu'à la génératrice $Q\,q''$ du point Q.

Pour la portion qui reste $Q\,q''\,R$, on prolonge le cylindre jusqu'à la face de gauche 1, 4, 1″ 4″ du solide (voir le panneau en N″, fig. 175) et on peut, dès lors, la tailler en se servant de deux directrices.

Il ne reste plus qu'à faire apparaître la douelle conique $Q\,R\,D_2\,E_2$ et le lit du cylindre $J\,I\,v''\,u''$. Ce dernier est un plan dont nous avons déjà deux directrices $J\,r''$ et $J\,I$, donc il peut se tailler.

Pour avoir la douelle conique, on applique sur le plan de tête déjà abattu, le panneau de tête trouvé (fig. 175, C), ce qui donne en $D_2\,E_2$ une directrice du cône ; la seconde directrice du cône sera la courbe gauche d'intersection $Q\,R$, que fournirait un développement de la douelle du cylindre.

2e *Manière.* — 1° On cherche en N″ (fig. 175) la sortie, sur les faces latérales du solide capable, non seulement du plan de tête (*e″ h″*), mais encore du berceau (*r″ v″*) et du plan de lit (*v″ u″*) du berceau ; après quoi on abat la pierre entre ces lignes. A ce deuxième état le solide a donc la forme d'un prisme horizontal, dont la base est le contour mixtiligne N″ (fig. 175).

2° On cherche le développement de la douelle cylindrique $q\,r\,j\,v$ (notre épure n'indique pas ce développement), on l'applique sur le cylindre taillé et cela donne (fig. 176) en $Q\,J$ une directrice du panneau de lit de dessus, en $Q\,R$ une directrice du cône, et en $R\,v''$ une courbe appartenant au lit de pose.

3° Sur le plan de tête, déjà apparu, on applique le panneau de tête $D_2\,G_2\,E_2\,K_2\,H_2$ que l'on connaît, et, dès lors, toutes les surfaces qui restent à faire apparaître sont délimitées, ce qui suffit pour la taille.

On remarquera que cette seconde méthode dispense de chercher les panneaux de lit du cône.

C. VOUTE D'ARÉTE CYLINDRO-CONIQUE.

§ 117. — **Description de la voûte.** — **Considérations géométriques** (fig. 177).

Imaginons un berceau cylindrique d'axe O' O T, rencontré par une voûte conique d'axe S O ; le plus ordinairement, si tout en ayant même plan de naissance que le berceau et tout en étant de révolution, le cône a pour base un cercle vertical quelconque, son intersection avec le cylindre sera une courbe gauche quelconque, et l'ensemble des voûtes constituera soit une lunette cylindro-conique, soit une porte conique rachetant un berceau cylindrique. Nous avons étudié plus haut ce dernier cas.

Mais, si le cercle de base du cône a son rayon calculé de telle sorte que le cône et le cylindre aient un plan tangent commun S'Ω' (fig. 177) au-dessus des naissances, alors, comme par raison de symétrie ils en auront un second situé au-dessous des naissances, ils rentreront dans le cas de deux surfaces du second degré qui ont deux plans tangents communs et qui, par conséquent, se coupent suivant deux courbes planes A Ω α et A_2 Ω $α_2$.

Les données, pour arriver à ce résultat, sont faciles à prendre.

On se donne le rayon R du berceau ; en $a\,a$, on se donne le diamètre de la fenêtre à ouvrir ; soit $r = 0\,a$, son rayon. On porte sur l'élévation, en

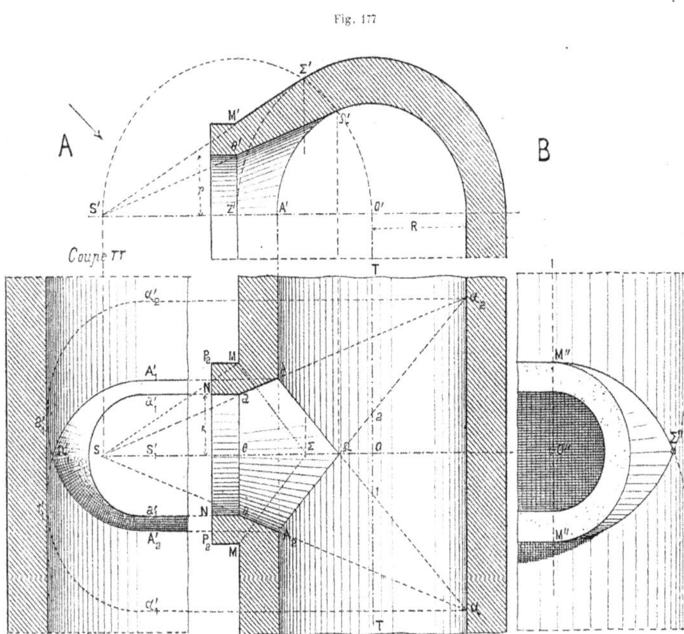

Z' 0', une hauteur égale à r ; on mène Ω' 0' tangent au cercle de base du berceau et on obtient en S', rappelé horizontalement en S, le sommet du cône. S a A et S a A' donneront les ébrasements de la fenêtre. On voit que l'inclinaison de ces faces d'ébrasement ne peut pas être choisie arbitrairement, mais qu'elle est une conséquence des données.

Si du même point S S', comme sommet, on mène un second cône d'extrados S' Σ' tangent au cylindre d'extrados du berceau, alors l'intersection des deux extrados sera, elle aussi, formée de deux courbes planes M Σ et M Σ.

La figure A donne une coupe faite dans l'axe du berceau. Les deux sections planes A α et A_2 $α_2$ y sont représentées par deux ellipses A'_1 $α'_1$ et A'_2 $α'$ qui se recoupent en Ω'₁ en donnant naissance à une ogive A'_2 ω'₁ A'_1 à branches elliptiques. Jamais ces ellipses de la coupe A ne peuvent être des arcs de cercles, parce que, jamais, les plans A α et A_2 $α_2$ ne peuvent être inclinés à 45° sur l'axe ; cela est facile à démontrer (1). On voit en B l'aspect extérieur de la voûte.

(1) Dans quelques édifices et notamment dans la crypte de l'église du Sacré-Cœur, en construction à Montmartre, on a pris comme données une ogive à branches circulaires, A'_1 B'_1 ω'₁..., en coupe ; il en est résulté que la courbe qui doit former l'arête est gauche, et non plus plane. On perd ainsi presque tout le bénéfice de la voûte d'arête cylindro-conique.

Fig. 178

D (Elévation de la tête conique)
C (Coupe sur le Cône)
B (Coupe sur le cylindre)
A (Plan)
Arête d'extrados
Arête d'intrados
Lit conique

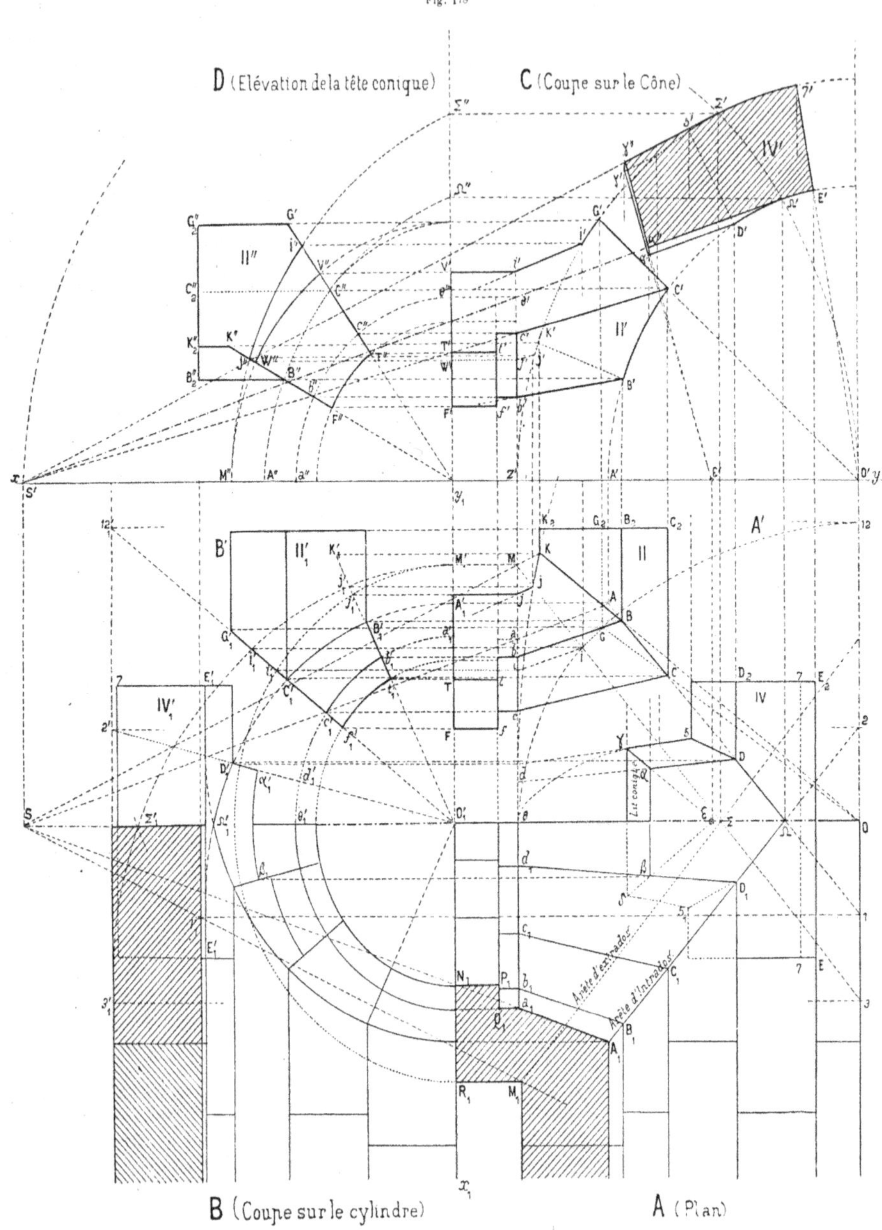

§ 118. — Epure de la voûte d'arête cylindro-conique.

(*a*) Données. — Les données sont les mêmes que sur la figure précédente, mais agrandies (fig. 178). La figure 178, A, donne le demi-plan vu par dessous avec l'indication de toutes les lignes de lit ou de joint. La figure A ' donne les projections horizontales d'un voussoir d'arête n° II et de la clef n° IV.

On voit en B et B′ les projections sur un plan de coupe passant par l'axe du berceau. En C, nous avons une coupe faite par l'axe du cône et, en D, une élévation de la tête conique, obtenue par rotation, mais faite en regardant de l'extérieur.

(*b*) Intersections. — L'arête d'intrados est projetée horizontalement suivant la droite $A \Omega$ et, en coupe, suivant l'ellipse $A'_1 \Omega'_1$ (fig. B′). Le voussoir étudié ne prend qu'une portion $B C - B' C' - B'_1 C'_1$ de cette arête.

Les plans de lit se coupent suivant des droites $B K$ et $C G$, qui convergent au point O, où les axes du cône et du cylindre se rencontrent.

Les deux extrados se coupent suivant la courbe pleine $M \Sigma$, projetée en coupe (fig. B′) suivant l'ellipse $M'_1 J'_1 \Sigma'_1$.

Sur cette même figure B′, les plans de lit du cône se projettent suivant les lignes droites $O'_1 G'_1$ et $O'_1 K_1$. Le lit de dessus coupe en $I'_1 - I - I'$ l'arête d'extrados et donne sur l'extrados du cylindre une section elliptique θ, I, G, 12, dont la seule portion I G est à conserver. De même, le lit de pose du cône coupe l'extrados du berceau suivant l'arc d'ellipse $J K - J' K' - J'_1 K'_1$.

Dès lors le voussoir est complètement déterminé.

(*c*) Taille du voussoir. — On fera bien d'employer la méthode par équarrissement. Le solide capable est un prisme horizontal dont la section droite est le polygone mixtiligne, contour de la projection B′ et dont la profondeur est donnée par la projection horizontale (fig. A′).

On cherche (ce que notre épure ne donne pas) la vraie grandeur des panneaux de lit du cône et, les appliquant sur les plans $f'_1 G'_1$ et $t'_1 K'_1$, on en déduit, dans la pierre, la place des lignes d'intersection des plans de lit $B K$ et $C G$. Comme d'autre part sur la face $C_2 K_2$ (fig. A′) du solide capable on aura pu appliquer le panneau $C' G' K' B'$ (de la fig. C), les plans de lit du cylindre seront faciles à tailler.

La douelle cylindrique se taillera, à l'équerre, en se guidant sur la courbe $C' B'$. On peut l'enlever à la volée.

La douelle cylindrique $B_2 C_2 B C$ aura été développée et son enroulement sur le cylindre qui vient d'être taillé fera connaître l'arête elliptique B C dans la pierre, laquelle servira de première directrice au cône.

De même le cercle $b c$, de base du cône, sera facile à obtenir et par conséquent ce cône, étant défini par deux directrices, pourra se tailler.

On pourrait aussi, comme dans la voûte d'arête cylindrique (§ 105), employer la méthode directe. On substituerait les douelles plates aux douelles courbes ; on chercherait le biveau de leur angle dièdre, et, à l'aide d'une série d'autres biveaux, on obtiendrait successivement les plans de lit et les plans de tête. Les extrados s'obtiennent, en dernier, par un travail qui n'a pas besoin d'être aussi soigné.

(*d*) Voussoir de clef (n° I V — I V′). Notre épure suffit à faire comprendre la projection de la clef. On remarquera que la surface de joint, engendrée par la normale au cône $\varepsilon \gamma - \varepsilon' \gamma'$, quand cette normale tourne autour de l'axe de ce cône, est, elle-même, un autre cône de révolution. C'est le cône des normales. Nous verrons plus loin (berceaux tournants) que dans les voûtes dont l'intrados affecte la forme d'une surface de révolution, les surfaces de lit sont des cônes, lieux des normales menées à l'intrados aux différents points d'un même parallèle.

Nota. — Nous étudierons encore, au chapitre suivant (trompes et arrière-voussures), deux exemples de voûtes coniques.

CHAPITRE XVII

§ 119. — Généralités.

Les *trompes* sont des voûtes qui servent ordinairement à supporter des encorbellements, c'est-à-dire des parties en saillie sur les murs. Les trompes ont été très employées par les architectes de la renaissance. Elles demandent, pour être solides, à être construites avec des matériaux de grandes dimensions, surtout pour les pierres qui constituent les assises inférieures ; autrement l'ensemble de la construction pourrait basculer. Il faut aussi, pour éviter la bascule, que les pierres soient chargées en queue.

Nous étudierons deux trompes cylindriques (fig. 180 et 182) et deux trompes coniques (fig. 184 et 187).

Les arrière-voussures servent à couvrir l'espace compris entre les faces d'ébrasement d'une porte ou d'une fenêtre.

A. TROMPE CYLINDRIQUE SUR PAN COUPÉ

§ 120. — Description (fig. 179, en perspective).

Deux murs *a* P et *f* Q situés à l'angle d'une rue, sont reliés à rez-de-chaussée par un pan coupé, *a f*, afin de faciliter la circulation. Mais, aux étages, on ne veut pas perdre la place prise par le pan coupé ; il faut donc que l'angle S Z soit soutenu en encorbellement. A cet effet, dans le mur *a* P, on prend une courbe A S, ordinairement un arc de cercle, pour directrice d'un cylindre dont les génératrices horizontales seront parallèles à la trace horizontale *a f* du pan coupé. Ce cylindre est coupé par l'autre mur *f* Q suivant une courbe F S ordinairement différente de la courbe prise dans le premier mur. L'angle S Z des étages supérieurs sera supporté par ce cylindre.

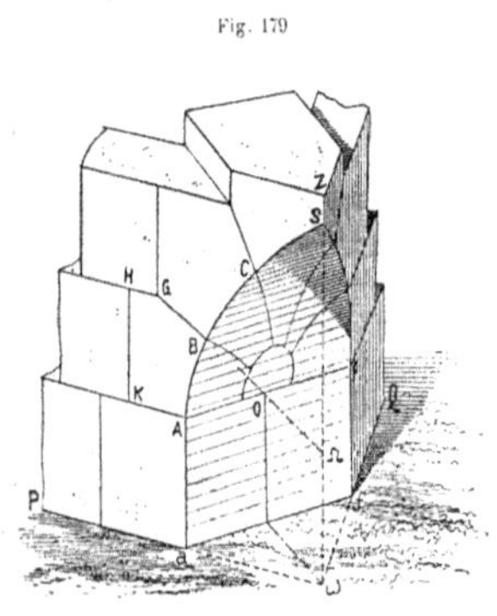

Fig. 179

§ 121. — Epure (fig. 180).

(*a*) Données. — La figure A donne le plan. La *trompe* est biaise parce que les deux longueurs de mur tronquées Ω A et Ω F ne sont pas égales.

On prend le milieu O du pan coupé A F, et on choisit en *x y*, le plan vertical de projection perpendiculaire à la médiane Ω O du triangle de pan coupé

Nous rabattons (fig. C) parallèlement au plan vertical, la face Ω H du mur de gauche et nous donnons en A′₃ B′₃ C′₃ Ω′₃ la directrice du cylindre en vraie grandeur.

Nous ramenons, nous menons en B E, B′ E′ — C D, C′ D′..... les génératrices du cylindre et nous obtenons en Ω′ D′ E′ F′..... rabattue (fig. D) en F′₂ E′₂ D′₂...... la section du cylindre par le parement du second mur, celui de droite.

(*b*) Appareil. — Par les points de division B′ C′ D′ E′, sur l'élévation (fig. B) nous faisons passer des plans de lit contenant tous la droite Ω O. Le reste de l'appareil se comprend facilement.

(*c*) Trompillon. — Si l'on continuait les voussoirs jusqu'à l'axe O Ω, ils finiraient par y avoir une épaisseur trop faible et seraient fragiles. C'est pourquoi on les arrête à une pierre *b′ c′ d′ e′ f′* que l'on nomme un *trompillon* et à laquelle, dans le cas actuel, on donne la forme d'un petit cylindre, à génératrices horizontales, ayant le centre $a'\,b'\,c'\,f'$ pour base.

On détermine, comme à l'ordinaire, l'intersection de ce cylindre de trompillon avec le cylindre de la trompe, et l'on obtient une courbe gauche dont la projection horizontale $a\,b\,c\,d\,e\,f$ est un arc d'hyperbole (voir lunette cylindrique).

Fig. 180

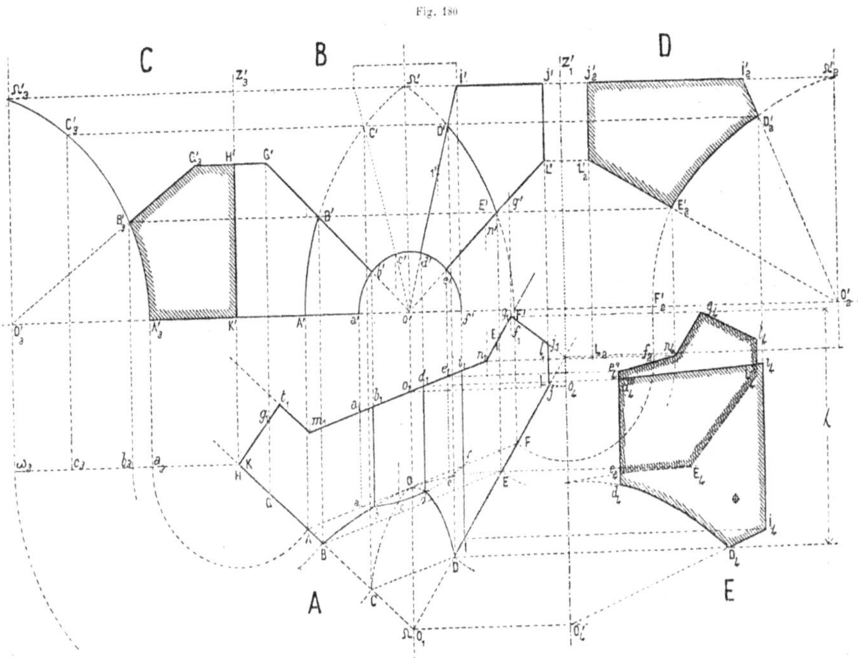

(d) INTERSECTION DES PLANS DE LIT ET DE L'INTRADOS. — Les plans de lit tels que O′ L′ et O′ I′ recoupent le grand cylindre d'intrados de la trompe suivant des arcs d'ellipse $o\,e$ E et $o\,d$ D, qui, prolongés, iraient tous passer par le point o, et y seraient tangents à la droite A F.

(e) TAILLE D'UN VOUSSOIR (même figure 180). — Le solide capable est un prisme droit horizontal dont la base est le polygone mixtiligne $d'\,e'$ L.′ J′ I′ d', projection verticale du voussoir, et dont la profondeur est donnée en λ (fig. E). On cherche les rabattements des panneaux de lit. On voit (fig. E) en $d_4\,d''_4\,i_4\,l_4\,D_4$ le panneau de dessus, et en $e_4\,e''_4\,n_4\,q_4\,l_4\,L_4$ E le panneau de dessous.

On applique les panneaux sur les plans de lit d' l′ et e' L.′ (fig. B) du solide capable, ce qui donne une partie des contours des douelles ou des plans à tailler.

Le plan supérieur I′ J′ a son panneau fourni (fig. A) en I $i_1\,n_1\,q_1\,l_1$ L, ce qui permet de tailler, à l'équerre, les parements des murs verticaux, tels que I J, J l_1, $l_1\,q_1$, $q_1\,n_1$ et $n_1\,i_1$ (fig. A). La douelle cylindrique de la trompe se creuse en dernier, après avoir appliqué sur le parement de mur I J, qui vient d'être mis en évidence par cette taille à l'équerre, le panneau, vraie grandeur, fourni par le rabattement (fig. D).

On voit en effet que la douelle cylindrique est limitée, à gauche, par l'ellipse d D — d' D′, qu'a donnée le panneau de lit de dessus, et à droite en partie par l'ellipse e E — e' D′ du panneau de dessous et en partie par l'ellipse D E — D′ E′ fournie par le panneau de parement (fig. D). Si donc on a eu le soin, en préparant tous ces panneaux, de numéroter par les mêmes chiffres les points situés aux mêmes niveaux, on aura tous les éléments nécessaires pour obtenir autant de génératrices que l'on voudra du cylindre de la trompe.

B. TROMPE CYLINDRIQUE SUPPORTANT UNE TOUR RONDE (1)

§ 122. — **Description** (fig. 181, en perspective).

Sur un mur, M N — mn, on veut établir une saillie circulaire $fdcb$ pour supporter soit un pavillon cylindrique en tour ronde, soit un balcon.

A cet effet l'axe vertical I Z, de la tour, est pris un peu en dedans du parement M N du mur, de telle sorte qu'il n'y a qu'un arc de cercle fb, et non pas un demi-cercle complet, qui fait saillie en dehors.

Du côté de la partie inférieure, le cylindre de la tour est limité par une courbe gauche F E D C B A qui n'est autre chose que son intersection avec un autre cylindre, à génératrices horizontales et perpendiculaires au mur M N.

Enfin l'encorbellement, c'est-à-dire la trompe proprement dite, est formée par un cylindre horizontal dont les génératrices parallèles à la ligne E A relient deux à deux les points de la courbe gauche situés d'un côté à ceux qui sont situés de l'autre.

On appareille comme dans le cas précédent et les voussoirs sont limités à un trompillon cylindrique O.

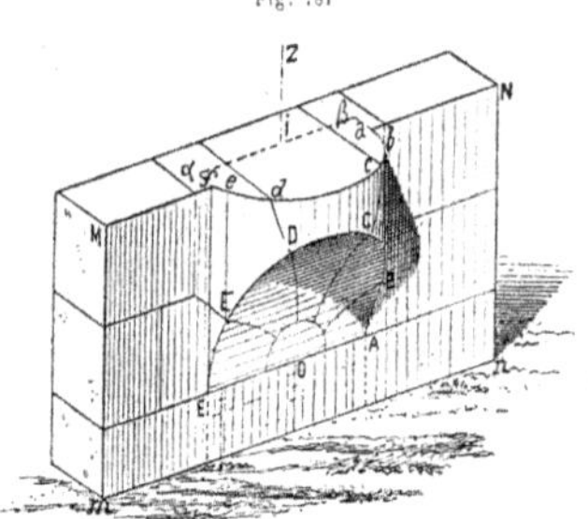

Fig. 181

§ 123. — **Épure.**

(*a*) Données (fig. 182). — Le plan est donné (fig. 182, A). L'axe de la tour est en o, et son diamètre est $\alpha\beta$. La portion F C G B A du demi-cercle, qui aurait $\alpha\beta$ pour diamètre, fait, seule, saillie en dehors du mur.

En élévation (fig. B), la courbe gauche qui limite inférieurement la trompe a pour projection verticale le demi-cercle F' E' C' B' A', décrit sur la corde F' A' comme diamètre (et non pas sur $\alpha\beta$).

La figure C donne en $b'_2 B'_2 C'_2$ la projection de cette courbe gauche sur un plan de profil. On démontrerait facilement, comme nous l'avons fait pour la lunette cylindrique, que cette courbe est un arc d'hyperbole équilatère (2). Cette hyperbole est prise comme base du cylindre à génératrices horizontales qui forme l'intrados de la trompe.

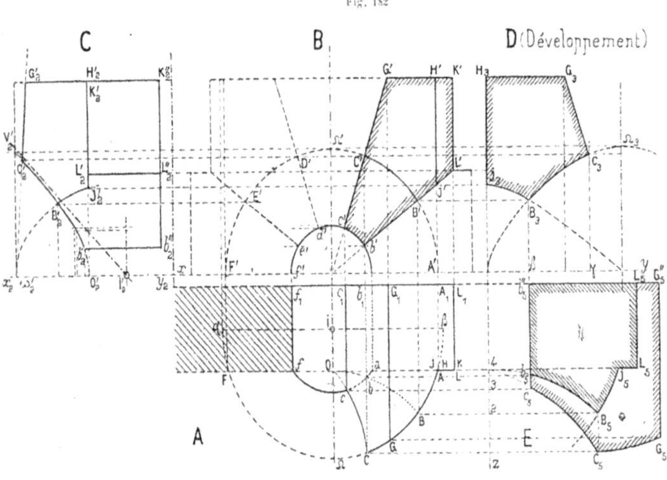

Fig. 182

---

(1) On voit un exemple remarquable de cette trompe à l'extrémité de l'abside de l'église Saint-Sulpice, à Paris.

(2) Si le cercle F' Ω' A' (fig. B) avait été décrit avec le même diamètre, $\alpha\beta$, que la tour, au lieu d'une hyperbole, sur la figure C, on aurait eu une ligne droite inclinée à 45°, ce qui aurait donné un mauvais profil pour l'encorbellement.

(*b*) Appareil. — Le demi-cercle F′ A′ est divisé en un nombre impair de parties égales, et on appareille comme on ferait pour une porte. Les voussoirs sont limités, du côté du centre *o*′, à un trompillon dont la courbe de base *a*′ *b*′ *c*′ *d*′..... est une réduction homothétique de la courbe A′ B′ C′ D′..... C'est donc, ici, un demi-cercle.

(*c*) Intersections et préparation de la taille. — Si l'on considère un plan de lit, le lit de pose *b*′ B′ L′, par exemple, il donne les intersections suivantes :

1° En *b* B — *b*′ B′, une hyperbole, intersection de ce plan avec le cylindre hyperbolique d'intrados de la trompe ;

2° En B J — B′ J′, un arc d'ellipse, intersection avec le cylindre de la tour ;

3° En J L — J′ L′, une ligne droite, intersection avec le parement du mur.

On voit ce panneau de lit de pose rabattu (fig. E), en *b*″₃ *b*₃ B₃ J₃ L₃ L″₃. Le lit de dessus est rabattu, à côté, sur la même figure.

Enfin, sur la figure D, on a fait le développement du cylindre extérieur de la tour. B₃ C₃ est la transformée de la courbe gauche, B₃ J₃ et C₃ G₃ sont les transformées des sections de ce cylindre par les plans de lit ; ce sont donc des arcs de sinusoïdes. Tout est prêt pour la taille.

(*d*) Taille d'un voussoir (même figure 182).

Le solide capable est un prisme droit dont la base est prise en élévation (fig. B) suivant le polygone mixtiligne *c*′ *b*′ L′ K′ G′ et dont la profondeur est donnée par la projection horizontale. On a soin de prendre le lit de carrière de la pierre à peu près parallèle au lit de pose *b*′ L′.

Sur le plan supérieur G′ K′ on applique le panneau donné en G G₁ L K J sur la projection horizontale et cela permet de tailler, à l'équerre, les parties verticales G A (cylindrique) et A K (plane). Sur le cylindre G A on applique le panneau flexible donné (fig. D) par le développement et cela donne la portion B C — B′ C′ de la directrice gauche du cylindre.

Les panneaux de lit fournis par les rabattements (fig. E), et appliqués sur les plans de lit correspondants, achèvent de délimiter le contour de la douelle de trompe *c*′ C′ B′ *b*′, ce qui permet de la creuser, comme dans l'exemple précédent.

C. TROMPE CONIQUE SUR L'ANGLE

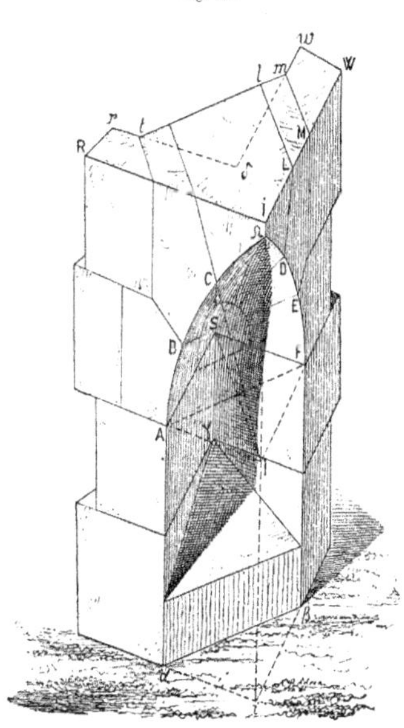

§ 124. — Description et épure.

(*a*) Données. — Deux murs (fig. 183, perspective) sont réunis par un pan coupé α ϐ ; mais on veut, comme à la figure 179, supprimer le pan coupé aux étages supérieurs. Nous supposons ici les murs à angle droit l'un sur l'autre. On mène en A S et S F deux horizontales respectivement parallèles aux murs, et on prend ces lignes pour génératrices méridiennes d'un cône de révolution dont le sommet sera le point S.

L'axe de ce cône est donc la bissectrice S I de l'angle A S F. Ce cône supportera l'encorbellement. Il sera recoupé par les parements des murs suivant deux courbes A B C Ω et F E D Ω ; et il est facile de voir que S A ayant été pris parallèle au mur F Ω W, il en résulte que ce dernier est parallèle au plan tangent au cône tout le long de cette génératrice S A et que, par conséquent, la courbe Ω D F est un arc de parabole. Il en est de même de la courbe A B C Ω, et ces deux paraboles sont égales.

On appareille le cône comme à l'ordinaire par des plans méridiens passant par son axe S I, et au sommet on place un trompillon cylindro-conique (fig. 185).

(*b*) Épure. — La figure 184 représente complètement le trompillon M M′ et un voussoir.

En D, on a donné les rabattements des deux panneaux de lit. On remarquera que le trompillon est limité sur l'intrados du cône au petit cercle *g h*..... *g*′ *h*′.

On pourrait lui donner comme dans les deux autres trompes une forme exactement cylindrique ; mais l'angle *h g h₃* serait trop

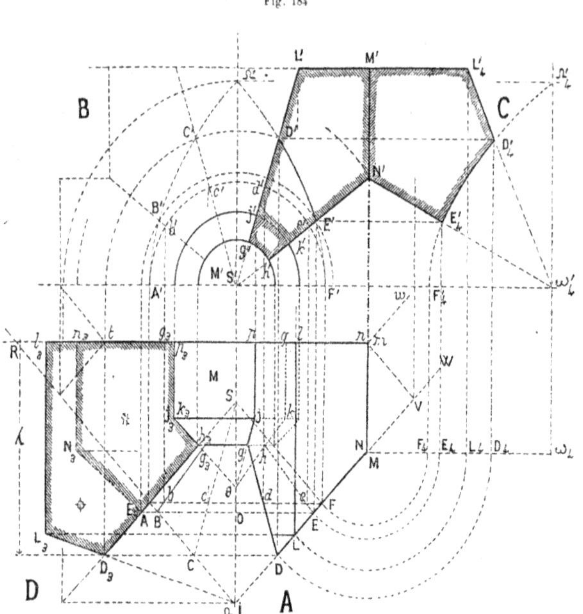

Fig. 184

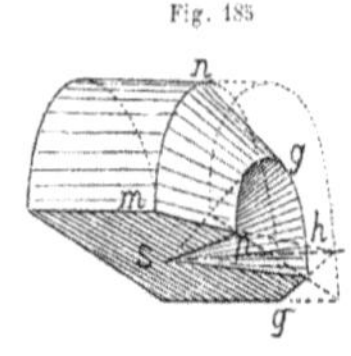

Fig. 185

aigu, une fois surtout que la cavité conique du trompillon serait creusée ; c'est pourquoi on fait porter les voussoirs sur le trompillon par l'intermédiaire du cône $\theta\,g\,j - \theta\,g\,k$, lieu des normales menées à l'intrados par les divers points du cercle limite $g\,h$..... Ce cône des normales constitue ce que nous nommerons la portée des voussoirs sur le *trompillon*.

La figure C donne, par une rotation en $E'_4\,D'_4\,L'_4$..... la vraie grandeur du panneau de tête sur le mur D M.

Dès lors tout est prêt pour la taille, laquelle se fera comme dans les exemples précédents.

D. TROMPE CONIQUE BIAISE DANS UN MUR EN TALUS

§ 125. — **Description** (fig. 186, perspective).

Dans un mur en talus P Q P' Q' existe une cavité triangulaire M N T — A S B que l'on veut couvrir.

A cet effet on prend pour intrados un cône de révolution dont l'axe est la bissectrice S O de l'angle A S B et dont S A et S B sont deux génératrices méridiennes.

Si les droites A S et S B sont égales, l'axe S O du cône est perpendiculaire sur les horizontales A B..... du mur et l'on dit que la trompe est *droite*.

Si S A n'est pas égale à S B, alors la trompe est biaise.

Le trompillon a pour ligne de portée d'intrados, *m n*, une courbe qui est la section faite dans le cône par un plan parallèle au mur de tête ; ce sera donc une ellipse et la surface de portée sera la surface gauche, lieu des normales à l'intrados menées par les points de la courbe *m n* (1).

Nota. — Cette voûte est d'un emploi très rare. Nous en étudierons cependant complètement l'épure, parce qu'elle nous présente un exemple de surface de lit gauche.

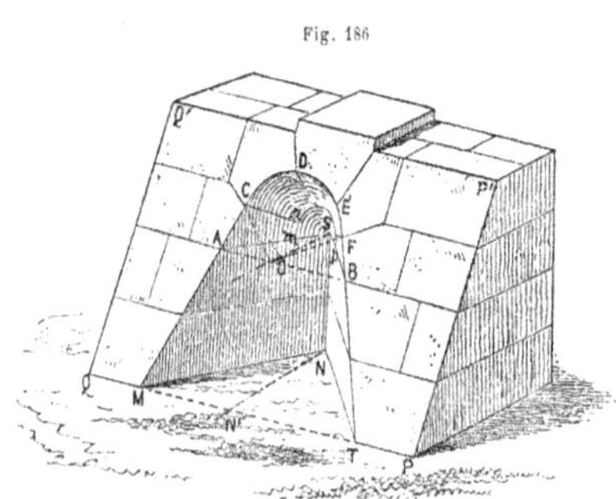

Fig. 186

(1) Ces surfaces se nomment des *normalies*. Ordinairement elles sont gauches ; elles seraient développables si la courbe *m n* était une ligne de courbure de l'intrados.

§ 126. — Épure.

(*a*) Données (fig. 187). — On voit en B′₁ *a* B (fig. A) la trace horizontale du mur de tête ; son fruit est indiqué (fig. C) par une projection latérale faite sur un plan vertical de projection $x_1 y_1$ perpendiculaire au mur de tête.

La cavité triangulaire à couvrir est *a* S B (fig. A). Pour déterminer le cône qui la couvrira on prend sur les génératrices de naissance une longueur S A égale à S B, on joint A B et l'axe du cône est S O, perpendiculaire sur A B et, par suite, bissectrice de l'angle A S B.

Par la droite A B on fait passer un plan vertical dans lequel on trace une demi-circonférence, ayant A B pour diamètre et qui est prise pour base, ou section droite (idéale), du cône de révolution, qui doit former l'intrados.

On prend en X Y (fig. B) un second plan vertical de projection, perpendiculaire sur l'axe S O et, sur ce mur, la section droite se projette, vraie grandeur, en B′ C′ D′ E′ F′ A′.

Remarquons, comme nous l'avons déjà fait pour les voûtes coniques étudiées ci-dessus, que, sur cette élévation, en section droite X Y (fig. B), tous les plans de lit du cône, toutes les génératrices et, même, toutes les normales se projetteront suivant des droites S′ C′ — S′ D′, etc., issues du point S′.

(*b*) Appareil et section de tête. — La section droite (fig. B) est divisée en un nombre impair de parties égales ou inégales, aux points C′C — D′D — E′E..... et on figure en *n′ s′ q′*.... le contour, en tas de charge, de chaque voussoir. On mène les génératrices S C — S′C′, S D — S′ D′, etc. On obtient, par reports de hauteurs, sur la projection latérale (fig. C) les projections S′₁ C′₁ — S′₁ D′₁, etc., de ces génératrices ; on prend leurs intersections avec la trace verticale du plan de tête et on en déduit, en *c′₁ d′₁ e′₁ f′₁* .... rappelés en *c d e f*. ... sur les génératrices, en plan (fig. A), les points de la courbe de tête. Il ne reste plus qu'à joindre ces points par une ellipse. Enfin, comme nous l'avons fait pour la lunette cylindro-conique (§ 118), on cherche en C₂ D₂ E₂ F₂ .... (fig. D) la vraie grandeur des panneaux de tête. Le voussoir est limité latéralement (fig. A) par un plan vertical 3, 4, parallèle à l'axe du cône.

Étudions d'abord le trompillon.

§ 127. — Trompillon.

(*a*) Courbe de portée. — A une distance suffisante du sommet nous coupons le cône par un plan *b″ a″ — a″₁ g″₁* parallèle au plan de tête, et nous obtenons, exactement de la même manière que pour la courbe de tête, en *b″ c″ d″ e″* une ellipse que nous nommerons la *courbe de portée* du trompillon.

(*b*) Plan supérieur. — On limite le trompillon, à sa partie supérieure, par un plan horizontal mené (fig. C) à une hauteur *h*, suffisante pour bien dégager la courbe de portée. Sur la figure B (section droite) ce plan supérieur apparaît en *w′ n′*.

(*c*) Plans latéraux. — Les plans *t r* et *u w*, qui limitent latéralement le trompillon (fig. T), sont verticaux et parallèles à l'axe ; pour éviter d'avoir à recreuser suivant des angles rentrants les voussoirs de la voûte qui porteraient sur les arêtes latérales *n r* et *v w* du trompillon, on fait en sorte que ces plans latéraux (fig. B) passent précisément par les droites *n r — n′ r′* et *w n — w′ v′*... parallèles à l'axe, droites suivant lesquelles le premier plan de lit S′ C′ et l'avant-dernier S′ F′ recoupent le plan supérieur du trompillon.

(*d*) Plan-arrière. — A l'arrière de la pierre, le trompillon est limité par un plan vertical *r w*, parallèle à B B′₁.

(*e*) Surface normale de portée. -- L'ellipse de portée *a″b″c″d″*..... projetée en section droite (fig. B), suivant *a″b″c″d″*..... est prise comme directrice d'une série de normales menées au cône d'intrados par tous ses points. Cette surface gauche constitue donc ce que l'on nomme une *normalie*, dont nous allons chercher en *v i m n* (fig. A) l'intersection avec le plan supérieur du trompillon. Nous chercherons aussi en *t*, 1, N₃ (fig. T′) et en *u* V₆ (fig. T‴) les rabattements des courbes suivant lesquelles cette même normalie recoupe les faces latérales.

Raisonnons pour une seule normale ; par exemple pour celle qui passe par le point *d″* de la courbe de portée.

Il faut construire en *d″* la normale au cône d'intrados ; à cet effet, par un rabattement, autour de l'axe S O comme charnière, j'amène le point *d″* à se placer en D₄ sur la génératrice méridienne principale de gauche. La normale, dans cette position, est D₄ δ, perpendiculaire sur S D₄. Je la relève : Le point δ, sur l'axe, ne bouge pas ; elle est donc relevée en δ *d′*. Sur la section droite (fig. B) cette normale est projetée suivant la trace S′ *d′ m′* du plan méridien ; elle recoupe en *m′* le plan supérieur *n′ w′* ; et je rappelle *m′* (fig. B) en *m* (fig. T) sur la génératrice.

Nota. — On pourrait se servir de la projection latérale (fig. C) comme cela est indiqué pour la normale *f″ v*. A cet effet : *f″* est rabattu sur la méridienne S A ; on mène en ce point rabattu, la normale qui rencontre l'axe en φ qui sera fixe ; on le rappelle en φ′₁ sur la figure C. On joint φ′₁ *f′₁* et on obtient en *r″₁*, rappelé en *v*, le point cherché.

Les figures A et B indiquent aussi comment la construction se fait pour un point quelconque 1, et comment on obtient (fig. T′) en 1, un point courant de la courbe *t* N₃ rabattue.

(*f*) TAILLE DU TROMPILLON. — Le solide capable est un prisme droit, vertical, dont la base est l'hexagone irrégulier $w\,u\,a''\,b''\,t\,r$, pris (fig. T) en projection horizontale. Avec un biveau a''_1 (fig. C) glissant sur l'arête $a''\,b''$, on fait apparaître le plan de la courbe de portée, et, sur ce plan, une fois dressé, on applique le panneau de cette courbe. Pour l'obtenir on

Fig. 187

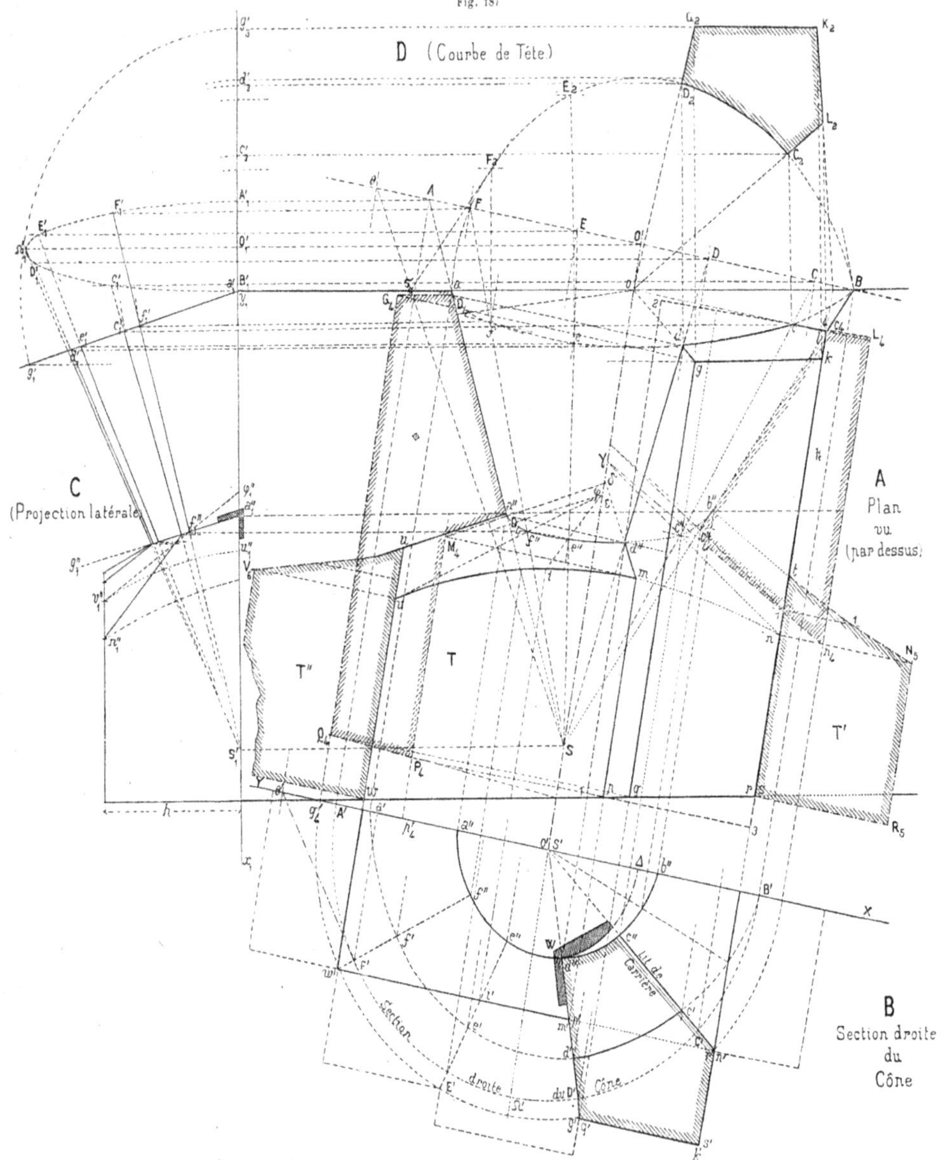

l'aura rabattu comme nous avons fait plus haut (fig. D) pour la courbe de tête. Notre épure n'indique pas ce rabattement. D'ailleurs l'ellipse ainsi obtenue serait semblable à l'ellipse de tête. On prend en $v\,n\,r\,w$ (fig. T) le panneau supérieur du trompillon et en T' et T" ses panneaux latéraux ; par conséquent nous possédons deux directrices de la surface gauche des normales, savoir : 1° l'ellipse de portée, et 2° les courbes $u\,r_6$ (fig. T"), v, i, m, n, (fig. T) et $t, 1, N_5$ (fig. T') ; nous aurons marqué, sur chacune, les points de départ et les points d'arrivée des génératrices ; cette surface peut donc se tailler.

La partie conique a'' S b'' se creuse en dernier.

§ 128. — Etude d'un voussoir courant (même figure 187).

(a) Projection et panneaux. — Par exception, sur l'épure, ce voussoir est supposé vu par dessus. On voit en $d\,c$ — $d''\,c''$ sa douelle conique d'intrados ; en $d''\,c''$ — $m\,n$, sa surface gauche de portée sur le trompillon et en $m\,n$ — $p\,r$, le plan par lequel, ce que l'on pourrait appeler, sa *crosse* repose sur le trompillon.

On cherche la vraie grandeur de ses panneaux de lit, en les rabattant autour de l'axe du cône comme charnière. Le lit de dessus est rabattu à gauche en D_4 G_4 Q_4 P_4 M_4 D_4. Le panneau de dessous a été rabattu à droite en C_4 L_4 n_4 C'_4.

(b) Taille. — Comme solide capable on prend un prisme à arêtes horizontales 1, 2, 3, 4, dont la section droite est le polygone mixtiligne $d''\,q'\,s'\,n'\,c''$ pris sur la figure B ; polygone que l'on a soin de prolonger jusqu'au biveau-cerce indiqué en W. La cerce circulaire de ce biveau n'est autre chose que la section droite du cône d'intrados qui passerait par le point $d''\,d''$ de la courbe de portée.

Sur les plans de lit S' q' et S' r', on applique les panneaux de lit obtenus ci-dessus ; sur le plan supérieur $q'\,k'$ du solide on applique le panneau $g\,k\,s\,q$ (donné fig. A) et dès lors le plan de tête est limité par des droites $d\,g$ — $g\,k$ — $c\,l$..... ce qui suffit pour le tailler.

Une fois dressé, on y applique le panneau de tête (fig. D) et cela donne une directrice elliptique $d\,c$, du cône d'intrados. Une seconde directrice, circulaire cette fois, sera donnée par le biveau W, placé au point $d''\,d''$. Dès lors le cône d'intrados peut être taillé. On aura fait le développement du cône d'intrados et on aura cherché la transformée de la courbe de portée $d''\,c''$. Un enroulement la mettra donc en place.

A la rigueur, ce développement est inutile, parce que d'après la manière même dont la courbe de portée $a''\,b''\,c''\,d''$.... est obtenue, il est évident que les génératrices S d, S c, etc., sont toutes partagées dans un même rapport par les points $d''\,c''$ de la courbe de portée ; il en résulte que la corde $d''\,c''$ et la corde $d\,c$ sont entre elles dans le même rapport constant et qu'il en sera de même pour toute autre corde. Cela permet de déduire des points de la courbe de tête $c\,d$, autant de points que l'on voudra de la courbe de portée situés sur les mêmes génératrices (1).

Dès lors on possède en $d''\,c''$ une directrice de la surface des normales.

On creusera la crosse, en arrière, en se guidant d'une part sur la droite $m\,p$, qu'a donnée le panneau de lit de dessus, et d'autre part sur la ligne $p'\,n'$ (fig. B) qui est une horizontale de hauteur connue facile à tracer sur la face arrière, $p\,r$, du solide capable. On fera donc apparaître le plan $m\,n\,r\,p$ dont le panneau est fourni par la projection A. Cela donne en $m\,n$ une seconde directrice de la surface des normales, qui peut, dès lors, être taillée.

E. ARRIÈRE-VOUSSURES

§ 129. — Description et définitions.

Les arrière-voussures sont des voûtes employées pour couvrir l'espace trapézoïdal A (fig. 188), compris entre le plan d'ébrasement c A d'une fenêtre, entre son plan de feuillure c Z et entre le parement intérieur A O W, dans le cas où la fenêtre est circulaire.

Cette voûte doit être combinée de telle sorte qu'elle permette à la menuiserie d'échapper lorsque l'on ouvre les battants cintrés de la fenêtre.

§ 130. — Arrière-voussure de Marseille (fig. 188).

(a) Données. — Le *tableau* de la fenêtre $d_1\,d_2$..... est couvert par un cylindre plein cintre. La *feuillure* $c_1\,c$ est couverte par un autre cylindre, d'un rayon un peu plus grand.

---

(1) Sur l'épure, ou a pour ce rapport $k = \dfrac{40}{83} = 0,48$. On prendra donc un point intermédiaire entre c et d. On mesurera sa distance au point d ; on multipliera cette distance par 0,48 ; on mènera la génératrice du cône, et, du point d'' comme centre, avec cette distance réduite, traçant un arc sur la douelle conique qui est taillée, on aura par recoupement avec la génératrice le point homologue de la courbe de portée.

On sait que la feuillure est destinée à loger le bâtis en bois sur lequel les battants de la fenêtre seront fixés à l'aide de charnières.

L'ébrasement c A, sera couvert par une surface gauche que nous allons définir.

Elle sera à trois directrices, savoir :

1re directrice. — Le demi-cercle de feuillure $c f Z — c' f' Z'$.

2e directrice. — Une courbe A′ B′ M′… ordinairement un arc de cercle de centre I′, tracé sur le parement intérieur du mur et que nous nommerons la *courbe de parement*. Cette directrice s'arrête en A′ et en M′ aux *arêtes d'ébrasement* A A′ et M M′ ; il faut donc la continuer, en ces points, par deux autres courbes A′ c′ et M′ Z′ tracées dans les plans d'ébrasement, et que nous nommerons les *courbes d'ébrasement* ; nous apprendrons tout à l'heure à les déterminer.

3e directrice. — L'axe du cylindre de tableau, c'est-à-dire la droite O O′ perpendiculaire au plan vertical de projection. La surface d'intrados sera donc engendrée par une droite assujettie à rencontrer ces trois directrices. En projection verticale (fig. B) ces génératrices divergeront toutes du point O′. Par

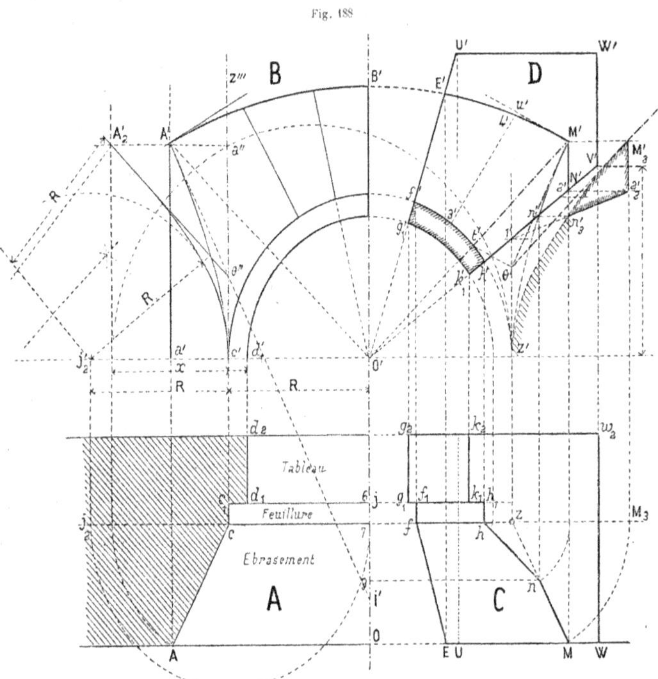

Fig. 188

exemple O′ f′ E′ est l'élévation d'une génératrice. On rappelle f′ en f sur le cercle de feuillure, E′ en E sur la courbe de parement, et la projection horizontale de la génératrice est f E.

On voit immédiatement, comme avantage, que la voûte étant appareillée comme une porte, et ayant ses plans de lit passant tous par l'axe O O′, il en résultera que les lignes de lit des voussoirs de l'arrière-voussure seront des droites.

(*b*) Changement de directrice. — Courbes d'ébrasement. — La courbe d'ébrasement M′ Z′ doit être tracée de telle sorte qu'elle satisfasse aux conditions suivantes :

1re condition (dite d'*échappement*). — Lorsque le battant de la fenêtre sera ouvert et rabattu sur l'ébrasement, son quart de cercle devra laisser la courbe d'ébrasement tout entière au-dessus de lui.

2e condition (dite d'*aspect*). — La surface gauche qui aura M′ Z′ pour deuxième directrice, devra se raccorder avec la surface gauche qui a A′ M′, également, pour deuxième directrice, tout le long de la génératrice O′ t′ M′ que nous nommerons la *génératrice de passage*.

On a vu en géométrie descriptive que pour que deux surfaces gauches se raccordent tout le long d'une génératrice, il suffit qu'elles aient trois plans tangents communs en trois points de cette génératrice. Or, puisque la seconde directrice, seule, change tandis que les deux autres sont conservées, il suffit qu'au point de passage, M ′, la surface que l'on quitte et celle que l'on prend, aient le même plan tangent. Cela revient à dire que la tangente M ′ θ ′, à la courbe d'ébrasement, doit être l'intersection du plan d'ébrasement Z M et du plan tangent en M ′, à la surface gauche dont M ′ B ′ est la directrice.

Or ce plan tangent en M ′ est défini par la génératrice M ′ t ′ et par la tangente M ′ u ′ au cercle de parement. Menons t ′ θ ′ parallèle à M ′ u ′ et nous aurons là ligne de front du plan tangent contenue dans le plan de feuillure. Cette ligne de front coupe en θ ′ la ligne de front z ′ z″ du plan d'ébrasement ; donc θ ′ M ′ est la tangente cherchée.

On ramène le plan d'ébrasement à être de front, par une rotation autour de z ′ z″ comme charnière. Le point M ′ vient en M′₃, le point θ ′ est fixe et la tangente se rabat en θ ′ M′₃.

On peut donc tracer la courbe d'ébrasement, vraie grandeur, en Z ′ n′₃ M′₃.

Pour qu'elle satisfasse à la première condition (d'échappement), il faut (voir la figure B) que si l'on rabat en J′₂ c′ R le quart de cercle du battant de la fenêtre, la courbe de feuillure c′ A′₂ passe au-dessus de ce cercle ; elle peut même être confondue avec lui sur une certaine étendue, et se continuer par un autre arc de cercle tangent en A′₂ à la tangente trouvée A′₂ θ″ (1).

On pourrait prendre pour courbe d'ébrasement un arc de parabole, ayant son sommet en c′ et tangent à la droite A′₂ θ″. Mais il faudrait alors que le point A′₂ — A′ soit assez élevé pour que le cercle de la fenêtre ait son rayon R au plus égal au cercle de courbure de la parabole à son sommet. Il est facile de voir que cela reviendrait à prendre la hauteur a′ A′ telle que l'on ait : $\overline{a'A'}{}^{2} = 2\,R\,x$, en appelant x la longueur c A de l'ébrasement.

Dans le cas de la parabole le point θ″ serait au milieu de la verticale c′ a″.

(c) Projection du voussoir d'angle. — Les figures C et D en montrent les deux projections. Les panneaux de lit sont limités sur tout leur contour par des lignes droites. La figure 190 en donne les rabattements en vraie grandeur ; la figure 191 montre le voussoir en perspective. Le panneau de lit de pose est donné (fig. 190) en V₅ g₅ g₆ f₆ f₄ n₅ N₄ V₄. La ligne f₄ n₅ est une génératrice de la surface gauche ; n₅ N₄ est l'intersection du plan de lit et du plan d'ébrasement.

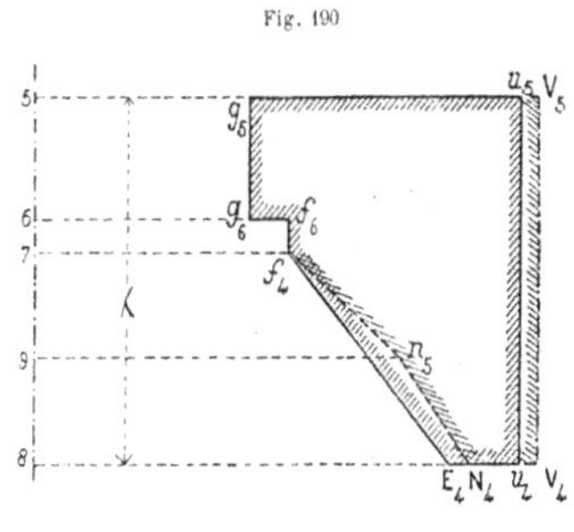

Fig. 190

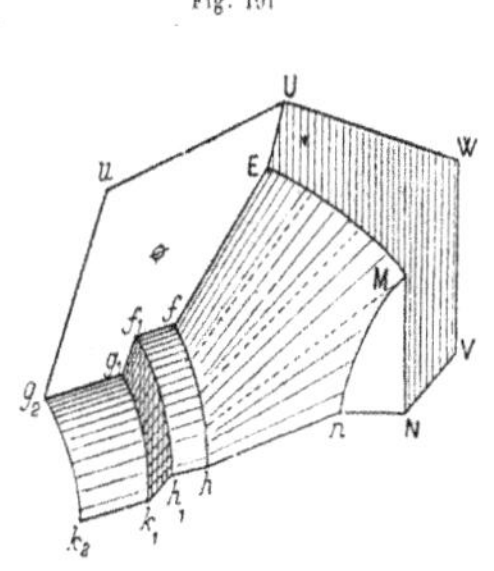

Fig. 191

(d) Taille du voussoir. — Le solide capable est un prisme dont la base est la projection verticale du voussoir (fig. 188, D). On dessine sur l'intrados g′₁ k′₁ la douelle du cylindre de tableau, ce qui donne l'arc de cercle g₁ h₁ ; à l'équerre, on creuse, en prenant ce cercle pour directrice, une cavité telle que l'on puisse (fig. 191) y appliquer le trapèze curviligne f₁ h₁ k₁ g₁. A l'équerre également, on fait apparaître le cylindre de feuillure f₁ f h h₁ et le cercle de feuillure f h est ainsi obtenu ; ce qui donne une première directrice de la surface gauche.

Sur le plan de parement intérieur E M..... on applique le panneau donné (fig. 188, D) en E′ M′ N′ V′ ..... ce qui fournit en E M (fig. 191) une partie de la seconde directrice.

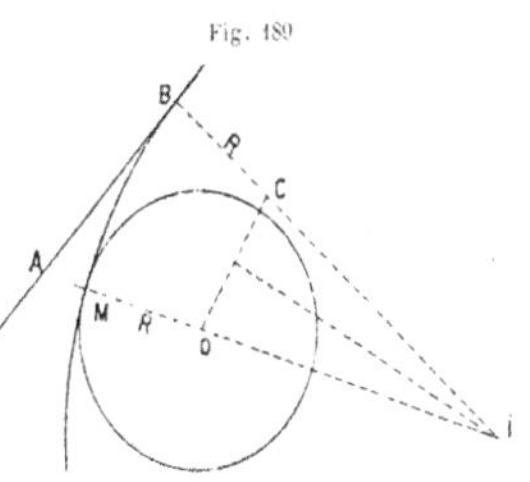

Fig. 189

Le plan d'ébrasement peut être préparé, car on a deux droites de ce plan ; l'une est M N, l'autre a été donnée en N n par le panneau de lit de pose. On creusera donc la pierre, mais avec précaution, et en présentant le panneau d'ébrasement donné (fig. 188, D) en n′₃ M′ 2′₃. La courbe d'ébrasement n M (fig. 191) complète ainsi la seconde directrice de la surface gauche. Le reste de la taille est facile à imaginer.

(1) Cela revient à résoudre le problème suivant (fig. 189) : construire une circonférence B M, tangente à un cercle de centre O, et touchant une droite donnée A B, en un point donné B.

Solution. — Soit R le rayon du cercle donné O. On mène B C perpendiculaire sur A B et on prend $\overline{B\,C} = R$. On joint O C et on mène la perpendiculaire au milieu de cette droite. Le point I où elle rencontre la droite B C prolongée est le centre de la circonférence demandée.

§ 131. — **Arrière-voussure de Montpellier.**

C'est le même problème que ci-dessus : seulement l'arc de cercle A′ B′ M′, de parement, de la figure 188, est remplacé par une ligne droite horizontale, qu'il faut avoir le soin de placer à une hauteur suffisante.

§ 132. — **Arrière-voussure de Marseille altérée.**

On se donne comme ci-dessus : 1° l'arc de cercle de parement A′ B′ M′ ; 2° la droite qui joint le point le plus haut B′ de cet arc, au point le plus haut du cercle de feuillure ; c'est la première directrice ; 3° deux courbes égales, M′ Z′ et A′ C′, tracées dans les plans d'ébrasement et choisies de telle sorte que les vantaux de la fenêtre puissent échapper ; ce sont les deux autres directrices.

Cela posé, la surface d'intrados de l'arrière-voussure est engendrée par un arc de cercle qui obéit aux conditions suivantes :

1° Son plan est toujours vertical et parallèle au plan de parement.

2° Il rencontre toujours les trois directrices dont deux sont dans les plans d'ébrasement. En réalité, chacun de ces cercles de front est déterminé par trois points. Cette surface est donc complètement définie ; il faut bien remarquer qu'elle est courbe et non pas gauche et que, par conséquent, les lignes de lit ne seront pas droites.

CHAPITRE XVIII

VOUTES DE RÉVOLUTION

A. BERCEAUX TOURNANTS

§ 133. — **Voûte annulaire.**

(*a*) DÉFINITIONS ET DONNÉES. — On appelle *berceaux tournants* les voûtes dont les intrados sont des surfaces de révolution. Soit $O O' Z'$ (fig. 192) l'axe de la surface, et $A' B' C' D' \ldots H'$ la courbe méridienne qui, en tournant autour de l'axe, engendrera la voûte.

(*b*) APPAREIL. — Nous divisons la courbe méridienne en un nombre impair de parties égales aux points $B' C' D' \ldots$; par ces points nous menons les normales $B' J' - C' L' - E' M'$, etc., et nous achevons de tracer le contour $B' J' K' L' C'$ d'un voussoir comme nous le ferions pour un berceau cylindrique qui aurait cette méridienne pour courbe de section droite.

Si, maintenant, nous faisons tourner toutes ces lignes autour de l'axe, elles engendreront toutes les surfaces qui doivent limiter le voussoir ; ainsi :

L'arc de méridienne $B' C'$ engendrera la douelle du berceau tournant. La normale $B' J'$ engendrera un cône, dont le sommet est ω', sur l'axe, et qui sera le *cône de lit de pose*. La normale $C' L'$ engendrera le *cône de lit de dessus*. La droite horizontale $K' L'$ engendrera le *plan supérieur* et la verticale $K' J'$ engendrera le *cylindre extérieur*.

Les assises auront donc la forme de couronnes annulaires limitées par ces différentes surfaces. Dans une même assise les pierres seront limitées par des plans méridiens tels que $c_2 k_2$ et $c_1 k_1$ qui constitueront les *surfaces de joint*. Dans une même assise les voussoirs pourront avoir, tous, la même longueur, et, par conséquent, être tous égaux entre eux.

§ 134. — **Taille d'un voussoir** (fig. 192).

(*a*) POSITION SYMÉTRIQUE A LUI FAIRE PRENDRE. — Les voussoirs d'une même assise étant tous égaux entre eux, on en étudiera un seul que l'on amènera (fig. M) à occuper une position de symétrie par rapport au méridien principal $O V$; c'est-à-dire que les méridiens de joint $o j_1$ et $o j_2$ seront symétriques par rapport au méridien principal.

Dans ces conditions le voussoir (fig. M') se projette verticalement de telle sorte que ses méridiens de joint $c_1 j_1$ et $c_2 j_2$ (fig. A) aient une seule et même projection verticale $c'_1 b'_1 \ldots$ (fig. B).

Cela fait, on adopte deux procédés de taille suivant que le voussoir occupe une position (M M') voisine des naissances ou une autre (Q' Q), voisine de la clef.

(*b*) VOUSSOIR VOISIN DES NAISSANCES. — Le solide capable est un prisme vertical droit dont la base horizontale est le contour mixtiligne $c_1 k_1 k_2 c_2$ (fig. A) et dont la hauteur, h, est prise en élévation. Ce solide préalable est donc en réalité une couronne cylindrique.

Sur le plan supérieur on applique le panneau $l_1 l_2 k_1 k_2$ (fig. M) et cela donne en $l_2 l_1$ une directrice du cône de lit supérieur.

Sur la partie cylindrique concave, avec une règle flexible placée à la hauteur δ (fig. M'), on trace un cercle $c_1 c_2 - c'_1 C' c'_1$ et cela donne une seconde directrice de ce cône, lequel peut, dès lors, être taillé en joignant par des droites des points qui diviseraient en parties égales les deux cercles directeurs.

De même, le panneau curviligne $b_2 c_2 - b_1 c_1$ appliqué sur la base inférieure du cylindre capable donne en $b_2 b_1$ une directrice du cône de lit de pose, tandis qu'une règle flexible appliquée sur le cylindre extérieur à la hauteur ε (fig. M') en donne une autre. Les deux cônes de lit sont donc prêts à être taillés.

Pour avoir la douelle d'intrados : 1° on construit un *biveau-cerce* suivant le profil $L' C' B'$; 2° guidant ce biveau sur les deux parallèles $c_1 c_2$ et $l_1 l_2$, on le fait passer par les points qui divisent ces cercles en parties égales et on pratique, à sa demande, des jouées équidistantes, entre lesquelles, avec un peu d'habitude, on achève, au jugé, la taille de la douelle de révolution.

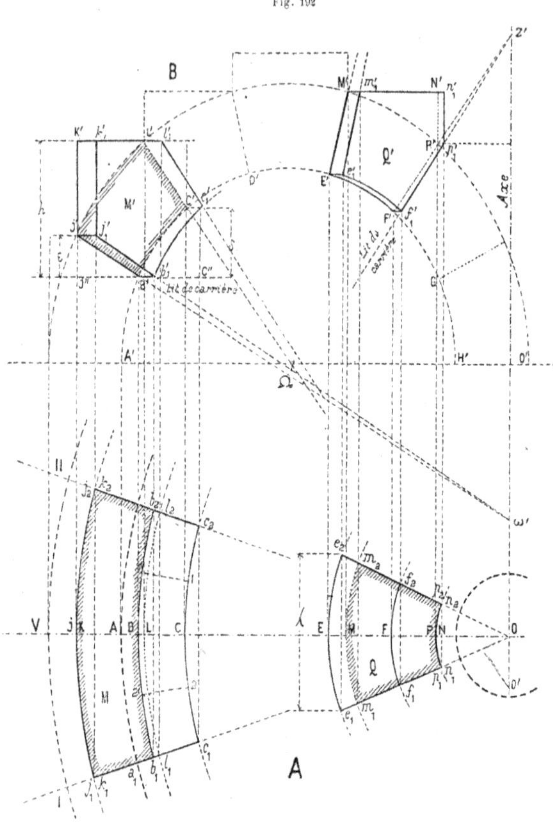

(c) VOUSSOIR VOISIN DE LA CLEF (fig. Q′ Q). — La méthode précédente mettrait la pierre trop en délit pour un voussoir tel que Q′ Q, voisin de la clef.

Alors on prend pour solide capable un prisme horizontal dont la base, relevée en élévation, est le contour mixtiligne M′ n'_1 p'_1 f'_1 F′ E′, qui limite la projection verticale du voussoir. Et l'on a soin que la ligne de dessous f'_1 p'_1 soit très sensiblement parallèle au lit de carrière. La longueur du prisme capable est λ, donnée en plan par la distance des points e_1 et e_2 et l'on doit en marquer soigneusement, sur la face supérieure, la ligne d'axe O N E qui servira surtout de repère pour les différents panneaux. D'ailleurs ce plan supérieur M′N′ (fig. Q′) du prisme capable doit être soigneusement dressé ; les autres ne demandent pas à être préparés avec autant de soin.

On relève (fig. Q) le panneau supérieur m_2 m_1 p_2 p_1 et l'appliquant on obtient :

1° En m_2 m_1 une directrice du cône de lit de dessus : ce cône va donc se tailler avec un biveau relevé en N′ M′ E′ (fig. Q′) que l'on présentera bien normal et de telle sorte que sa branche horizontale (M N, fig. Q) soit dirigée suivant des plans méridiens. L'extrémité E′ du biveau donnera une directrice e_1 e_2 de la douelle d'intrados.

2° En m_2 n_2 et m_1 n_1 on a une directrice des plans méridiens de joint, lesquels se tailleront à l'équerre.

3° En n_1 n_2 on a une directrice du cylindre extérieur, lequel s'obtient également à l'équerre.

Une longueur constante n'_1 p'_1 (fig. Q′) prise sur les génératrices fait connaître une directrice circulaire p_1 p_2 du cône de lit de pose.

4° Le cône de lit de pose se déduit du cylindre extérieur à l'aide d'un biveau à trois branches, relevé en M′ N′ P′ F′ sur le méridien en élévation (fig. Q′).

5° Dès lors, on a en f_1 f_2 une seconde directrice de la douelle d'intrados, laquelle s'obtient par un *biveau-cerce* comme dans la méthode précédente.

En résumé, on voit que ce procédé est plutôt une taille directe qu'une taille par équarrissement.

B. VOUTES SPHÉRIQUES SIMPLES

§ 135. —- Voûte sphérique appareillée par assises horizontales. — Taille dite par l'écuelle.

(*a*) Appareil. — Une voûte sphérique (fig. 193) s'appareille ordinairement comme un berceau tournant et ses voussoirs peuvent se tailler par les mêmes procédés. Nou s pourrions donc nous reporter à l'épure précédente. Mais, sur les chantiers, on est dans l'habitude d'employer un procédé particulier de taille directe, connu sous le nom de *taille par l'écuelle*, que nous allons décrire.

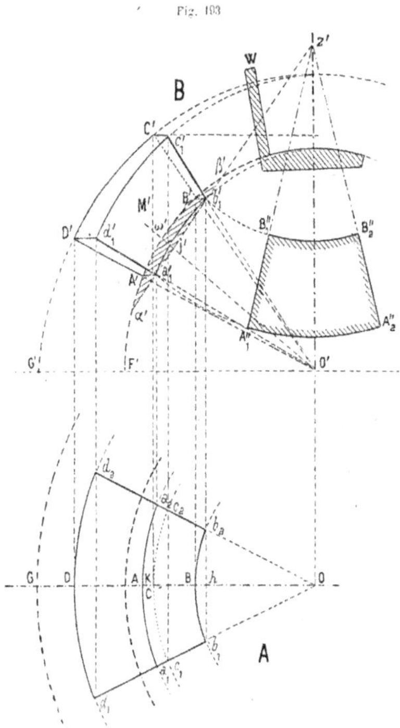

Fig. 193

(*b*) Esprit de la méthode. — Prenons (fig. 193) le voussoir courant d'une assise et amenons-le, en M', à occuper une position de symétrie par rapport au plan du méridien principal, comme dans l'épure précédente.

Les quatre sommets a_1 a_2 b_1 b_2 (fig. A) de la douelle sphérique sont dans un même plan qui, à cause de la symétrie, est perpendiculaire au plan vertical et est projeté, en élévation, tout entier suivant la droite α' a'_1 b'_1 β'.

Ce plan, supposé indéfini, recoupe la sphère suivant un cercle dont α' β' est le diamètre et il laisse, à sa gauche, une calotte sphérique que l'on nomme *l'écuelle*.

La méthode de taille consiste à faire apparaître d'abord, dans un bloc de volume suffisant (fig. 194), une cavité $\alpha \beta - \alpha_1 \beta_1$ creusée suivant cette écuelle.

(*c*) Creusement de l'écuelle. — A cet effet on commence (fig. 194) par dresser une face K aussi plane que possible. On y trace, au compas, un cercle $\alpha \alpha_1 \beta \beta_1$ dont le diamètre est donné en $\alpha' \beta'$ (fig. 193, B). On découpe une cerce sur le profil circulaire $\alpha' \omega' \beta'$ (fig. B) et on creuse la pierre (fig. 194) dans l'intérieur du cercle jusqu'à ce que la cerce, placée de telle sorte que ses deux bouts, $\alpha \beta - \alpha_1 \beta_1$, soient toujours aux extrémités d'un diamètre, puisse s'y appliquer en la mettant normale au plan K.

A ce moment on dit que l'écuelle est creusée.

(*d*) Délimitation de la douelle. — Méthode par reports de points. — Il faut alors tracer dans l'intérieur de l'écuelle le trapèze curviligne b_1 b_2 a_1 a_2 (fig. 195).

A cet effet, les quatre points b_1 b_2 et a_1 a_2 ont été facilement placés sur le cercle du pourtour de l'écuelle, en prenant βh et αk de la figure 195 égaux à β' h'_1 et α' a'_1 (de la figure 193, B), longueurs que l'on aura eu soin de marquer sur la cerce.

En élevant par ces points h et k des perpendiculaires à $\alpha \beta$ on obtient, par recoupements avec le cercle, les sommets b_1 b_2 et a_1 a_2 du trapèze de douelle.

D'ailleurs, comme vérification, on doit avoir b_1 b_2 (fig. 195) = b_1 b_2 (fig. 193, A) et a_1 a_2 (fig. 195) = a_1 a_2 (fig. 193).

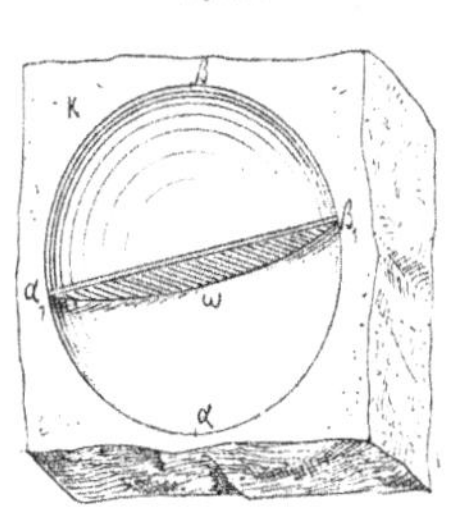

Fig. 194

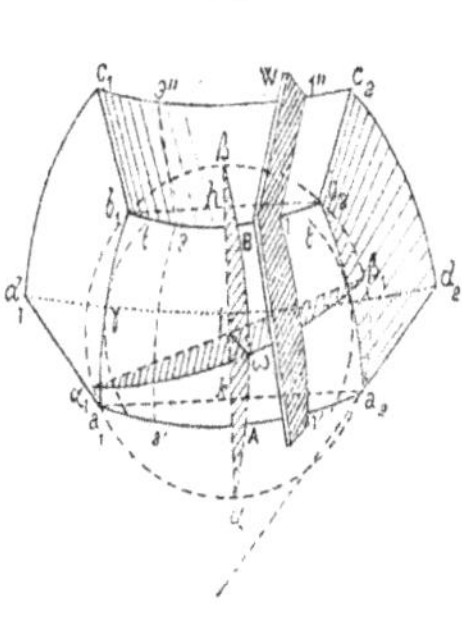

Fig. 195

Les points B et A (fig. 195) résultent, dans le fond de l'écuelle, des points B' et A', que l'on aura marqués sur la cerce (fig. 193).

Dès lors les deux parallèles de la sphère b_1 B b_2 et a_1 A a_2 (fig. 195), sont définies par trois points et peuvent, pratiquement, se tracer avec une règle flexible, quoique la sphère ne soit pas une surface développable.

Les arcs de méridien $a_1 b_1$ et $a_2 b_2$ se traceront avec la cerce, que l'on guidera, d'une part, sur les extrémités b_1 et a_1 et qui sera, d'autre part, tangente en γ à un cercle t, t que l'on tracera sur le fond de l'écuelle avec un rayon égal à la distance à laquelle le point ω, pôle de l'écuelle, se trouve de chaque grand cercle méridien.

(*e*) Procédé expéditif par un développement approché. — Lorsque la sphère est de grand rayon, l'arc de cercle α' ω' β' se confond sensiblement avec sa corde, α' β', et on peut, sans erreur sensible, admettre que la douelle sphérique se confond avec la surface conique que la droite $a'_1 b'_1$ engendrerait en tournant.

Dès lors, on développe (fig. 193) en $A''_1 B''_1 B''_2 A''_2$ cette portion de cône et, appliquant le trapèze curviligne, ainsi obtenu, dans le fond de l'écuelle, on en suit le contour avec une pointe traçante, ce qui donne, avec une approximation suffisante, la délimitation de la douelle sphérique.

(*f*) Taille des cônes de lit. — Avec un biveau cerce W (fig. 193, B) dont la branche courbe est le méridien et dont la branche droite est la normale à la sphère, on fait apparaître successivement plusieurs génératrices 1 1″ — 3 3″..... (fig. 195) des cônes. Il faut avoir soin que les extrémités 1' 1 et 3' 3 de la branche courbe soient toujours sur des points d'égal partage des petits cercles $a_1 a_2$ et $b_1 b_2$.

(*g*) Taille des plans méridiens de joint. — Le même biveau cerce servira pour tailler les plans de joint méridien. Seulement la branche courbe devra passer toujours par le point ω, qui, dans le fond de l'écuelle, en est le pôle.

§ 136. — **Voûte sphérique appareillée en cul-de-four**.

Cet appareil (fig. 196) s'emploie surtout dans la construction des niches. Mais on conçoit facilement qu'en soudant par leur plan méridien deux niches appareillées de cette manière, on puisse avoir une demi-sphère complète.

Dans ce cas l'axe $o o'$ de la surface de révolution est perpendiculaire au plan vertical. Un trompillon, T T' T″, soutient un premier anneau N″ sur lequel vient reposer un second anneau M″ et ainsi de suite.

Dans la voûte en cul-de-four, le quart de sphère se prolonge ordinairement par un berceau cylindrique.

Dans la niche la sphère est limitée à son méridien de front $o z — o'' z''$.

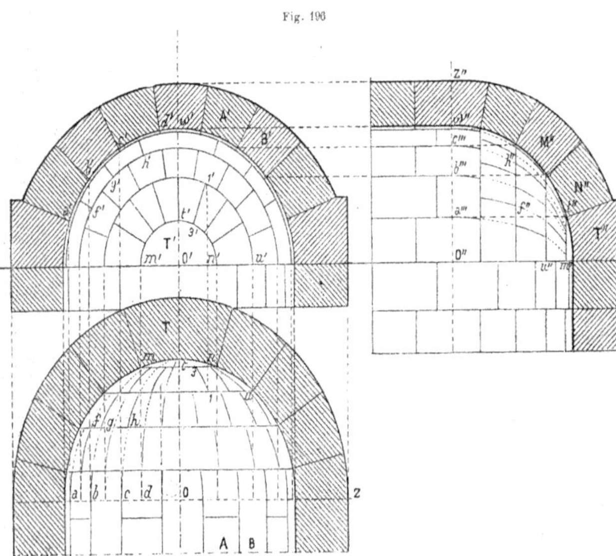

Fig. 196

Il est facile de comprendre que, avec cet appareil, chaque anneau vertical tel que N″ et M″. ... exerce sa poussée sur les piédroits; on évite ainsi la poussée au vide qui se produirait nécessairement si la niche était appareillée, comme les berceaux tournants, par assises coniques à directrices circulaires horizontales.

C. VOUTES SPHÉRIQUES COMPOSÉES

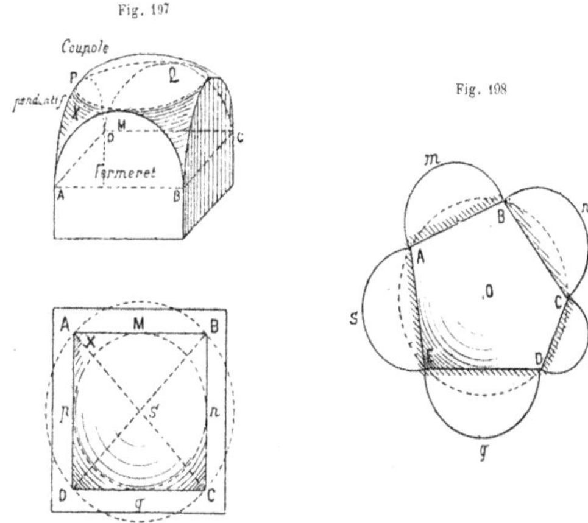

Fig. 197

Fig. 198

§ 137. — **Descriptions.**

(*a*) VOUTE SPHÉRIQUE SUR PENDENTIFS AVEC FERMERET (1) (fig. 197). — On veut couvrir, à l'aide d'une sphère, une salle carrée, A B C D.

A cet effet : Imaginons la demi-sphère qui passerait par les quatre sommets A, B, C, D, du carré. Coupons cette demi-sphère par quatre plans verticaux passant par les côtés A B — B C — C D... du carré. Nous obtiendrons quatre demi-cercles égaux, qui laisseront subsister entre eux, et au-dessus d'eux, une portion de sphère. Ces demi-cercles se nomment les *fermerets*.

Traçons le cercle horizontal M n p q qui passe par les points les plus hauts des cercles verticaux. Il restera au-dessus de ce cercle une calotte sphérique qui se nomme la *coupole* de la voûte ; au-dessous de ce cercle nous avons quatre triangles sphériques M A p — M B n, etc., qui se nomment les *pendentifs* de la voûte.

Cette solution est générale, et toute salle (fig. 198) dont les sommets A B C D E peuvent s'inscrire dans un cercle de centre O, peut être couverte par une demi-sphère.

Les murs verticaux A B — B C — C D qui forment les parois de la salle recouperont cette sphère suivant des demi-cercles dont la figure 198 donne en A m B — B n C, etc., les rabattements.

(*b*) VOUTE SPHÉRIQUE SUR PENDENTIFS, AVEC OU SANS ARCS DOUBLEAUX (fig. 199). — Les quatre fermerets A M B, B M C..... de la figure précédente peuvent être pris pour bases de cylindres horizontaux auxquels la sphère servira de jonction. On a la disposition indiquée sur la figure 199, A, à gauche.

Fig. 199

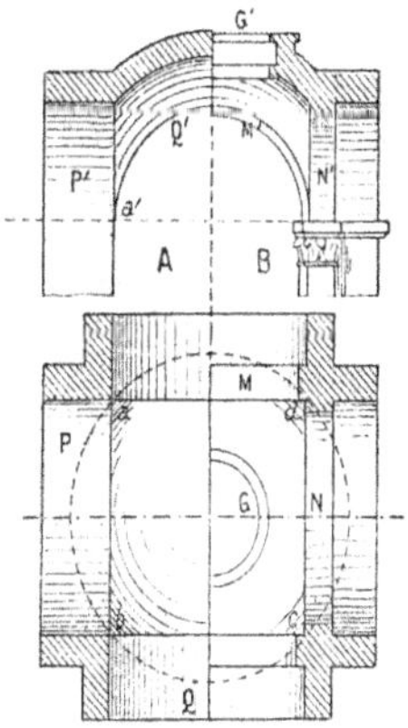

Fig. 200

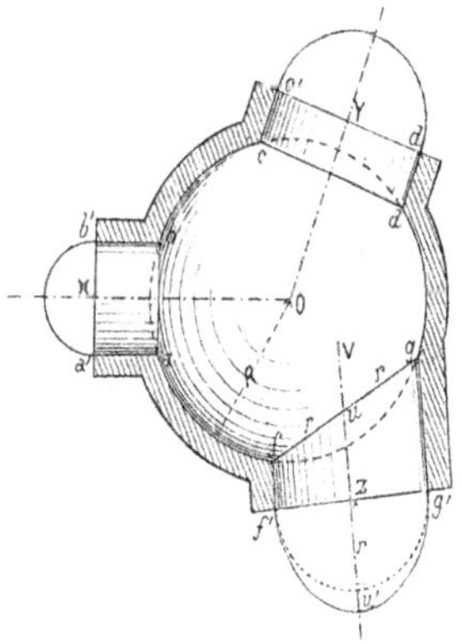

De plus les intersections a b ou b c peuvent être renforcées par des arcs doubleaux N N' et M M'. La coupole peut, en plus, être coupée par un cercle horizontal servant de base à un cylindre vertical G G', formant ce que l'on nomme une lunette sphérique. Cette disposition permet de prendre du jour à la partie supérieure de la voûte.

(*c*) JONCTION DE PLUSIEURS BERCEAUX CYLINDRIQUES PAR UNE VOUTE SPHÉRIQUE (fig. 200). — Plus généralement, si plusieurs berceaux cylindriques O X — O Y — V Z, doivent se réunir ensemble, on peut prendre pour nœud de jonction une sphère quelconque de centre O. Les berceaux tels que O X et O Y, dont les axes passeront par le centre de la sphère, auront pour section droite les cercles d'intersection a b ou c d ; ils seront donc en plein cintre.

(1) On dit quelquefois *formeret* au lieu de *fermeret*. Un fermeret est un arc noyé dans un mur.

Mais un berceau tel que V Z, dont l'axe ne passerait pas par le centre O de la sphère, aurait le cercle fg pour section oblique et sa section droite $f'g'$ serait une ellipse *surhaussée* dont le petit axe serait $f'g'$ et dont le demi grand axe vertical serait Zu' égal au rayon fu du cercle d'intersection du cylindre et de la sphère.

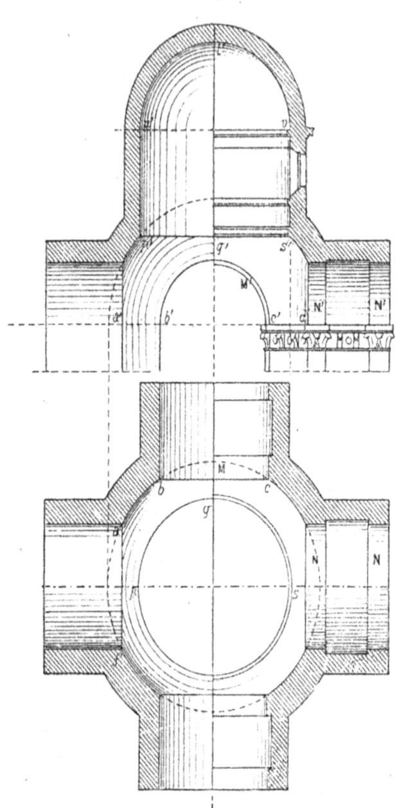

Fig. 201

(*d*) COUPOLE SPHÉRIQUE SUR TRUMEAUX ET SUPPORTANT UN DÔME (fig. 201, à gauche). — Les cercles de base af et bc peuvent laisser entre eux, sur la sphère, une partie libre telle que ab, qui se nomme un *trumeau*. Le trumeau n'est donc autre chose qu'un pendentif élargi à sa base. Cette disposition permet d'avoir, au croisement des berceaux, un espace plus considérable que dans la voûte sur pendentifs.

On peut couper la coupole qui reste au-dessus des trumeaux par un plan horizontal $p's'$, donnant naissance à un cercle ; prendre ce cercle pour base d'un cylindre vertical formant tour-ronde et couvrir ce cylindre par une surface de révolution $u't'v'$, sphérique, elliptique ou autre, constituant un dôme. La partie en tour-ronde peut être percée de fenêtres.

Ces voûtes et leurs intersections peuvent être moulurées, et. accompagnées d'arcs doubleaux, comme on le voit sur la moitié de droite de la même figure.

Tel est le principe des coupoles et des dômes de Saint-Pierre de Rome, du Panthéon, des Invalides, et de beaucoup de monuments du même genre.

On voit combien l'emploi de la voûte sphérique permet de combinaisons variées ; c'est aux architectes byzantins que l'on doit d'avoir imaginé ces combinaisons qui sont toutes basées sur la propriété que possède la sphère d'avoir toujours pour section plane une circonférence.

Nous étudierons, en épure, la voûte dont l'ensemble est indiqué sur la moitié de gauche de la figure 201.

§ 138. — Voûte sphérique, sur trumeaux, avec arcs doubleaux (fig. 202).

La figure A donne le quart du plan, vu par dessous. La figure B est une demi-coupe méridienne. La figure C est une demi-élévation extérieure ; elle donne en $n'_1 m'_1$ la méridienne d'intrados et en $p'_1 q'_1$ la méridienne d'extrados de la sphère. Sur cette même figure C, on voit en $r'P'$ l'extrados du berceau, dans le cas où cette voûte serait extradossée parallèlement. Si elle était extradossée en tas de charge, il conviendrait alors de prendre le plan supérieur, 2 3, de son tas de charge, au même niveau que le plan supérieur $q'_1 θ$ du tas de charge de la sphère.

Dans le cas des extrados parallèles le voussoir présente l'aspect indiqué sur la figure 203, en perspective. Dans l'autre cas, il se présente comme l'indique la figure 204. Remarquons qu'il n'y a aucune économie de pierre à extradosser parallèlement, et qu'il faudra toujours que le solide capable passe, à un instant donné, par l'état indiqué sur la figure 204.

Le voussoir que nous étudions comprend une partie de l'arc doubleau ; il est limité dans le berceau à un plan de joint $p_2 d_2$ et dans la sphère à un plan méridien O V orienté à 45°.

Les intersections sont faciles à comprendre et à déterminer ; nous nous contenterons de les décrire :

Le plan de lit de dessus du berceau $O'q'$ (fig. B) donne comme intersection avec l'intrados de la sphère un arc de grand cercle projeté verticalement en $d'n'$ et horizontalement en dn. En plan, la ligne dn est un arc d'ellipse dont le point $5'5$ est l'extrémité du petit axe et qui, prolongé, irait passer par le point ω, situé sur l'équateur de la sphère.

Le même plan recoupe l'extrados de la sphère suivant l'arc $r\,q -- r'\,q'$.

Le panneau de ce lit de dessus est rabattu (fig. D) en B B₁ D₁ D₂ R₂ R Q N D.

De même, le plan de lit de pose $O'\,a'\,p'$ (fig. B) recoupe l'intrados de la sphère suivant l'arc de cercle $c'\,m' - c\,m$.

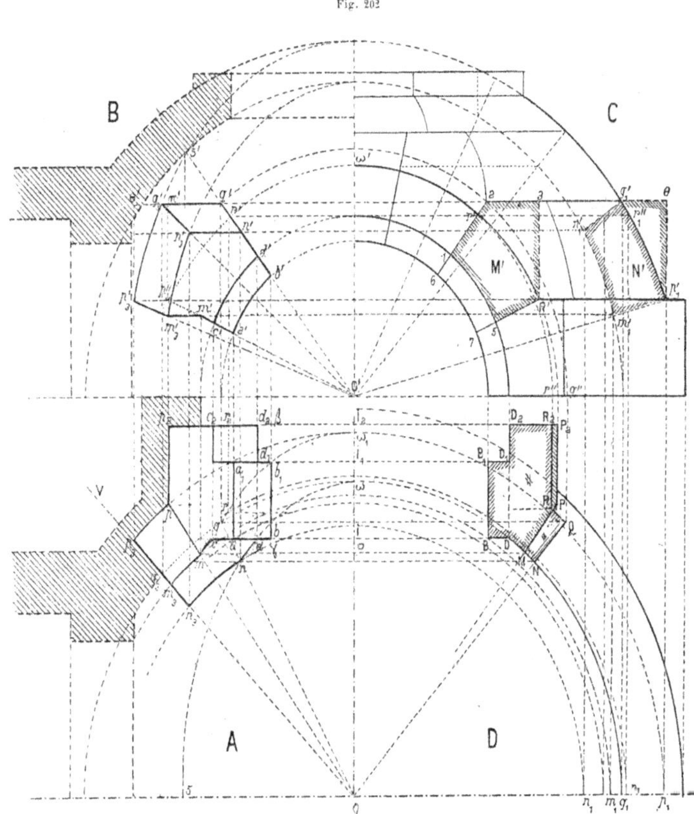

Fig. 202

Sur l'extrados l'arc de courbe est réduit à un point $p\,p'$, ce qui tient à ce que (fig. C) les points P et p'_1 d'extrados du berceau et de la sphère ont été, pour simplifier, pris au même niveau.

Le panneau de lit de pose est rabattu (fig. D) en B B₁ D₁ D₂ P₂ P M D.

Le panneau de section droite du berceau est obtenu en M' (fig. C) et le panneau de section méridienne O V de la sphère est en N' (fig. C).

Dès lors tout est prêt pour la taille.

§ 139. — Taille d'un voussoir.

Le solide capable sera un prisme vertical dont la base est le contour simplifié $1\,3\,p_3\,p\,p_2\,5\,\gamma$ de la projection horizontale.

Sur le plan arrière $p_2\,\beta$ du prisme on applique le panneau de section droite, M′, du berceau et cela permet, en se servant de l'équerre, d'abattre les plans de lit du berceau.

Le lit de dessus peut s'abattre à la volée, car il laisse le voussoir tout entier d'un même côté de lui ; mais le lit de dessous doit se tailler avec précaution et il faut, de temps en temps, présenter le panneau correspondant P M C A A..... (fig 204), afin d'être sûr de ne pas dépasser la ligne rentrante M P.

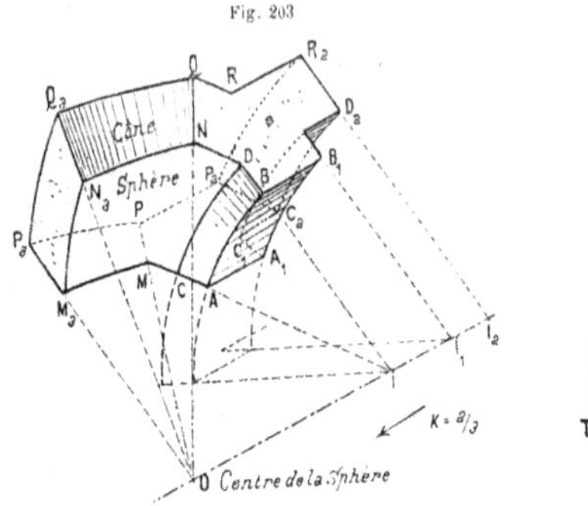

Fig. 203

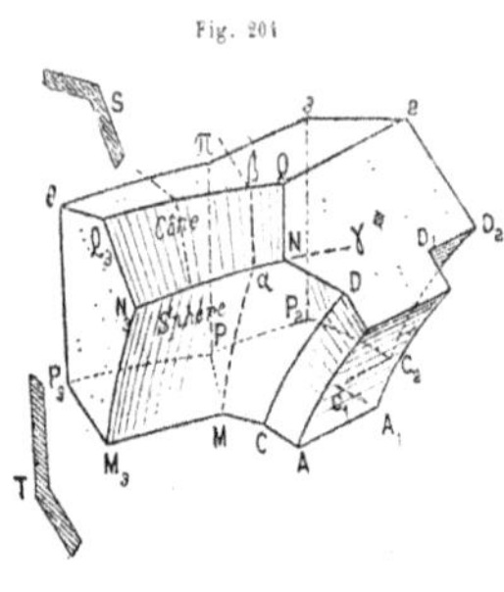

Fig. 204

Sur le plan supérieur du prisme on applique le panneau $\theta\,Q_3\,Q$ $2\,3\,\pi$ (fig. 204) que la projection horizontale (fig. 202, A) a permis de relever.

Dès lors on possède en $Q_3\,Q$ (fig. 204) une directrice du cône de lit de dessus de la sphère. En $N_3\,N$ on aura une autre directrice facile à obtenir, car ce cercle peut être tracé avec une règle flexible appliquée horizontalement et à la hauteur convenable, sur la partie cylindrique concave $n_3\,n\,\lambda$ (fig. 202) du solide capable. A la rigueur, à l'aide d'un biveau obtus S, relevé en $n'_1\,q'_1\,\theta$ (fig. C) on pourrait creuser le cône de lit de dessus, en appuyant la branche horizontale du biveau sur le plan supérieur.

Le cercle $P_3\,P$ du lit de dessous se tracera avec une règle flexible, sur la partie cylindrique extérieure du solide capable, et un autre biveau obtus, T, permettra d'obtenir le cône de lit de dessous, et, par conséquent, le cercle $M_3\,M$ de la douelle sphérique. — Cette douelle s'obtient ensuite avec un *biveau-cerce* comme dans l'épure précédente.

Le reste de la taille ne présente pas de difficulté.

D. VOUTES ANNULAIRES COMPOSÉES

§ 139. — Considérations géométriques.

(*a*) Conoïde. — Dans l'épure que nous allons exécuter, nous rencontrerons, comme surface d'intrados, une surface gauche que nous avons déjà étudiée dans le cours de géométrie descriptive sous le nom de *conoïde*. Il est utile de rappeler d'abord quelques principes ou constructions géométriques dont nous aurons à faire usage.

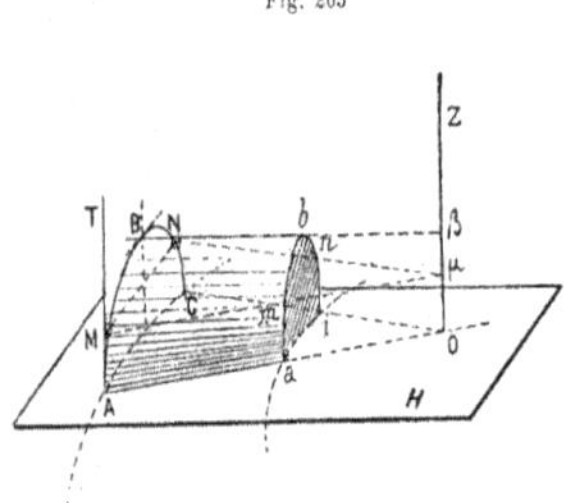

Fig. 205

Un *conoïde* est une surface gauche, à plan directeur H (fig. 205) et à deux directrices A B C et O Z dont l'une, O Z, est droite ; cette dernière se nomme l'axe du *conoïde*. Le conoïde est *droit* si l'axe O Z est perpendiculaire au plan directeur H.

Dans le conoïde dont nous aurons à faire usage, et qui est connu sous le nom de *conoïde de tour ronde*, la directrice courbe A B C est une courbe gauche résultant de l'enroulement d'une ellipse sur un cylindre de révolution de base A C. On obtient autant de génératrices que l'on veut, de la surface, en coupant les directrices par des plans parallèles au plan directeur et tels que M N μ, et joignant par des droites telles que M μ — N μ, les points d'intersection.

(*b*) Paraboloïde des normales. — Le lieu géométrique des normales menées à une surface gauche aux divers points d'une même génératrice est un *paraboloïde droit*, c'est-à-dire un paraboloïde dont les deux plans directeurs sont perpendiculaires l'un sur l'autre. L'un de ces plans directeurs est perpendiculaire à la génératrice, telle que M μ ; l'autre est obtenu en faisant tourner d'un angle droit, autour de la génératrice comme charnière, le plan asymptotique de la surface, lequel est ici parallèle au plan directeur H.

(c) INTERSECTION D'UN PARABOLOÏDE PAR UN PLAN. — Sauf dans des cas particuliers, la section d'un paraboloïde par un plan est une hyperbole. Les asymptotes ont leurs directions données par les génératrices λ et λ' (fig. 206) du paraboloïde qui sont elles-mêmes parallèles au plan sécant. Comme position, elles sont les intersections du plan sécant et des plans asymptotiques des génératrices λ et λ'. On sait d'ailleurs que le plan asymptotique d'une génératrice λ ou λ' est le plan P ou le plan Q mené par cette droite et parallèle au plan directeur correspondant.

Fig. 206

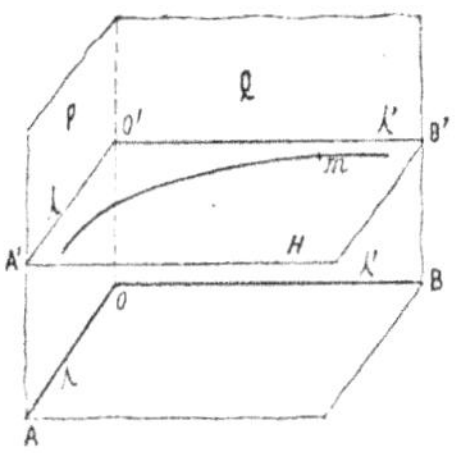

Cela posé : soient P et Q les deux plans directeurs d'un paraboloïde. Supposons-les tous les deux verticaux et soit O O' leur intersection. Cherchons l'intersection de ce paraboloïde par un plan II, perpendiculaire à la droite O O'.

Il existe deux génératrices, de système différent, O A et O B, qui sont parallèles à ce plan II, et nous pouvons supposer que les plans directeurs passent précisément par ces droites.

Soient O'A' et O'B' les intersections du plan sécant et des plans directeurs ; la section du paraboloïde par le plan sera une hyperbole dont les asymptotes seront les droites O'A' et O B'. De telle sorte que la connaissance d'un seul point m, de la courbe, entraînera celle de tous les autres, en employant la méthode que nous allons indiquer.

(d) TRACÉ D'UNE HYPERBOLE CONNAISSANT LES ASYMPTOTES ET UN POINT DE LA COURBE. — On sait que si par un point m, ou m', de la courbe (fig. 207), on mène des parallèles aux asymptotes et que si l'on appelle $x\,y$, $x'\,y'$ les coordonnées ainsi définies, on a :

$$x\,y = x'\,y' = K^2 \text{ (quantité constante).}$$

Si au lieu de y et de y' on prend des longueurs proportionnelles, $m\,y$ et $m\,y'$, le produit $m\,x\,y$, sera encore égal au produit $m\,x'y'$, d'où l'on déduit le tracé suivant applicable sur un chantier parce qu'il ne nécessite que l'emploi de l'équerre et du compas :

Fig. 207

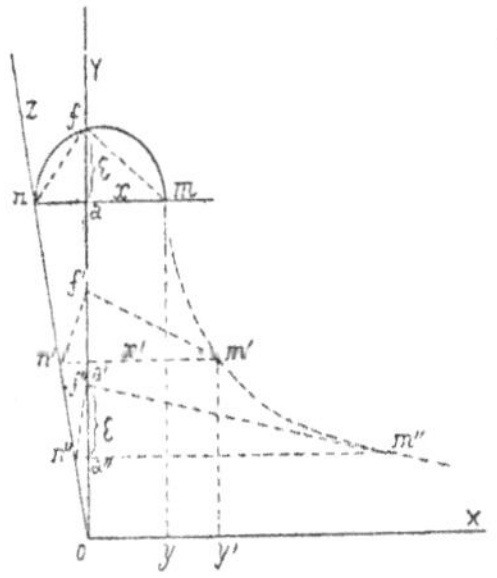

1° Par le centre O (fig. 207), on mène une droite quelconque O Z. Il est évident que si par des points a, a', a'' de l'asymptote O Y, on mène des parallèles à l'autre, les longueurs interceptées $a\,n - a'n' - a''\,n''$, seront proportionnelles aux distances $o\,a - o\,a' - o\,a''$ et, par conséquent, aux ordonnées des points m, m', m'' de la courbe.

2° Par le point donné m, menons une parallèle $m\,a\,n$, à l'asymptote O X ; sur cette ligne, comme diamètre, décrivons une demi-circonférence et par le point a menons une perpendiculaire $a\,f$ au diamètre $m\,n$; soit ε la longueur de cette ligne.

On a évidemment $\overline{a\,m} \times \overline{a\,n} = \overline{a\,f^2}$, ou $x \times m\,y = \varepsilon^2$.

3° Cela posé : pour avoir un point quelconque m' de l'hyperbole, menons une autre droite quelconque $n'a'$, parallèle à l'asymptote O X ; par a' élevons une perpendiculaire à cette asymptote et sur cette droite portons de a' en f' la longueur ε. Joignons n' au point f' et menons $f'm'$ perpendiculaire sur $n'f'$ jusqu'à la rencontre en m' avec $a'n'$. Le point m' ainsi obtenu, est un point de l'hyperbole, car on aura aussi :

$$\overline{a'm'} \times \overline{a'n'} = \overline{a'f'^2} = \overline{a\,m} \times \overline{a\,n}.$$

§ 140. — **Voûte d'arête en tour ronde.** — **Description** (fig. 208).

Une tour ronde, A, est entourée par une galerie annulaire, B B. On veut que cette galerie forme portique, et, à cet effet, l'on pratique dans son mur extérieur des ouvertures $a\,b - a\,b - a\,b\ldots$ Si par les points $a\,b$, $a\,b\ldots$ on mène des droites convergeant au centre, on obtient en $\alpha\,\beta$, $\alpha\,\beta$, les ouvertures à ouvrir dans la tour.

Comment couvrir le passage compris entre $a\,b$ et $\alpha\,\beta$?

Évidemment on pourrait prendre un cône qui aurait son sommet sur l'axe de la tour, et pour base la courbe $a\,b$; l'intersection de ce cône et de la voûte annulaire donnerait une sorte de lunette conique. Mais cette voûte conique pro-

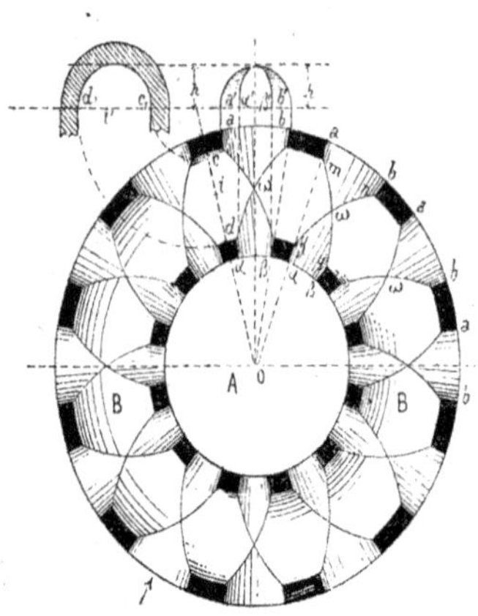

Fig. 208

duirait un effet disgracieux ; l'intrados paraîtrait plonger du côté du sommet ; on préfère lui garder le caractère d'horizontalité, et on prend pour intrados des passages transversaux, un conoïde défini comme suit :

1° Son *plan directeur* est le plan horizontal ;

2° Sa *directrice rectiligne* (son axe) est l'axe O de la tour ;

3° Sa *directrice courbe* est une ligne gauche résultant de l'enroulement, sur le cylindre extérieur, d'une ellipse qui aurait pour grand axe l'ouverture ab, développée, et pour demi petit axe vertical la montée h, du berceau tournant. Dans ces conditions les conoïdes et le berceau tournant se couperont suivant des courbes gauches mq, np, etc. On démontre facilement que si la méridienne du berceau tournant est une demi-circonférence, ou une demi-ellipse, la projection horizontale, $n\omega p$, de cette arête gauche est un arc de spirale d'Archimède (1).

§ 140. — Epure de la voûte d'arête en tour ronde, pénétrant une voûte sphérique.

(*a*) Le tore et la sphère. — Les données sont les mêmes que sur la figure d'ensemble (fig. 208). Nous supposerons, en plus, que la tour intérieure est couverte par une coupole sphérique, que le conoïde viendra rencontrer suivant une courbe gauche $e_1 d_1$... (fig. A). La coupe $x_1 y_1$ (fig. C) montre les méridiens de la sphère et de la voûte annulaire qui n'est autre chose qu'un tore. On y voit en A′ B′ C′.... M′ N′ l'appareil de ces voûtes, si elles étaient seules.

Nous pouvons donc tracer, en plan (fig. A et B), les projections des parallèles $bb_2 - cc_2$, etc., pour le tore et $mm_2 - nn_2$..... pour la sphère, qui sont les lignes de lit d'intrados des voûtes de révolution.

(*b*) Le conoïde. — Prenons en 4 4, en plan, l'écartement des pieds-droits extérieurs, rectifions la longueur circulaire $4 - M_1 - O_1 - c_1 - b_1 - 4$ et portons-la (fig. D), une fois rectifiée, de F′$_1$ en A′$_1$. Sur cette droite, comme grand axe, avec la montée h de la voûte annulaire comme demi petit axe, décrivons une demi-ellipse. Cette courbe, enroulée sur le cylindre extérieur, donnera la directrice courbe du conoïde. Cherchons sur elle les points B′$_1$ C′^{1}.... qui sont aux mêmes hauteurs que les points B′ C′ D′..... (fig. C) du berceau tournant.

La meilleure manière pour obtenir ces points très exactement consiste :

1° A décrire (fig. D) les deux cercles sur le petit et sur le grand axe comme diamètres.

2° A diviser le petit cercle $a′ b′ c′ e′ f′$ comme est divisé l'intrados du berceau tournant, et à mener les rayons $O′a′ - O′b′$...

3° Des horizontales et des verticales menées par les points où ces rayons coupent les cercles, donnent, comme recoupements, les points voulus de l'ellipse.

4° Des tangentes $c″y$ ou $b″\vartheta$ au grand cercle, on déduit en $yC′_1$ ou en $\vartheta B′_1$ les tangentes à l'ellipse et, par conséquent, les normales B′$_1$ G′$_1$ et C′$_1$ I′$_1$ que l'on limitera aux hauteurs δ et γ où sont limitées (fig. C) les normales B′ G′ et C′ I′ au tore.

(*c*) Arêtes d'intersection. — 1° *Avec le tore.* — Par les points B′$_1$ C′$_1$, etc., *enroulés* sur le cylindre extérieur en $b_1 c_1$ (fig. A)..... on mène les génératrices $b_1 O, c_1 O$..... du conoïde ; et comme elles sont au même niveau que les parallèles du tore, elles les recoupent aux points cherchés de l'arête $b_2 c_2 d_2 e_2$ (fig. A).

2° *Avec la sphère.* — Les parallèles, lignes de lit de la sphère, ne sont pas au même niveau que les génératrices de lit du conoïde. On est donc obligé de mener en $x′$ et $\gamma′$ (fig. C) des parallèles auxiliaires dans la sphère qui seront au même niveau que les parallèles des points E′ et D′ du tore et cela donne en $d_1 e_1$..... l'arête sphérique.

(*d*) Surfaces de lit. — 1° *Pour le tore.* — Ce sont les cônes normaux engendrés par la rotation des normales B′ G′ — C′ I′, etc. (fig. C).

2° *Pour la sphère.* — Ce sont les cônes normaux engendrés par les normales à la sphère M′ L′ — N′ P′ (fig. C).

3° *Pour le conoïde.* — Ce sont les paraboloïdes droits, lieux des normales menées au conoïde, aux divers points $c_1 c_2 d_2 d_1$, etc.

(1) Un des plus remarquables exemples de ce genre de voûte existait à Paris, à la halle au blé, en démolition à l'heure où ces lignes sont écrites ; seulement, la méridienne du tore, au lieu d'être un demi-cercle, était un arc de chaînette.

d'une même génératrice, $O c_1$ par exemple. Nous avons vu (§ 139, b) que son premier plan directeur était perpendiculaire

Fig. 209

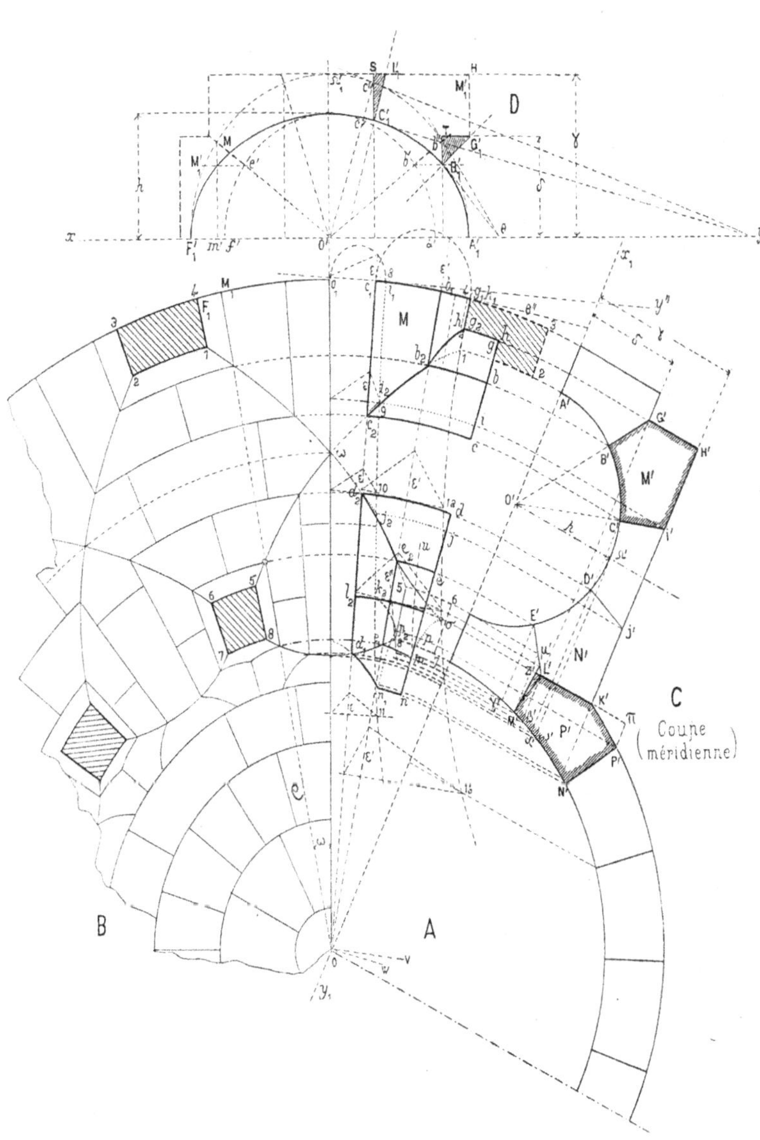

à la génératrice $O c_1$; ce sera donc un plan vertical ayant la tangente $c_1 y''$ pour trace ; le deuxième plan directeur du paraboloïde sera le plan directeur du conoïde, c'est-à-dire ici le plan horizontal, que nous aurons fait tourner d'un angle droit autour de la génératrice ; c'est donc le plan vertical $O c_1$ projetant horizontalement cette génératrice.

Il faut trouver l'intersection de ce paraboloïde des normales avec le plan supérieur du voussoir, lequel est à la hauteur γ et avec les divers cônes de lit ; la première intersection sera une hyperbole $i_1\, i_2\, j_2\, k_2$, qui (voir § 139, c) a pour asymptote la projection horizontale $O c_1$ de la génératrice et pour autre asymptote une perpendiculaire, $O V$, à cette droite, menée par le point O. C'est donc une hyperbole équilatère. Or, nous avons facilement en i_1 (fig. M) un premier point de cette hyperbole, en portant sur la tangente $c_1\, y''$ la distance $c_1\, i_1$ égale au segment $S I'_1$ (fig. M'$_1$) que la normale détache sur le plan supérieur du voussoir, situé au niveau γ.

Dès lors, ayant un point i_1 de l'hyperbole, nous faisons en ε la construction indiquée plus haut (§ 139, d), nous reproduisons plusieurs fois en $\varepsilon, \varepsilon, \varepsilon \ldots$ la construction et nous obtenons, par points, en $i_1\, i_2\, j_2\, k_2$ 11 cette hyperbole sur toute la longueur voulue.

Nous avons obtenu de même, en prenant $b_1\, g_1$ (fig. M) égale à $F G'_1$ (fig. M'$_1$), un point de l'hyperbole d'intersection du lit paraboloïde de pose avec le plan horizontal situé au niveau δ.

Par la construction indiquée en $\varepsilon', \varepsilon', \varepsilon' \ldots$ nous avons tracé par points cette hyperbole en $g_1\, g_2\, \sigma$ 13.

(*e*) Intersection des paraboloïdes et des cônes de lit. — Tout d'abord les points $i_2\, j_2\, k_2 \ldots$ déjà trouvés en sont les extrémités pour le paraboloïde de dessus et g_2 et σ pour celui de dessous. Ces intersections sont des courbes gauches telles que $b_2\, g_2$ (fig. M). On en a des points intermédiaires en coupant par des plans horizontaux auxiliaires qui donneraient des parallèles auxiliaires dans les cônes, et, dans les paraboloïdes, des hyperboles équilatères auxiliaires ayant mêmes asymptotes que celles déjà tracées ; ces hyperboles et ces cercles se recoupent aux points cherchés. Si ces plans auxiliaires sont bien choisis ; s'ils passent, par exemple, à moitié, au tiers ou au quart des distances qui séparent le plan horizontal de la génératrice, du plan horizontal déjà considéré de niveau γ ou δ, ces cercles et ces hyperboles s'obtiendront, presque à vue d'œil, en partageant à moitié, au tiers, ou au quart les distances des lignes d'intersection déjà tracées.

On voit pour le voussoir M'M, en $b_2\, g_2$, l'intersection du paraboloïde et du cône de dessous, et en $c_2\, i_2$ celle des surfaces de lit de dessus (1).

(*f*) Intersection des paraboloïdes de lit et de la sphère. — Les paraboloïdes donnent avec la sphère des intersections gauches $d_1\, n_1$ (pour la paraboloïde de dessous) et $e_1\, m$ (pour celui de dessus), dont on obtient également des points par des plans horizontaux auxiliaires.

Voyons par exemple comment est obtenu le point limite m, situé sur le parallèle M' de la sphère.

On remarque que le plan M'μ' (fig. C) de ce parallèle partage la distance E'L' dans le rapport $\dfrac{E \mu'}{\mu' L} = (\text{sensiblement}) \dfrac{5}{4}$: par conséquent, presque à vue d'œil, on peut construire l'hyperbole auxiliaire $u\, m$ (fig. A) en partageant dans le même rapport (5/4) la distance entre la génératrice $o\, e_2\, b_2 \ldots$ qui est au niveau du point E' et l'hyperbole déjà tracée $g_2\, \sigma$ 13 qui est au niveau δ du point L'. Son intersection m, avec le parallèle, donne le point cherché.

Pour les voussoirs N' et P' qui sont près de la sphère, la ligne courbe $e_2\, \sigma$ est l'intersection du paraboloïde et du cône de lit de pose du tore ; $m\, \sigma$ est l'intersection de ce même paraboloïde et du cône de lit de pose de la sphère. Cette dernière tombe en dehors du voussoir ; elle devient donc inutile. De sorte que le plan méridien de joint $o\, n\, m\, d$, recoupe ce paraboloïde suivant une hyperbole $m\, z$, rabattue (fig. C) en M'Z'.

$k_2\, p_2$ est l'intersection du paraboloïde de dessus avec l'extrados de la sphère, et $n_1\, p_2$ est l'intersection de ce même paraboloïde avec le cône de dessus (N'P', fig. C) de la sphère.

Dès lors tous les voussoirs étudiés sont complètement représentés en projection horizontale.

§ 141. — **Taille d'un voussoir.** (Le voussoir M,M',M'$_1$)

Le solide capable est un prisme vertical ayant la hauteur du voussoir prise (fig. D) en élévation et pour base le polygone mixtiligne donné en plan. On le voit en perspective (fig. 210) en 1 2 3 H H$_1$ H$_2$. De 1 en 2 il est plan : la génératrice $c_1\, c_2$ du conoïde s'y tracera avec une règle flexible tenue horizontalement à la hauteur voulue ; de 2 en 3 c'est un cylindre : le parallèle $c_2\, c$ du tore s'y tracera aussi avec une règle flexible ; de 3 en H c'est un plan : on y appliquera le panneau méridien du tore C I H G B relevé (fig. 209) en M' ; de H en H$_2$ c'est un cylindre : l'arc de cercle d'extrados G G$_2$ du cône de lit de dessous s'y tracera à la règle ; de H$_2$ en H$_1$ c'est un cylindre ayant pour base un arc d'hyperbole équilatère : l'hyperbole G$_2$ G$_1$ s'y tracera à la règle et servira de directrice au paraboloïde de dessous G$_1$ G$_2$ B$_1$ B$_2$; enfin de H$_1$ en I c'est le cylindre extérieur : on y appliquera le panneau déroulé, fourni en B'$_1$ G'$_1$ H'$_1$, etc. (fig. 209, D).

---

(1) Nous avons un peu exagéré, sur notre épure, la courbure de la ligne gauche $b_2\, g_2$, afin de la rendre plus apparente.

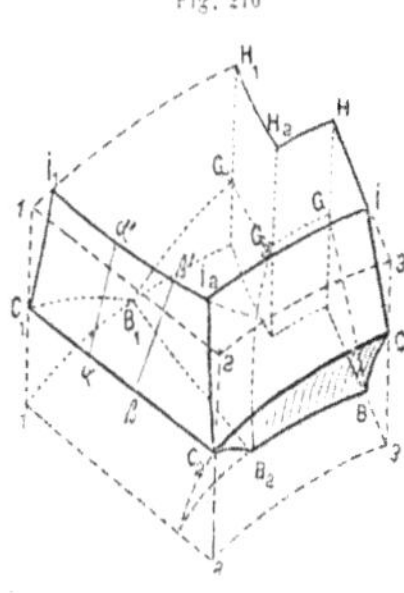

Sur le plan supérieur du prisme capable, on applique le panneau I_1 I_2 I H_2 H_1 donné par le plan (fig. 209 A,) et l'hyperbole I_1 I_2 sert de directrice courbe au paraboloïde de dessus, dont C_1 C_2 est une directrice droite.

Ce paraboloïde se taillera donc par des droites $\alpha\,\alpha'$, $\beta\,\beta'$ perpendiculaires sur C_1 C_2 en se servant d'une équerre dont une branche sera appliquée sur C_1 C_2.

Du cône de lit de dessus I_2 I C_2 C on possède aussi deux cercles directeurs ; on peut donc le tailler et, avec un biveau-cerce, qui glissera sur C_2 C, en déduire la douelle du tore.

Le cône de lit de pose B_2 B G_2 G est limité déjà par un arc de cercle B_2 B et par un autre, G_2 G, ce qui permet d'en tailler une première partie ; l'autre s'obtiendra par biveau-cerce ; mais il aura fallu d'abord développer le quadrilatère conique B_2 B G_2 G que l'on présentera souvent afin d'être sûr de ne pas dépasser l'intersection rentrante B_2 G_2.

Le dernier paraboloïde B_1 B_2 G_1 G_2 est, dès lors, limité sur tout son contour et peut se tailler comme le premier.

CHAPITRE XIX

ESCALIERS EN PIERRE

A. ESCALIER SUSPENDU DIT: VIS A JOUR

§ 142. — **Préliminaires**.

Nous avons déjà donné, dans la charpente, les généralités sur le tracé des escaliers, sur leur balancement et sur leur construction. Les escaliers en pierre s'établissent, presque exactement, de la même manière que ceux en bois. Les marches s'appuient sur un limon indépendant, ou bien, comme dans l'escalier anglais, elles reposent les unes sur les autres par une portée et par un recouvrement. La seule différence, pour le limon en pierre, consiste en ce que, dans les joints, on supprime les tenons et les mortaises ; en outre, on donne, en général, des épaisseurs plus grandes aux marches et aux limons lorsqu'ils sont en pierre que lorsqu'ils sont en bois.

§ 143. — **Plan d'ensemble** (fig. 211).

L'escalier que nous étudierons doit s'inscrire dans une cage rectangulaire dont les axes sont A C et B D. Nous admettrons un emmarchement de $1^m,10$; on le porte en A E — B F — C G et D H, ce qui donne en E F G H les sommets de ce que nous nommerons la *courbe de jour*, laquelle sera la base du *cylindre de jour*. Ainsi que nous le verrons plus loin, cette courbe n'est pas une ellipse. .

A $0^m,50$ des sommets de cette courbe et, par conséquent, à $0^m,60$ des murs de la cage, nous prenons en M N P Q les sommets de la *ligne de foulée*. On prend pour celle-ci une véritable ellipse ; on en rectifie la longueur L ; on connaît en outre la hauteur totale H, à franchir d'un étage à l'autre, par conséquent on peut calculer, comme nous l'avons déjà fait pour les escaliers en charpente, le giron (g) et la hauteur (h) de chaque marche.
Le calcul fait ici a donné $g = 0^m,31$; $h = 0^m,17$.

Cela fait : L'ellipse de foulée a été partagée aux points 1, 2, 3....., 25, 26, en 28 parties égales, et 3 de ces parties ont été prises pour former le palier ; il y a donc en réalité 26 degrés par étage, en comptant le palier pour une marche.

Par les points de division 1, 2, 3....., on a mené les normales à l'ellipse, ce qui a donné les arêtes des marches ; sur ces normales on a porté de a en a_1, de g en g_1, etc.... une longueur constante égale à $0^m,50$ et cela nous a donné en E F b_1 d_1 f_1 G..... des points de la courbe de jour.

On sait que les normales à l'ellipse ont pour enveloppe une courbe $\varphi \psi \varphi \psi$ qui se nomme sa *développée* et qui est le lieu de ses centres de courbure. Elle présente en φ et ψ, sur les axes, des points de rebroussement. Pour avoir très exactement ces points de rebroussement, φ et ψ, on mène la diagonale M Q du rectangle construit sur les demi-axes et du sommet H, de ce rectangle, on abaisse une perpendiculaire sur cette diagonale, ce qui donne par recoupement avec les axes les points cherchés φ et ψ (1).

On peut, en outre, obtenir un point intermédiaire i de la courbe, de la manière suivante :

m, étant le point de l'ellipse situé sur la diagonale O H, la normale $m i$ est perpendiculaire à l'autre diagonale M Q, et si on mène O i perpendiculaire sur mO, le point de rencontre i, avec la normale, donne le centre de courbure répondant au point m, c'est-à-dire un point de la développée.

D'après ce qui précède, on voit que la courbe de jour n'est pas une ellipse, mais bien une *développante de la développée*, $\varphi \psi \varphi \psi$, de l'ellipe de foulée.

§ 144. — **Construction des marches** (même figure 211.)

Ce tracé général achevé, on construira chaque marche, comme nous allons l'indiquer pour celle qui porte le n° 9.

---

(1) Voir dans le cours de Géométrie descriptive le tracé de la développée de l'ellipse.

On détermine, tout d'abord, la coupe faite, sur la marche, par le cylindre de foulée. Cette coupe est développée (fig. B). On se donne arbitrairement la grandeur $t'g'$ du recouvrement et celle $g'f'$ de la portée. Cette droite $g'f'$ est

Fig. 211

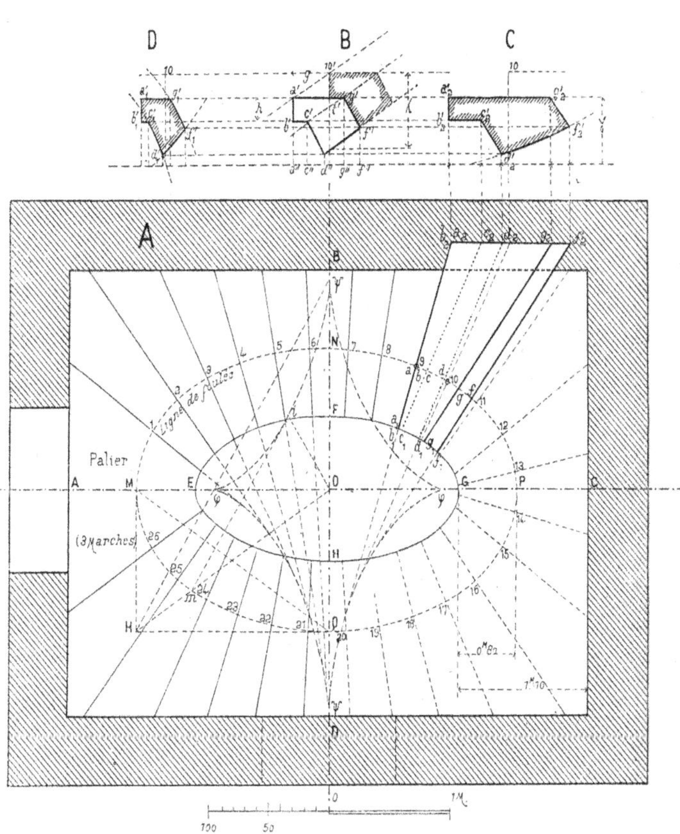

prise perpendiculaire à la ligne $a'10'$ qui passerait par les arêtes des marches. Le dessous de l'escalier, ce que nous nommerons son *intrados d'f'*, sera donc une surface gauche continue, obtenue en surbaissant de la hauteur voulue λ (fig. B) toutes les arêtes des marches.

En réalité cet intrados sera donc une surface gauche, à plan directeur, à directrice gauche et à noyau défini géométriquement de la manière suivante :

1° Son *plan directeur* est le plan horizontal ;

2° Sa *directrice* est une hélice tracée sur le cylindre de foulée, c'est-à-dire sur un cylindre elliptique ;

3° Son *noyau* est le cylindre vertical qui aurait pour base la développée φ ψ φ ψ. Ce cylindre se nomme le *développoïde*.

Le profil B, une fois établi, avec des épaisseurs suffisantes pour la solidité, on le suppose enroulé sur le cylindre de foulée. Les points $a''c''d''g''f''$, etc. (fig. B) viennent se placer (fig. A) en $a\,c\,d\,g\,f\ldots$, et nous pouvons tracer immédiatement l'arête $a\,a_1$ de la marche, ainsi que les génératrices $d\,d_1$ et $f\,f_1$ de l'intrados ; ces trois droites sont tangentes au développoïde. Les surfaces de lit répondant à ces génératrices devraient, pour chacune d'elles, être, comme dans la voûte d'arête en tour ronde, le paraboloïde des normales. Mais, pour simplifier, on substitue à ce paraboloïde le plan qui lui est tangent au point d ou f situé sur la ligne de foulée, c'est-à-dire, à peu près à moitié de la longueur de la génératrice. Raisonnons pour la droite $d\,d_1$. Ce plan tangent moyen est défini : 1° par la génératrice $d\,d_1$; 2° par la normale à l'intrados au point moyen d, laquelle est développée (fig. B) suivant la droite $d'c'$, enroulée (fig. A) suivant $d\,c$.

Dès lors, tandis que le paraboloïde des normales aurait recoupé le plan $b'c'$, du dessous de la marche, suivant une hyperbole équilatère (1), le plan tangent moyen, qui lui est substitué, recoupera ce même plan de dessous suivant une droite $c_1\,c\,c_2$, parallèle à la génératrice $d_1\,d\,d_2$.

Il en sera de même pour le plan tangent moyen substitué au paraboloïde pour la génératrice $f_1\,f\,f_2$; il coupe le dessus de la marche suivant la droite $g_1\,g\,g_2$ parallèle à $f_1\,f\,f_2$.

Remarques. — Il pourrait se faire que le recouvrement $b\,c$ (fig. A) n'eût pas été assez grand. On en serait averti en voyant, sur la courbe de jour, si le recouvrement $b_1\,c_1$, qui en est la conséquence, est suffisant.

2° Les marches s'encastreront dans le mur de la cage, en $a_2\,b_2\,c_2$..... La portée de l'encastrement doit être de $0^m,20$ environ.

§ 145. — **Taille d'une marche.**

Le solide capable est un prisme droit vertical, dont la base est donnée (fig. A) par le contour $b_1\,f_1$..... $b_2\,f_2$, de la marche en projection horizontale et dont la hauteur est fournie en γ (fig. C).

Pour préparer la taille, on cherche d'abord (fig. D) le développement de l'intersection de la marche avec le cylindre de jour. Les abscisses de la figure D sont obtenues en rectifiant les arcs $b_1\,c_1\,d_1\,f$..... de la courbe de jour (fig. A) ; les ordonnées, ou hauteurs, sont les mêmes que sur la figure B.

On remarquera que tandis que sur la figure B, la ligne d'intrados $d'f'$ était une droite comme étant la transformée d'une hélice, la ligne correspondante $d'_1\,f'_1$ de la figure D, est une courbe. De même $c'_1\,d'_1$ et $g'_1\,f'_1$ sont des courbes, transformées de sections planes du cylindre de jour.

On cherche de même (fig. C), la vraie grandeur de la section de la marche par le plan d'encastrement $b_2\,f_2$.

Une fois ces panneaux (fig. D et fig. C) obtenus, on les applique sur les faces voulues du solide capable et la taille s'exécute facilement, car toutes les surfaces qui limitent cette marche sont ou planes ou réglées et l'on en possède les directrices nécessaires.

B. VIS A NOYAU PLEIN

§ 146. — **Epure.**

(*a*) ENSEMBLE. — Si la cage de l'escalier avait été carrée, l'ellipse de foulée serait devenue un cercle. La développée $\varphi\,\psi\,\varphi\,\psi$ se serait réduite à un point, qui eût été le centre du carré. Cependant si la largeur de la cage est trop faible, comme sur la figure 212, où elle n'est que de $2^m,43$, il est presque impossible de laisser un vide au centre et les marches doivent s'appuyer sur un cylindre central (sur la figure 212 son diamètre est de $0^m,43$) qui constitue ce que l'on nomme un *noyau plein*.

La figure 212, A, donne le plan d'ensemble d'un pareil escalier établi dans une tour ronde ; sur la ligne de foulée tracée à 0,55 du noyau on a marqué en 1, 2, 3..... 15, 16, les arêtes des marches. Pour le palier on a pris trois largeurs de marche.

Comme pour l'épure précédente on a déterminé d'abord (fig. B), avec des épaisseurs suffisantes pour la solidité, le développement de la section faite sur une marche par le cylindre de foulée.

On voit que les arêtes 1, 2, 3..... des marches forment des génératrices isolées de la surface gauche connue sous le nom de *surface de vis à filets carrés* (2).

(*b*) INTRADOS. — L'intrados, ou dessous des marches, pourrait être formé par la même surface surbaissée de la hauteur λ (fig. B) ; mais cela aurait pour inconvénient de donner aux marches, à leur attache avec le noyau, une largeur, au collet, trop faible, ce qui les rendrait fragiles.

C'est pourquoi on s'impose que les génératrices d'intrados soient toutes tangentes au noyau. Par conséquent la surface d'intrados est définie comme suit :

C'est une surface réglée à plan directeur, à directrice et à noyau.

Le plan directeur est le plan horizontal.

---

(1) Voir, plus haut, l'épure de la voûte d'arête en tour ronde.
(1) Voir l'étude des surfaces hélicoïdes réglées, dans le cours de géométrie descriptive.

La directrice est l'hélice de foulée descendue de toute la hauteur h.

Le noyau est le cylindre central plein $b_2\, a_2\, f_2 \ldots$

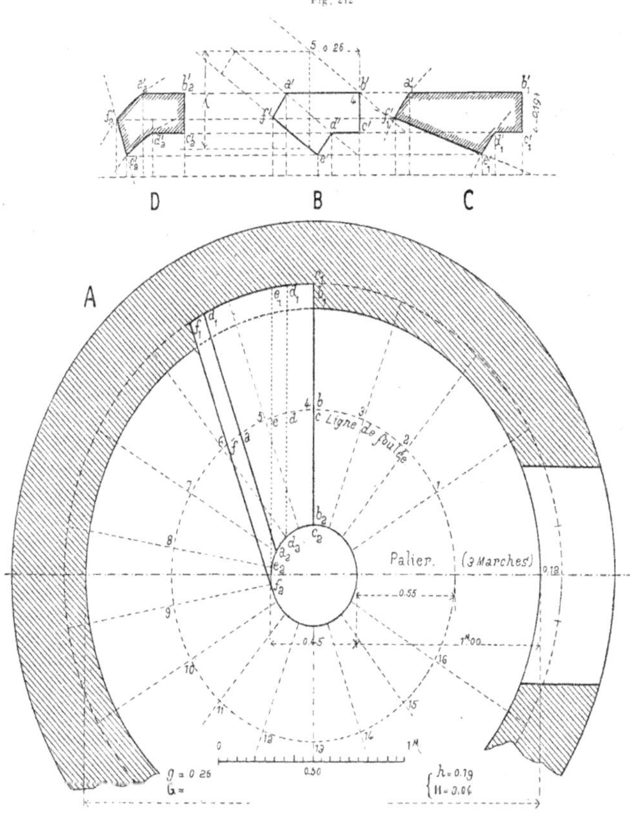

Fig. 212

Par conséquent, cette surface est celle que nous avons étudiée en géométrie descriptive sous le nom de : *Hélicoïde gauche quelconque, à plan directeur.*

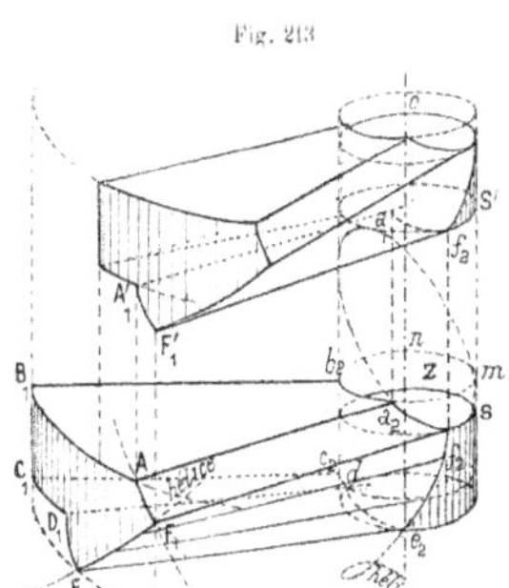

Fig. 213

(c) ÉPURE D'UNE MARCHE. — On opère comme pour l'épure précédente :

1° Le développement, B, est supposé enroulé en f, a, e, d, c (fig. A), sur le cylindre de foulée.

2° On mène en $c c_2 - e e_2 - f f_2$ les tangentes au noyau.

3° Au paraboloïde de lit d'une génératrice, $f f_1$, par exemple, on substitue le plan tangent au point moyen f. Ce plan recoupe le plan de dessus de la marche suivant la droite $a_2\, a\, a_1$, parallèle à $f_2\, f\, f_1$.

4° Ce plan de lit détermine une ellipse dans le cylindre d'encastrement $f_1\, b_1$ et aussi une ellipse sur le cylindre noyau.

On détermine comme ci-dessus les développements des intersections des marches avec le noyau (fig. D) et avec le cylindre d'encastrement (fig. C).

Les marches ont la forme indiquée, en perspective, sur la figure 213.

On voit que chaque marche porte avec elle un tambour cylindrique constituant une des assises du noyau. Dans l'évidement cylindrique Z, ménagé à la partie supérieure de chaque tambour, vient se loger la partie inférieure du tambour de la marche placée au-dessus.

La taille se fait comme pour les marches de l'escalier en vis à jour.

C. VIS SAINT-GILLES

§ 147. — Description générale et appareil de la voûte.

(*a*) Surface géométrique. — La vis Saint-Gilles est une voûte hélicoïdale destinée à couvrir un escalier en tour ronde et à supporter les marches de la volée supérieure du même escalier.

Géométriquement parlant, la surface d'intrados de cette voûte est engendrée par le mouvement hélicoïdal d'un demi-cercle de centre I I' (voir plus loin, fig. 217) dont le plan est vertical et passe toujours par l'axe vertical Z Z' du mouvement.

Nous avons déjà étudié cette surface dans le cours de géométrie descriptive et nous avons appris à lui mener des plans tangents et des normales.

La figure 214 donne en A, le plan de la moitié de l'escalier ; on voit en 6, 7, 8…15, 16, sur la ligne de foulée, les arêtes des marches. On a pour le giron : $g = 0^m,35$ et pour la hauteur des marches : $h = 0^m,16$.

Le pas du mouvement hélicoïdal est donc connu : Sur notre épure nous avons pour le demi-pas : $1/2\ H = 1^m,76$; ce qui nous permettra de déterminer, par les procédés indiqués en géométrie descriptive, les projections verticales d'autant d'hélices qu'il sera nécessaire.

(*b*) Appareil. — Le demi-cercle G' C' B' H'…. (fig. 214, B), que nous nommerons le cercle méridien de la vis, est divisé en un nombre impair de parties égales (ici, cinq) aux points G' C' B'…. ; nous menons les normales au cercle I' C' I' B', etc. et nous traçons les mêmes lignes C' D' E' F' B' que si nous avions à appareiller une porte.

Déplaçons maintenant du mouvement hélicoïdal voulu, toute cette figure méridienne ; ses différentes lignes engendreront toutes les surfaces d'appareil ; ainsi :

1° L'arc de cercle C' B' engendrera la douelle d'intrados, vis Saint-Gilles.

2° La normale B' F' engendrera une vis à filet triangulaire, qui constituera le lit de pose, tandis que la normale C' D' engendrera une autre vis à filet triangulaire qui sera le lit de dessus.

3° L'horizontale D' E' engendrera une vis à filet carré qui formera la partie supérieure du voussoir.

4° La verticale E' F', que l'on a soin de mener à plomb du point de naissance H', engendrera un cylindre s'inscrivant bien exactement dans le cylindre de la tour.

(*c*) Remarque importante relative aux surfaces de lit. — En prenant la normale au cercle, C' D', comme génératrice de la vis à filet triangulaire, cela ne nous donne pas une surface de lit exactement normale à l'intrados. Il aurait fallu mener, au point C C', la normale à l'intrados. Cette normale ne passerait pas par l'axe, ainsi que nous le montrerons plus loin (§ 153) ; en se déplaçant hélicoïdalement elle engendrerait non plus une vis à filet triangulaire, mais un *hélicoïde gauche quelconque*. Néanmoins en prenant le rayon C' D', au lieu de la vraie normale, on obtient un appareil très acceptable.

§ 148. — Projections d'un voussoir.

(*a*) Position et longueur. — Le pentagone mixtiligne C' D' E' F' B' en se déplaçant engendrera une sorte de couronne hélicoïdale qui constituera une assise inclinée de la voûte. Tous les voussoirs d'une même assise seront égaux, pourvu que leur longueur soit la même : il suffit donc d'en étudier un seul.

A cet effet on commence par prendre le point I' (fig. B) qui est le milieu de l'arc d'intrados C' B' et nous nommerons *hélice moyenne*, l'hélice qu'il engendre : on la voit projetée verticalement suivant la sinusoïde I' *i*' I'' (1).

Sur le côté, en T Z' (fig. B), nous avons dessiné une échelle verticale, d'une hauteur égale à la moitié du pas. Ses divisions 6' 7' 8'…. répondent à des hauteurs et à des demi-hauteurs de marches de l'escalier.

C'est sur cette hélice moyenne, projetée en plan (fig. A) suivant le cercle I i_1 i i_2…., que nous mesurons la longueur du voussoir. Sur l'épure nous lui avons donné, de i_1 en i_2, trois profondeurs de marche, et nous avons fait en sorte que les extrémités i_1 et i_2 fussent à égale distance du point i situé dans le méridien de profil.

Ainsi le point milieu i tombe à plomb de l'arête de la marche n° 11, tandis que i_1 tombe au milieu de la marche 9-10, et i_2 au milieu de la marche 12-13.

---

(1) Nous n'indiquons pas la manière dont les sinusoïdes, projections verticales des hélices, sont obtenues. Pour ces constructions, on se reportera au cours de géométrie descriptive.

Fig. 214

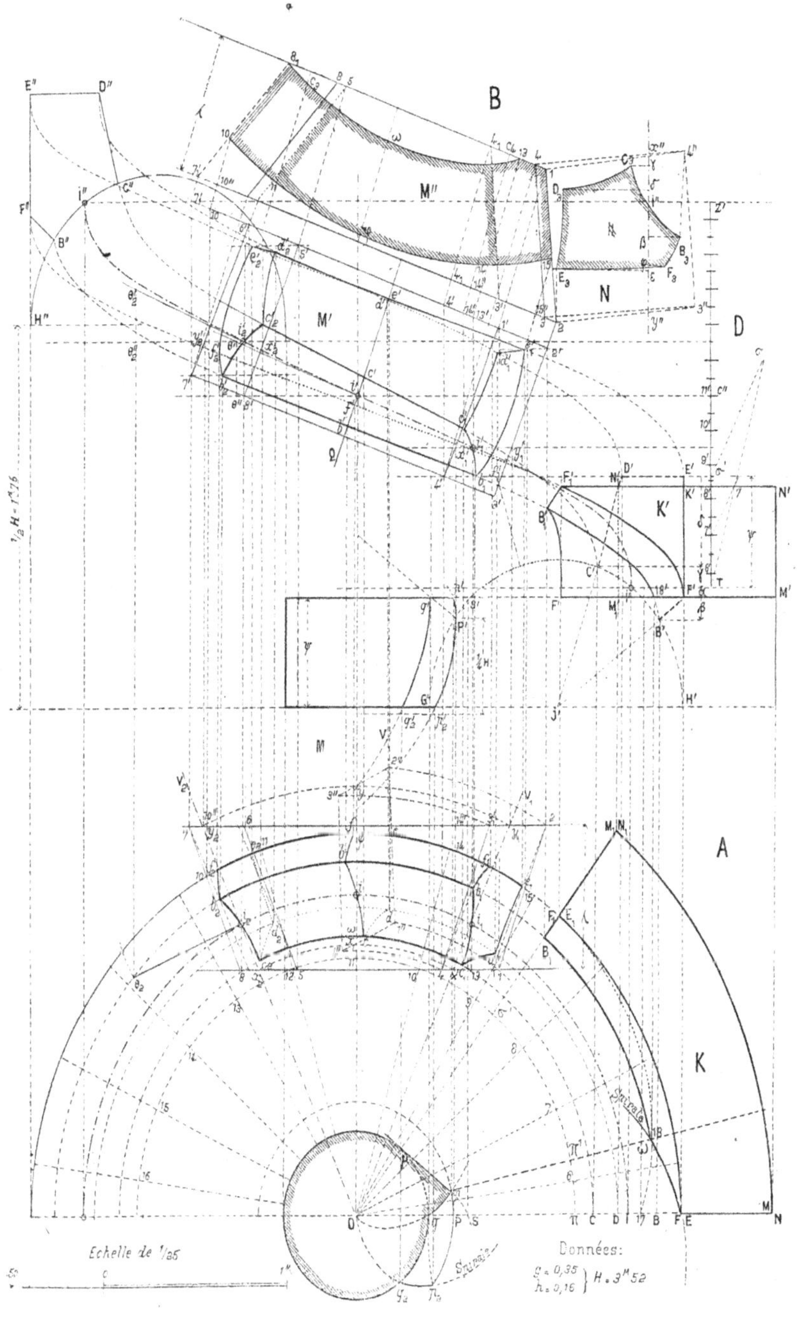

B
D
A
K
M
N
M'
M''
N'
K'
K
Echelle de ¹/₂₅
Données:
g = 0,35
h = 0,16 } H . 3ᴹ52
Spirale

Par conséquent, entre i_1 et i, il y a une différence de niveau qui est égale à une hauteur et demie de marche, de même entre i et i_2.

On détermine de même en C′ c′ C″ — D′ d′ D″ — E′ e′ E″, etc., toutes les projections des hélices engendrées par les sommets du pentagone C′ D′ E′.

(*b*) Plans de joint. — Par les points limite i_1 et i_2 de l'hélice moyenne nous mènerons des plans normaux à cette hélice et nous les prendrons pour surfaces de joint.

Raisonnons pour le point inférieur i'_1, et cherchons le plan de lit qui passe par ce point.

A cet effet, amenons par un mouvement hélicoïdal le point i_1 i'_1 à occuper la position médiane $i i'$ (fig. M′). Alors le plan normal sera projeté tout entier verticalement suivant la droite Q (fig. M′) qui est perpendiculaire à la tangente i' θ′ à la sinusoïde au point i', qui est son point d'inflexion (1).

Ce plan recoupe les hélices tracées précédemment aux points c′, d′, e′, f′, b′ (fig. M′), rappelés (fig. M) en plan sur les cercles correspondants. Nous obtenons donc ainsi en $b\, i\, c\, d\, e\, f$ (fig. M) la projection horizontale de cette section de joint dans la position médiane que nous lui avons choisie. La droite OiV qui passe par le point moyen i, sera prise comme *ligne de repère*, de cette figure. Nous ramenons alors le point i, à droite, en i_1 et, à gauche, en i_2, par mouvement hélicoïdal, et nous entraînons avec le point tout le panneau de joint que nous venons d'obtenir.

Graphiquement cette opération est très simple :

1° En plan, on prend pour lignes de repère les droites O V$_1$ et O V$_2$ qui sont les déplacements de la ligne O V et, au compas, sur les cercles des joints b, c, f, etc. on reporte les distances prises par rapport à la ligne de repère O V.

2° En élévation, on aura les points b'_1 c'_1 d'_1..... (fig. M′) par les rencontres des lignes de rappel menées des points b_1 c_1 d_1..... de la figure M, et des hélices des points b′ c′ d′.....

D'ailleurs, ce qui sera plus exact encore, on remarquera que les points b'_1 c'_1 d'_1..... sont au-dessous des points médians correspondants b′ c′ d′..... et à une distance qui, pour tous, est d'une hauteur et demie de marche.

Le joint de gauche b'_2 c'_2 d'_2..... s'obtient de la même manière.

Dès lors le voussoir est complètement représenté.

§ 149. — Préparation de la taille d'un voussoir.

(*a*) Le solide capable. — Cette taille est tout à fait analogue à celle du limon d'escalier. Le solide capable sera limité horizontalement (fig. M) par deux plans de front 1 8 (plan avant), et 2 7 (plan arrière). Verticalement il le sera par deux plans inclinés à la pente générale du voussoir, qui seront (fig. M′) 2′ 6′ (plan supérieur) et 3′ 7′ (plan inférieur). Latéralement le solide sera limité précisément par les plans de joint.

Il faut donc déterminer les lignes 5′ 8′ et 6′ 7′, suivant lesquelles un plan de joint (celui de gauche par exemple) vient recouper les faces du solide déjà connues.

A cet effet : La ligne de repère i_2 V$_2$ projetée verticalement (fig. M′) suivant l'horizontale i'_2 θ″$_2$, recoupe en x_2 et y_2 (fig. M), rappelés en x'_2 y'_2 (fig. M′), les faces avant et arrière. Cela donne déjà deux points x'_2 et y'_2 des lignes cherchées.

Un autre point, 5′ — 5 par exemple, s'obtiendra de la même façon en menant par un point quelconque e_2 e'_2 du panneau de lit, une parallèle à la droite de repère i_2 V$_2$ et cherchant en 5 — 5′ son intersection avec la face avant du solide.

Remarques. — 1° Les droites 5′ 8′ et 6′ 7′ sont parallèles.

2° Elles sont toutes deux perpendiculaires à la projection de la tangente i'_2 θ′$_2$ à l'hélice moyenne au point i_2 i'_2. En effet, le plan de joint est, dans l'espace, perpendiculaire par construction, à cette tangente ; or la droite 5′ 8′ est une ligne de front de ce plan, donc elle doit être, en élévation, perpendiculaire à la projection verticale de cette tangente (2).

3° La face de droite 1′ 2′ 3′ 4′ du solide s'obtient de la même manière.

4° De la projection verticale, on déduit facilement, par lignes de rappel, la projection horizontale du solide.

(*b*) Cylindre capable. — Comme pour le limon d'escalier, nous considérons le cylindre extérieur e_1 f_1 e_2 f_2 (fig. M) et le cylindre intérieur c_1 c c_2 ; et nous chercherons sur les faces inférieures et supérieures du solide les ellipses d'entrée et de sortie de ces cylindres.

---

(1) Pour mener exactement cette tangente, nous avons pris la sous-tangente i' θ″, égale à une longueur et demie de marche, mais prise, en plan, en $i\, i_2$, sur le cercle du point I, et la hauteur, θ″ θ′, a été prise égale à une hauteur et demie de marche.

(2) La tangente i'_2 θ′$_2$ est obtenue comme suit : En plan, on a pris la sous-tangente, i_2 θ$_2$, égale à une longueur et demie de marche, comptée sur le cercle du point i, et, en élévation, θ″$_2$ θ′$_2$, égale à une hauteur et demie de marche.

A cet effet nous lui donnons quartier en M″ et par des reports de profondeurs prises sur le plan (fig. M) nous obtenons en 10 11 ꝑ 1415, etc., ces ellipses.

Comme pour le limon d'escalier, on a supposé que la face inférieure 3′ 7′ du solide a été amenée, par une translation verticale, à se confondre avec la face supérieure. Cela nous donne un seul et même panneau dont une partie sera commune aux deux faces.

(c) Panneaux de joint. — Il est nécessaire d'avoir aussi en N, le rabattement de la face latérale. Cette face est projetée (fig. M″) suivant le parallélogramme 1, 2, 3, 4 ; on prend 1 2, comme charnière, et les points 3″ et 4″ sont obtenus en rabattement en remarquant :

1° Qu'ils sont sur les perpendiculaires, telles que 3 3″ à la charnière, et 2° que la longueur 2 3″ est égale à la longueur 2′ 3′ de la figure M′, comme étant, toutes deux, la vraie grandeur d'une même droite.

Les extrémités y'' et x'' de la ligne de repère sont obtenues de la même manière ; et on doit avoir $x'' y''$ (fig. N) $= x_1 y_1$ pris sur la ligne de repère O V_1 (fig. M).

Quant aux points C_3, D_3, E_3 ..... du panneau N, la figure M′ donne sur la droite Q, en $i'c' - i'd'$, etc., leurs distances à la ligne de repère, et la figure M donne sur la ligne de repère O V leurs profondeurs par rapport au point milieu i_1 : ils sont donc par cela même déterminés.

§ 150. — Taille du voussoir.

Les panneaux de joint une fois appliqués sur les faces latérales du solide, lequel est supposé maintenant avoir la forme d'une couronne cylindrique, on fait passer, à l'aide d'une règle flexible, des hélices par les points $c'_1 - c'_2$ (sur le cylindre intérieur), $e'_1 - e'_2$ et $f'_1 - f'_2$ (sur le cylindre extérieur). Avec un biveau taillé sur le profil méridien E′F′B′ et dont on fait glisser la branche verticale F′E′ sur le cylindre extérieur, on fait apparaître la vis à filet triangulaire engendrée par B′F′.

De même avec une équerre on obtient la vis à filet carré engendrée par D′E′. Avec un biveau taillé sur le profil E′D′G′ et glissant sur cette dernière, on obtient la vis triangulaire engendrée par D′G′.

Enfin la douelle de vis Saint-Gilles engendrée par l'arc de cercle G′B′ s'obtient par un biveau cerce.

§ 151. — Noyau plein.

Les pierres du noyau plein ont la forme indiquée perspectivement sur la figure 215.

Le panneau supérieur $\mu\, p\, q\, s$ est donné par le plan (fig A).

La courbe $p\, q$ est un arc de spirale d'Archimède, intersection d'un plan horizontal et de la vis à filet triangulaire engendrée par la ligne droite P′q' (1).

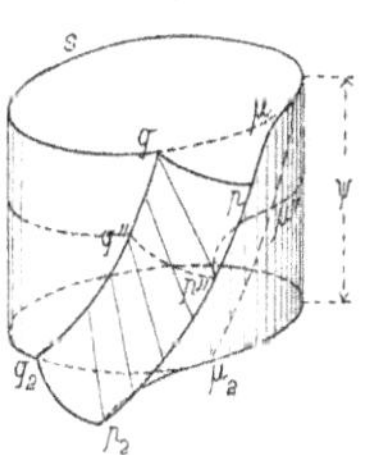

La courbe $\mu\, p$ est la section, par le même plan horizontal, de la surface de la vis Saint-Gilles.

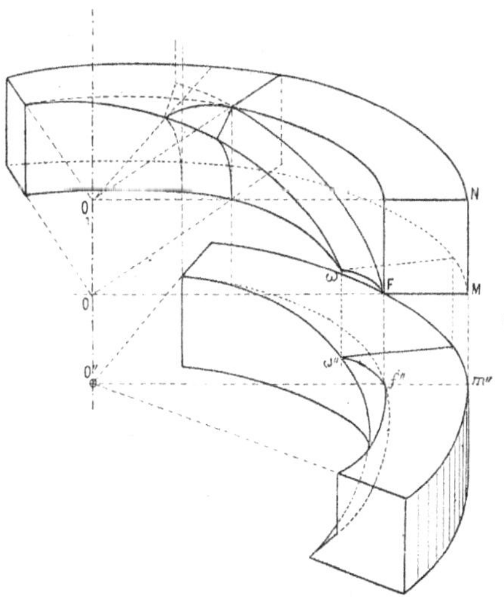

On voit en S′S le point de cette courbe qui est dans le plan méridien (fig. 214).

Le point μ, situé sur le cercle $q_2\, q$, s'obtient en cherchant de quel angle il faut que le plan méridien tourne pour que le point de naissance G′ du cercle méridien, monte hélicoïdalement de la hauteur Ψ, de l'assise considérée dans le noyau.

On voit (fig. D) sur l'échelle T Z′ la construction graphique faite pour y arriver.

1° La longueur T σ′ est égale à la hauteur Ψ de l'assise.

Fig. 216

Fig. 215

(1) Voir en géométrie descriptive les propriétés de la surface de vis à filet triangulaire.

2° Sur une ligne oblique quelconque T σ on a pris en T 7, la longueur d'une marche et demie, comptée sur la ligne de foulée ; et l'on a joint 7 ′ — 7. 3° En menant σ′σ parallèle à 7 ′ — 7, on obtient en T S, la longueur de ligne de foulée qui répond à la hauteur Ψ.

Dès lors, on a porté (fig. A) sur la ligne de foulée, de π en σ′, la longueur trouvée, et joignant O σ ′, on a obtenu en μ le point cherché

En ce point μ, la courbe de section est tangente au cercle de base du noyau.

Le reste de l'épure se comprend facilement. La pierre d'assise du noyau s'obtiendra en déplaçant hélicoïdalement le patron curviligne μ p q q₂ fourni par le plan.

§ 132. — Sommiers.

Le sommier (fig. K ′ et K) affecte une forme analogue à celle du noyau.

On voit, sur le plan, en F — 18, un arc de spirale d'Archimède, section horizontale de la vis triangulaire engendrée par B′F ′, et de 18 en E₁ (cachée), la section de la vis Saint-Gilles par le même plan horizontal de dessous de la pierre.

La figure perspective 216, montre comment les pierres des sommiers se superposeront les unes sur les autres. Il sera bon que les plans de découpe passent de deux en deux, les uns par les points ω, ω″ où se rencontrent les deux courbes, sections horizontales de la vis à filet triangulaire et de la vis Saint-Gilles, et les autres par les points tels que f″ où la spirale ω″ f″ vient rencontrer le cylindre intérieur de la tour ronde.

§ 133. — Surfaces de lit normales.

Nous avons fait remarquer (§ 147, c) que, en prenant les rayons J′B′—J′C′.... pour lignes de lit sur le plan méridien, les vis à filets triangulaires que ces droites engendraient, et que nous prenions pour surfaces de lit n'étaient pas normales à l'intrados de la vis Saint-Gilles. Nous allons, pour terminer, chercher quelle devrait être la vraie surface de lit normale à l'intrados. En réalité, ce serait la surface, lieu géométrique des normales menées à la vis Saint-Gilles par les différents points de l'hélice de lit. Résolvons donc d'abord le problème suivant.

(a) Problème. — Construire en un point B B ′ le plan tangent et en déduire la normale (fig. 217).

Le plan tangent en B B ′ sera défini :

1° Par la tangente B ′t ′ — B t au cercle générateur, et

2° Par la tangente B θ — B ′ θ ′ à l'hélice du point B. Cette dernière tangente est dans un plan de profil : pour avoir sa trace θ, on procède comme nous avons fait plus haut (voir la note du § 148, b, ou 149, a). On a cherché en B θ la sous-tangente répondant à la hauteur B ′ θ ′.

Soit θ, la trace de la tangente.

La trace horizontale du plan tangent est donc t θ, et B ′t ′ en est une ligne de front. Donc la normale a pour projections B n, perpendiculaire sur t θ, et B′I ′, perpendiculaire sur B ′ t ′.

(b) Surface de lit. — Cette normale en tournant hélicoïdalement engendrerait la vraie surface de lit des voussoirs. En réalité c'est donc un hélicoïde gauche quelconque dont le noyau cylindrique aurait pour base le cercle de rayon O J et tangent à B n prolongée. Ainsi donc la vraie

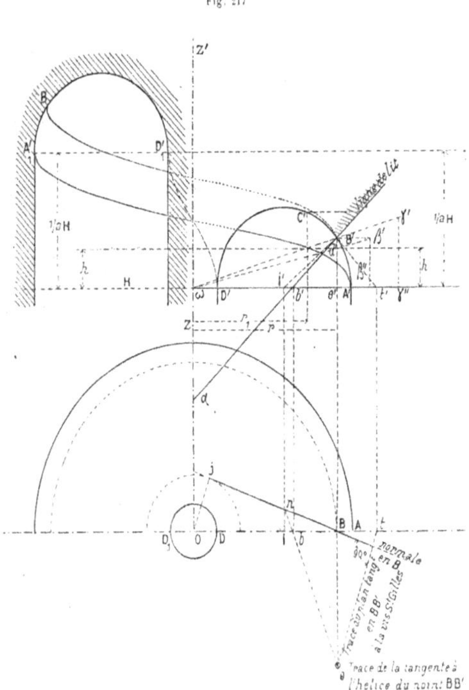

surface de lit devrait être un *hélicoïde gauche quelconque* et non pas une vis à filet triangulaire.

(*c*) Autre surface de lit plus simple. — On lui substitue la surface engendrée par la droite B′ *b′* suivant laquelle le plan tangent en B B′ à cet hélicoïde couperait le plan de front O A, que nous avons appelé le plan méridien.

Pour obtenir cette droite on cherche en *n* la trace horizontale de la normale, et joignant à la trace horizontale θ de la tangente à l'hélice, on a en *n* θ, la trace du plan tangent à l'hélicoïde gauche : d'où l'on déduit en B′ *b′* α, la droite demandée, intersection avec le plan de front OA. En tournant hélicoïdalement, cette ligne engendre alors une vis à filet triangulaire que l'on prend pour surface de lit plus simple ; cette substitution peut se faire, car la vis à filet triangulaire a le même plan tangent en B B′ que l'hélicoïde primitif.

On voit que la droite *d′*B′ que nous devions prendre pour engendrer la vis de lit diffère légèrement du *rayon i′* B′, du cercle, que nous avons pris dans notre épure. Il ne faudrait pas, cependant, s'exagérer l'importance de l'erreur commise en prenant *i′*B′ au lieu de *b′*B′.

CHAPITRE XX

ARCHES BIAISES

§ 154. — Introduction.

Nous avons rencontré souvent, dans le courant des études précédentes, des voûtes biaises, soit cylindriques, soit coniques, et nous les avons appareillées comme si elles étaient droites. Nous prouverons plus loin (§ 155) que cet appareil est défectueux au point de vue de la stabilité.

Lorsque les voûtes ont une faible portée, cela n'a pas de grands inconvénients.

Mais lorsque, ainsi que cela se présente pour les ponts et pour les tunnels de chemins de fer, l'ouverture est considérable et le biais très prononcé, il faut, sous peine de voir la voûte s'écrouler, imaginer un appareil qui assure la stabilité et qui évite ce que l'on nomme la *poussée au vide*.

Les appareils que nous allons indiquer, et qui permettent d'obtenir ce résultat d'une manière satisfaisante, sont relativement d'invention récente. Ils constituent ce que l'on pourrait appeler la *stéréotomie moderne*.

A. APPAREIL ORTHOGONAL

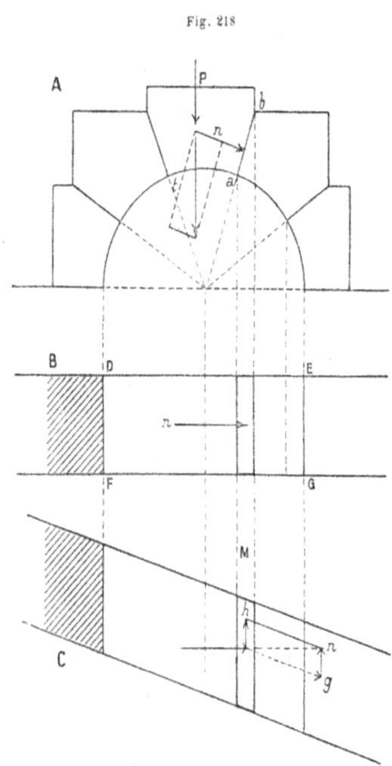

Fig. 218

§ 155. — Poussée au vide dans les voûtes biaises appareillées comme des voûtes droites (fig. 218).

Considérons deux berceaux répondant à une même section droite. L'un (fig. B) est droit, l'autre (fig. C) est biais, et supposons qu'ils soient appareillés de la même manière, c'est-à-dire en prenant pour *lignes de lits* les génératrices du cylindre d'intrados et pour *surfaces de lits* les plans qu'engendreraient les normales à l'intrados menées par tous les points des lignes de lit.

Le poids P (fig. A), que supporte un voussoir, se transmet au voussoir inférieur par l'intermédiaire du plan de lit *a b*. Une composante, *t*, serait parallèle à ce plan ; l'autre, *n*, serait normale.

Cette dernière (voir le plan, fig. B), étant parallèle aux plans de tête D E et F G, viendra, pour la voûte droite, se perdre dans la maçonnerie des culées, et il suffira que ces dernières soient assez massives pour que la voûte se tienne.

Mais dans la voûte biaise (fig. C), cette pression *n*, n'étant plus parallèle aux plans de tête, produira le même effet que deux composantes, l'une, *g*, parallèle aux têtes, que les réactions des piédroits ou des culées détruiront, comme dans le cas de la voûte droite, l'autre, *h*, parallèle aux génératrices du berceau, et, par suite, aux plans de lit, qui tendra à faire glisser le voussoir sur son lit et à le faire tomber du côté de M, dans le vide ; ce dernier effet constitue ce que l'on nomme la *poussée au vide*.

§ 116. — Voûte biaise par arceaux indépendants (fig. 219).

On a construit (fig. A et B) des arches biaises par arceaux droits séparés, en retraite les uns par rapport aux autres. Les intervalles compris entre ces arceaux étaient remplis par une maçonnerie plus légère. Il est évident que, dans ces conditions, chacun de ces arceaux forme une voûte droite donnant sa poussée dans les piédroits. Toute poussée au vide est ainsi évitée. On voit (fig. A) l'aspect en élévation d'une pareille voûte. Les lits s'accusent sur les différents plans de tête par une série de lignes droites ab, ab, ab.... normales aux courbes de tête.

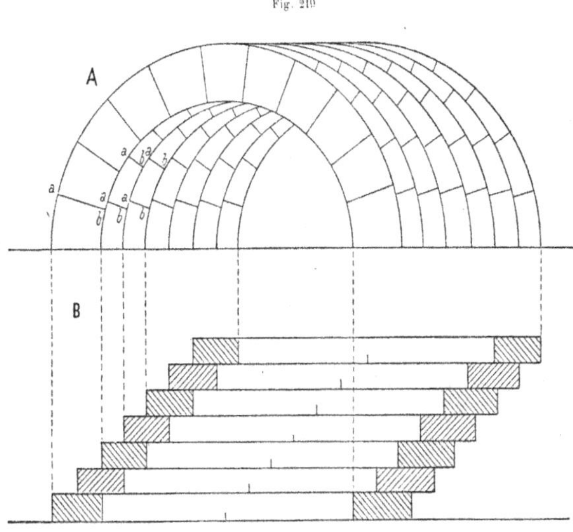

Fig. 219

§ 157. — **Extension à une voûte biaise continue.**

(*a*) Lignes de lit. — Imaginons que nous augmentions indéfiniment le nombre des arceaux droits en réduisant leur épaisseur jusqu'à la rendre *infiniment* petite, et supposons, en outre, que chaque plan de lit d'un arceau succède, d'une manière continue, au plan de lit de l'arceau précédent ; on conçoit, qu'à la limite, les lignes discontinues ab, ab..... de la voûte (fig. A), qui toutes étaient normales aux courbes de tête, se transformeront (fig. 220) en une ligne continue A B C....., rencontrant à angle droit les courbes parallèles aux têtes.

Les courbes telles que A B C constitueront les lignes de lit de l'intrados.

On voit qu'en élévation (fig. 220) ce sont les *trajectoires orthogonales* des courbes parallèles aux têtes. Si elles le sont en élévation sur le plan de tête, elles le sont aussi, en réalité, dans l'espace (1).

(*b*) Surfaces de lit. — Revenons à la voûte discontinue (fig. 219). Nous connaissons les joints de tête ab, ab..... Les plans de lit étant normaux aux têtes peuvent être considérés comme engendrés *cylindriquement* par une droite normale aux plans de tête et s'appuyant sur les lignes ab, ab.....

Généralisons pour la voûte continue (fig. 220). Les petites droites discontinues ab, ab..... sont devenues les trajectoires orthogonales

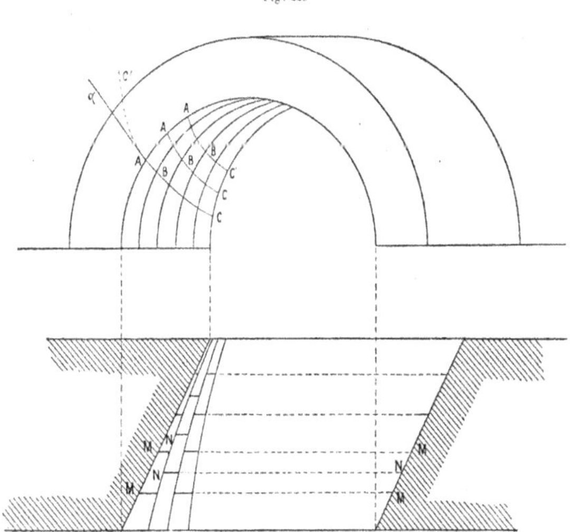

Fig. 220

---

(1) D'après la réciproque du théorème relatif à la projection d'un angle droit en vraie grandeur. (Voir le cours de géométrie descriptive.)

A B C..... Par conséquent, les surfaces de lit seront des cylindres normaux aux plans de tête et ayant pour directrices ces trajectoires (prolongées, s'il y a lieu, en A C).

(c) Surfaces de joints. — Dans une même assise, c'est-à-dire entre deux lits consécutifs, les voussoirs seront découpés par des plans de joint parallèles aux têtes M M, N N (fig. 220).

(d) Autre surface de lit (normale à l'intrados, système Buck). — Les lits cylindriques qui viennent d'être indiqués seraient difficiles à tailler. On leur substitue des *normalies*, c'est-à-dire des surfaces gauches engendrées par des normales à l'intrados qui s'appuieraient sur les trajectoires orthogonales précédentes.

Ce lit gauche diffère du lit cylindrique ; mais il lui est tangent en tous les points de la trajectoire A, B, C.

En effet : Soit A, un de ces points ; d'une part, le plan tangent au cylindre est perpendiculaire au plan de tête, puisque les génératrices le sont aussi, et il contient la tangente A α à la trajectoire qui est sa directrice. Autrement dit, c'est un plan projeté en entier sur le plan de tête suivant la droite A α (fig. 220).

D'autre part, le plan tangent à la surface des normales contient : 1° la tangente A α à la trajectoire, et 2° la normale à l'intrados.

Mais cette dernière se projette aussi suivant A α, puisque, étant perpendiculaire au plan tangent de l'intrados, elle doit être, en projection, perpendiculaire à la trace de ce plan tangent, c'est-à-dire à la tangente à la courbe de tête. Donc le plan tangent à la surface des normales est, lui aussi, projeté tout entier suivant A α et, par suite, se confond avec le précédent.

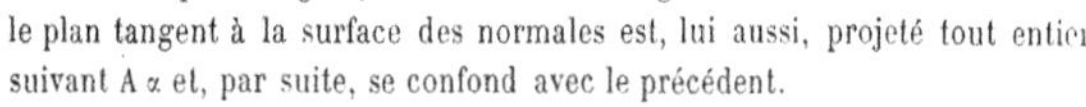
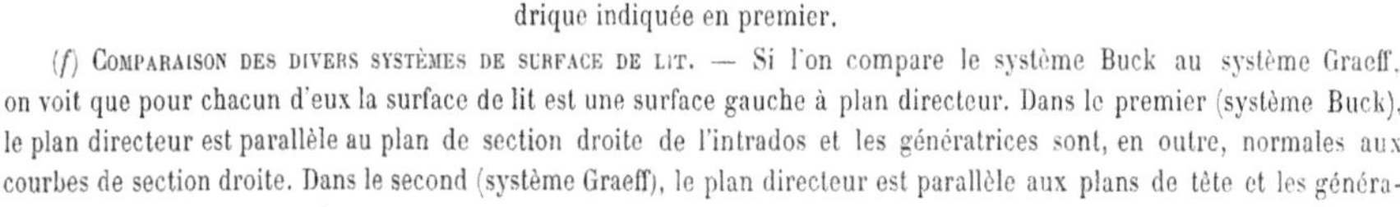

En substituant, par conséquent, aux lits cylindriques, des lits gauches normaux, on rentrera dans un procédé de taille plus familier aux appareilleurs, et les voussoirs jouiront toujours de ces propriétés (fig. 221) : 1° que la douelle d'intrados aura ses quatre angles curvilignes $m\,m - m'\,m'$ droits, et 2° que, en un point n quelconque pris sur la ligne de lit du contour de la douelle, le biveau n, qui mesurerait l'angle dièdre des plans tangents aux surfaces qui s'y rencontrent, sera droit.

(e) Autre surface de lit (normale aux courbes de tête, système Nicholson et Graeff). — On peut encore engendrer les lits par une droite assujettie : 1° à rencontrer toujours la trajectoire orthogonale (courbe de lit) ; 2° à être parallèle au plan de tête, c'est-à-dire à être contenue dans le plan de joint, et 3° à être normale à la courbe de joint (courbe parallèle aux têtes). On voit facilement que cette surface de lit est, elle aussi, tangente à la surface cylindrique indiquée en premier.

(f) Comparaison des divers systèmes de surface de lit. — Si l'on compare le système Buck au système Graeff, on voit que pour chacun d'eux la surface de lit est une surface gauche à plan directeur. Dans le premier (système Buck), le plan directeur est parallèle au plan de section droite de l'intrados et les génératrices sont, en outre, normales aux courbes de section droite. Dans le second (système Graeff), le plan directeur est parallèle aux plans de tête et les génératrices sont, en outre, normales aux courbes parallèles aux têtes.

Dans les deux systèmes, la surface de lit est normale aux plans de tête, ce qui est la condition nécessaire pour éviter la poussée au vide. Seulement, le système Graeff a pour avantage de donner des lignes droites comme intersection avec les plans de tête, tandis que le système Buck donne (fig. 221) des lignes courbes $m'\,p' - m'\,p$ ..... Et même, si la courbe de tête est un cercle, les joints de tête (système Graeff), lui étant normaux, convergent tous au centre.

Dans les voussoirs de ces deux systèmes, tous les angles de douelle sont droits ; tous les biveaux aussi, sauf celui du plan de tête et du plan tangent au cylindre d'intrados.

Mais, pour ce dernier, il n'y a pas moyen de faire autrement ; il est toujours, sauf pour le point le plus haut de la courbe de tête, différent d'un angle droit, puisqu'il est une conséquence forcée du biais de la voûte ; il est indépendant de l'appareil adopté.

§ 158. — **Aperçu sommaire de l'épure de l'appareil orthogonal parallèle** (fig. 222).

On suppose que la section droite de l'intrados est un cercle (fig. 222, A).

Le plan est indiqué en B. L'intrados a été développé en C, et les sinusoïdes $A_1 B_1 - C_1 D_1$ sont les transformées des sections de tête $a\,b, c\,d$. Aux points de naissance $A_1 B_1 C_1 D_1$, les sinusoïdes sont perpendiculaires aux génératrices. Aux points milieux $I_1 J_1$, elles font avec la génératrice centrale $I_1 J_1$ l'angle θ du biais, et présentent un point d'inflexion.

1° Les sinusoïdes $A_1 B_1 C_1 D_1$ de tête sont divisées en un nombre impair de parties égales aux points 1 2 3.... 1′ 2′ 3′....., afin d'avoir des voussoirs de longueurs égales sur la courbe de tête.

2° On relève sur un patron l'une des sinusoïdes de tête, et, la faisant glisser parallèlement aux génératrices, on trace un certain nombre de sinusoïdes parallèles, m, m', m, m.....

3° Se basant sur ce fait que les angles se conservent en développement, on trace une trajectoire orthogonale f_1 8 $n_1 k_1$ de toutes ces sinusoïdes. (Voir plus loin une note sur l'équation de ces courbes, page 147.)

4° On découpe un patron sur cette courbe ; puis, le faisant glisser parallèlement aux génératrices, en se guidant en

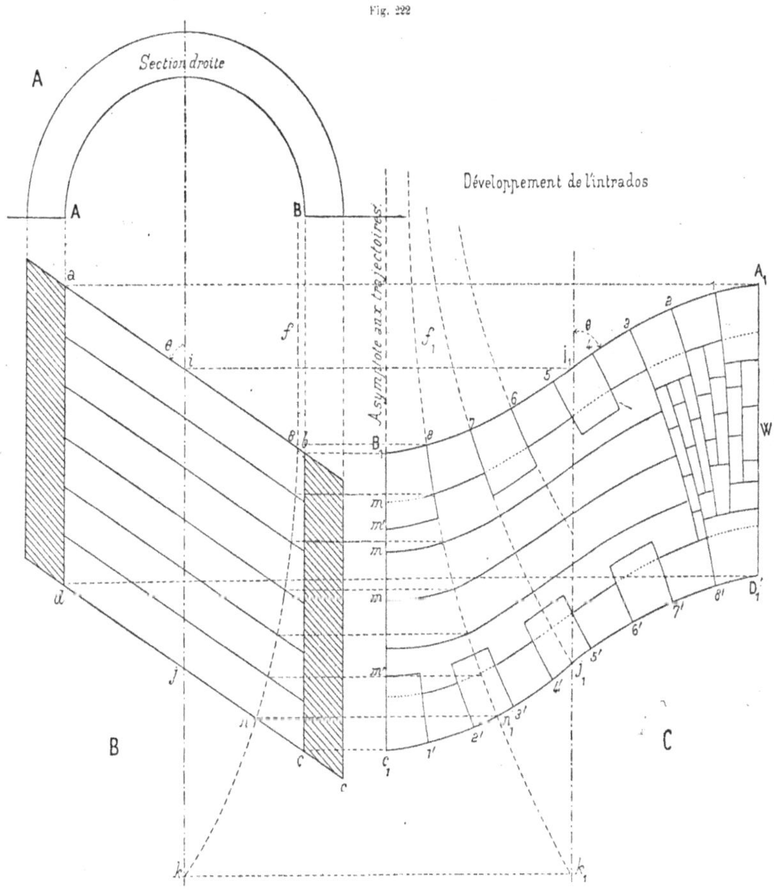

Fig. 222

outre sur le point de repère central k_1, on fait passer ce patron par tous les points de division des têtes 1 2 3 .... 1′ 2′ 3′....., ce qui donne les lignes de lit en développement.

5° On fait ensuite l'enroulement sur l'intrados (fig. B). Le croquis ci-joint montre le détail de l'opération, et fait comprendre comment, en découpant un autre patron f 8 $n k$, on simplifiera le tracé des trajectoires en projection horizontale.

Remarque. — Les trajectoires parties des points 1 2 3 de l'une des têtes ne se raccorderont pas avec celles qui sont parties des points 1′ 2′ 3′.... de l'autre tête.

Souvent on se contentera d'appareiller en pierres de taille les voussoirs de tête, et la figure C montre, en développement, dans la région W, comment le raccordement pourra se faire ensuite avec des moellons d'appareil.

La taille de ces derniers se fera en général sur le cintre même ; on tracera sur la surface de ce dernier les lignes de lit et de joint et on taillera les moellons à la demande des panneaux de douelle ainsi mis en évidence (1).

§ 159. — Appareil orthogonal convergent.

Il arrive souvent que, dans une voûte biaise un peu longue, les deux plans de tête ne sont pas parallèles, ou que la voûte (fig. 223), droite sur une tête *a b*, soit biaise sur l'autre *a′ b′*. Dans ce cas, on prolonge le plan de tête *a′ b′* jusqu'à un plan de section droite, *a b*, qui en sera suffisamment éloigné.

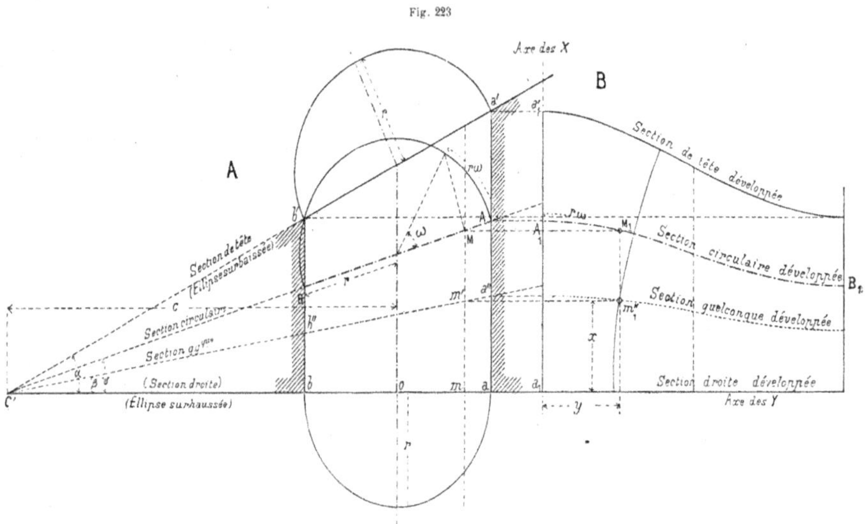

Fig. 223

Ces deux plans se rencontreront suivant une verticale tout entière projetée en un point C.

On imagine ensuite une série de plans verticaux *c b″ a″ — C B A* passant tous par cette verticale, et l'on prend pour lignes de lit les trajectoires orthogonales de toutes ces sections.

A cet effet, on les développe (fig. B). Elles se transforment en une série de sinusoïdes *a′₁ b′₁ — A₁ B₁*, etc., toutes différentes, auxquelles on mène des trajectoires orthogonales (2). L'épure s'achève comme pour l'appareil orthogonal parallèle.

(1) Voir à ce sujet le *Cours de Construction de Ponts*, par M. Morandière. — Dunod, éditeur.

(2) *Note.* — M. Graeff, inspecteur général des Ponts et Chaussées, a donné l'équation la plus générale de ces trajectoires orthogonales développées.

Il a pris comme variables définissant la position d'un point quelconque m''_1 de l'une de ces trajectoires (fig. 223) :

1° Son abscisse x (fig. B) ; 2° la longueur $A_1 M_1 = r \omega = A M$ (fig. A) que la génératrice du point m''_1 détache soit sur la section A B qui est un cercle de rayon r, soit (fig. B) sur la sinusoïde $A_1 M_1 B_1$ qui est le développement de cette section circulaire.

Cette variable $r \omega$ (et, par suite, l'angle ω) est liée à l'ordonnée y du point courant m''_1 par une relation algébrique assez compliquée. En employant la variable $r \omega$ au lieu de l'ordonnée y, on simplifie les formules.

En appelant c la longueur C O (fig. A), α, φ et β les angles que font avec la section droite : 1° le plan de tête (α) ; 2° le plan de section circulaire (φ), et 3° le plan de section courante (β), l'équation de la trajectoire orthogonale est :

$$\text{(A)} \quad \frac{x^2}{2} = \frac{c\,r}{\cos \varphi} \,\mathrm{L}\, \mathrm{tg}\, \frac{1}{2}\, \omega + \frac{c\,r\, \sin.^2 \varphi}{\cos \varphi} \cos. \omega + r^2\, \mathrm{L}\, \sin. \omega + \frac{r^2 \sin.^2 \varphi\, \cos.^2 \omega}{2} - \text{constante}.$$

L. étant le signe des logarithmes népériens.

La constante

B. APPAREIL HÉLICOÏDAL.

§ 160. — **Description générale de l'appareil** (fig. 224, voir plus loin).

L'appareil orthogonal, très bon au point de vue de la stabilité, a le grand inconvénient de donner des voussoirs iné-gaux entre eux et nécessitant par conséquent, pour leur taille, des panneaux et des biveaux tous différents. Cela tient à ce que les trajectoires orthogonales ne sont pas superposables à elles-mêmes dans toutes leurs parties comme le seraient des hélices tracées sur un cylindre de révolution. C'est pourquoi on lui substitue ordinairement l'appareil que nous allons décrire.

(*a*) LIGNES DE LIT ET LIGNES DE JOINT. — Nous supposons la section droite circulaire, ce qui revient à dire que l'intrados est un cylindre de révolution (soit r son rayon), et nous imaginons (surtout pour la facilité des raisonnements) que l'ex-trados est aussi de révolution ; soit R son rayon (voir plus loin, fig. 224).

Développons l'intrados (fig. 124, B) comme dans l'appareil orthogonal, et remarquons que les sinusoïdes de tête $D_1 C_1$ et $B_1 A_1$ diffèrent assez peu de leurs cordes. D'ailleurs cette corde passe par le point d'inflexion ; elle a donc trois points communs avec la sinusoïde.

Par conséquent, en substituant aux trajectoires orthogonales des sinusoïdes les trajectoires orthogonales de leurs cordes, nous nous écarterons assez peu de l'appareil orthogonal.

Mais les cordes des sinusoïdes sont toutes parallèles. Il en sera donc de même de leurs trajectoires orthogonales. Par conséquent, ces dernières seront des lignes droites sur le développement (fig. B) et elles deviendront, par enroulement (fig. A), les *hélices de lit,* tandis que les parallèles aux cordes des sinusoïdes deviendront d'autres hélices qui seront les *hélices de joints discontinus.*

Si nous prenons les unes et les autres équidistantes, tous les voussoirs (sauf ceux des têtes et des naissances) seront égaux entre eux.

(*b*) SURFACES DE LITS ET SURFACES DE JOINTS. — Prenant les hélices précédentes comme directrices, nous ferons glisser sur elles des normales à l'intrados ; nous engendrerons ainsi deux séries de surfaces de vis à filet carré, qui constitueront les surfaces de lit et les surfaces de joint. Tel sera l'*appareil hélicoïdal.*

§ 161. — **Considérations théoriques.**

(*a*) HÉLICES DE LIT. — Divisons (fig. B) les cordes des sinusoïdes en un certain nombre de parties égales, 9 par exemple, aux points 1 2 3..... 1′ 2′ 3′..... Par un des points de division, D_1, menons une perpendiculaire $D_1 T_1$ aux cordes. Nous nommerons *angle intradossal naturel,* ω, l'angle qu'elle fait avec les génératrices du cylindre.

Selon toutes les probabilités, cette droite $D_1 T_1$ ne passera pas par un des points de division de l'autre corde $A_1 B_1$. Nous lui substituerons alors une droite $D_1 N_1$ passant cette fois par un point de division exacte, mais nous aurons soin de prendre $D_1 N_1$ plus rapproché des naissances que $D_1 T_1$, autrement dit *nous diminuerons l'angle intradossal naturel,* et nous lui en substituerons un autre, *m,* plus petit. (Nous justifierons plus loin cette réduction.)

L'angle *m* se nomme l'*angle intradossal rectifié.*

Il est facile d'obtenir sur l'intrados (fig. A), en plan, la sinusoïde D N i L, projection horizontale de l'hélice résultant de l'enroulement de la droite $D_1 N_1 I_1 L_1$ de la figure B.

(*b*) HÉLICES DE JOINT. — Les lignes de joint, développées, seront les droites telles que $\beta_1 \omega_1 \delta_1$ (fig. B), perpendiculaires sur les lignes de lit. Elles s'enrouleront suivant des hélices δ ω β, faciles à déterminer (fig. A). Elles ne sont pas, en développement, parallèles aux cordes des sinusoïdes ; cela résulte du changement de l'angle intradossal.

(*c*) SURFACES DE LIT ET SURFACES DE JOINT. — Les normales à l'intrados, le long des hélices précédentes, engendreront des vis à filets carrés qui seront les surfaces de lit et de joint.

La constante sera déterminée par la condition de faire passer la trajectoire par tel ou tel point soit de la courbe de tête, soit de la courbe de section droite. Cette équation (A) s'applique à tous les cas qui, pratiquement, sont ordinairement les suivants :

I. APPAREIL ORTHOGONAL CONVERGENT.	*a*	Section de tête circulaire. / Section droite elliptique.	$\alpha = \varphi.$
	b	Section de tête elliptique. / Section droite circulaire.	$\varphi = 0.$
II. APPAREIL ORTHOGONAL PARALLÈLE.	*a*	Section de tête circulaire. / Section droite elliptique.	
	b	Section de tête elliptique. / Section droite circulaire.	

Pour plus de détails, nous renverrons le lecteur au savant mémoire de M. Graeff sur les arches biaises.

Prolongées jusqu'à l'extrados de rayon R et, plus généralement, jusqu'à un cylindre intermédiaire quelconque de rayon r' concentrique au cylindre d'intrados, elles le recouperont suivant des hélices de même pas total, et de même pas réduit (voir fig. E, épure des pas réduits ; h est le pas réduit des vis de lit, h' est le pas réduit des vis de joint).

On voit (fig. D) le développement de l'extrados. Sa largeur en section droite est πR, au lieu de πr, qui était celle de l'intrados. Les lignes de rappel font voir comment on obtient en $L_2 D_2$ la ligne de lit d'extrados et en $\beta_2 \delta_2$ la ligne de joint. Il est facile de voir que $L_2 D_2$ n'est pas non plus perpendiculaire sur la corde E G_2 de la sinusoïde d'extrados ; seulement, tandis que sur l'intrados, par suite de la diminution apportée à l'angle intradossal (fig. B), l'angle de $D_1 L_1$ avec $B_1 A_1$ était obtus, sur l'extrados l'angle correspondant est aigu. Il est donc facile à comprendre qu'il doit exister un cylindre intermédiaire de rayon r' pour lequel la condition de perpendicularité entre la corde de la sinusoïde et l'hélice de lit sera remplie (1).

Or, comme la transmission des pressions entre les voussoirs se fait, à peu près, sur un cylindre intermédiaire entre l'intrados et l'extrados, il est préférable que la condition de perpendicularité soit plutôt remplie pour lui que pour tout autre.

Nous justifions donc ainsi, par une première raison mécanique, la diminution de l'angle intradossal.

Remarquons, en passant : 1° Que les pas de toutes les hélices de lit des différents cylindres de rayon r, r', R..... sont les mêmes, mais que les angles m, m', M qu'elles font avec les génératrices vont en augmentant et que l'on aura toujours d'après la théorie de l'hélice

$$\frac{r}{\text{tg. } m} = \frac{r'}{\text{tg. } m'} = \frac{R}{\text{tg. } M} = h \; (h \text{ étant le pas réduit de la vis}) ;$$

2° Que les hélices de lit d'extrados recouperont aussi en parties égales les cordes des sinusoïdes d'extrados (fig. D) ;

3° Que les cordes de toutes les sinusoïdes, transformées des courbes de tête des divers cylindres, font toutes le même angle γ avec les transformées des génératrices.

$$\text{Tang. } \gamma = \frac{\pi}{2 \text{ cotg. } 0} ;$$

4° Que les hélices de joint d'extrados ($\beta_2 \delta_2$) ne sont plus perpendiculaires aux hélices de lit ($D_2 L_2$).

§ 162. — **Joints des têtes.** — **Théorie des foyers** (même figure 224).

(a) LE FOYER DES JOINTS DE TÊTE. — Les hélicoïdes de lit recouperont le plan de tête suivant des courbes $n'_1 s'_1$ (fig. C)

---

(1) On peut calculer le rayon r' du cylindre pour lequel les hélices de lit seraient perpendiculaires aux cordes des sinusoïdes correspondantes. Soit r' le rayon de ce cylindre moyen, et supposons (ce qui n'est pas), pour faciliter le raisonnement, que la figure D donne le développement de ce cylindre moyen. Partout où se trouve R sur la figure D, nous prendrons à la place et nous écrirons r'.

On aurait, en appelant γ l'angle de la corde de la sinusoïde avec la génératrice (fig. D) :

$$\text{Tg. } \gamma = \frac{\overline{O_2 V}}{\overline{V K}} = \frac{\frac{\pi}{2} r'}{r' \text{ cotg. } \theta} = \frac{\pi}{2 \text{ cotg. } \theta} \text{ (quantité constante)}.$$

On aurait, d'autre part (même figure, D) :

$$\text{Tg. } M = \frac{\overline{D_2 \delta_2}}{\overline{L_2 \delta_2}} = \frac{\pi r'}{\pi r \text{. cotg. } m} = \frac{r'}{r \text{ cotg. } m}.$$

Pour la perpendicularité, il faut que l'on ait : tg. $\gamma \times$ tg. $M = 1$,   d'où :

$$\frac{\pi r'}{2 r \text{ cotg. } \theta \text{ cotg. } m} = 1,$$

expression de laquelle on tire

$$\frac{r'}{r} = \frac{r \text{ cotg. } \theta \text{ cotg. } m}{\frac{\pi r}{2}}$$

Nous construirons tout à l'heure (fig. F, épure des paramètres), en $\lambda \sigma$, l'expression $q = r$ cotg. θ cotg. m.

D'autre part, la quantité $\dfrac{\pi r}{2}$ est donnée (fig. B) par la demi-section droite de l'intrados développé.

On construit donc r' de la manière suivante (fig. A″) :

On prend $\overline{O G} = q = r$ cotg. θ cotg m et $\overline{O S} = \dfrac{\pi r}{2}$. On joint S A et la parallèle G J donne en $\overline{O J}$ le rayon r' de ce cylindre moyen.

En effet, on a :

$$\frac{r'}{r} = \frac{O G}{O S} = \frac{r \text{ cotg. } \theta, \text{ cotg. } m}{\frac{\pi r}{2}}$$

Nota. — Par hasard, ici, r' est sensiblement la demi-somme de r et de R.

et non pas suivant des droites, car le plan de tête n'étant pas une section droite n'est pas parallèle aux normales qui sont les génératrices et, par suite, les seules droites de l'hélicoïde.

On voit facilement (fig. C) comment, en se servant des deux hélices N D et S D₁ d'intrados et d'extrados qui appartiennent à la même vis de lit, on a obtenu deux points n'_1 et s'_1 de l'intersection. On pourrait obtenir de même des points intermédiaires. Nous donnons plus loin (§ 167, d) un procédé pour obtenir ces courbes à l'aide de leurs tangentes.

Nous allons chercher la tangente $F'_1 n'_1$ à cette courbe au point n'_1 situé sur l'intrados, et nous prouverons qu'elle passe par un point fixe F''_1 (fig. C) et F' (fig. A′) situé sur le petit axe de l'ellipse de tête et que nous nommerons le *foyer*.

Faisons la démonstration sur l'épure en section droite (fig. A′).

La tangente $F' n'$ sera l'intersection du plan de tête et du plan tangent à l'hélicoïde.

Or ce dernier est déterminé : 1° par la normale qui est le rayon $n' o'$; 2° par la tangente à l'hélice de lit.

Prenons comme plan vertical auxiliaire le plan de front O Z passant par le petit axe de l'ellipse de tête et cherchons, sur ce plan vertical, la trace du plan tangent. Elle sera parallèle à la normale $o' n'$ qui est une droite de front du plan tangent et elle passera par le point X x' où la tangente à l'hélice perce le plan de front O Z.

Cette trace du plan tangent sera donc x' F′, parallèle à O′ M. Elle rencontre le petit axe en F′ et la tangente cherchée au joint de tête est F′ n'.

Je dis que O′ F′ est constant.

Pour le démontrer, calculons O′ F′ $= p$.

A cet effet, $n' x'$ est la sous-tangente de l'hélice. Elle est en vraie grandeur en $\overline{X_1 U_1}$ sur le développement (fig. B) et sur ce développement on reconnaît que : $\overline{X_1 U_1}$ ou $\overline{n' x'} = \overline{N_1 U_1}$ tg. m.

Or (fig. A′) $\overline{n' y'} = \overline{O' F'}$ et les deux triangles semblables $n' y' x'$ et $w' n' o'$ donnent :

$$\frac{\overline{n' y'}}{\overline{o' n'}} = \frac{\overline{n' x'}}{\overline{n' w'}}$$

ou :

$$(1) \qquad \frac{p}{r} = \frac{\overline{N_1 U_1}\ \text{tg.}\,m}{\overline{n' w'}}$$

Mais $\overline{n' w'}$ (fig. A′) $= \overline{O U}$ (fig. A) $= \overline{N_1 U_1}$ tg. θ ; donc, en substituant dans (1)

$$\frac{p}{r} = \frac{\overline{N_1 U_1}\ \text{tg.}\,m}{\overline{N_1 U_1}\ \text{tg.}\,\theta,} = \text{cotg.}\,\theta \times \text{tg.}\,m,$$

d'où :

$$(1') \qquad p = r\ \text{cotg.}\,\theta \times \text{tg.}\,m.\ \text{Quantité constante. C. Q. F.D.}$$

(*b*) FOYERS RÉPONDANT A D'AUTRES CYLINDRES. — Cette formule est générale et s'applique à tout autre cylindre que celui d'intrados, par exemple au cylindre de rayon r' (fig. A″). Son foyer F'_1 sera à une distance p' donnée par la formule :

$$p' = r'\ \text{cotg.}\,\theta.\ \text{tg.}\,m',$$

et on a vu que

$$\frac{\text{tg.}\,m'}{\text{tg.}\,m} = \frac{r'}{r};\ \text{d'où : tg.}\,m' = \frac{r'}{r}\ \text{tg.}\,m,$$

et en substituant

$$p' = r'\ \text{cotg.}\,\theta \times \frac{r'\ \text{tg.}\,m}{r}$$

Multiplions haut et bas par r et remarquons que r cotg. θ tg. m c'est p, nous en déduirons :

$$(2) \qquad \frac{p'}{p} = \frac{r'^2}{r^2}.$$

Nous déduirons (fig. A″) de cette formule une construction très simple pour déterminer les distances focales p', p'', répondant aux rayons r', r'', en les déduisant de la première, p.

On joint F a (fig. A″) et on mène $a\,\omega$ perpendiculaire sur F′ a :

Pour avoir le foyer F′ répondant au cylindre de rayon r', joignons ω J, menons J F′, perpendiculaire et nous aurons F′. En effet, on a :

$$r^2 = \overline{OF} \times \overline{O\omega}\ \text{ et }\ r'^2 = \overline{OF'} \times \overline{O\omega} ;$$

donc

$$\frac{OF'}{OF} = \frac{r'^2}{r^2},\ \text{ce qui est la formule (2).}$$

(*c*) FOYER DES HÉLICOÏDES DE JOINT. — Le théorème des foyers est vrai pour toutes les sections que feraient sur le plan de tête des hélicoïdes quelconques, du genre vis à filets carrés, et par conséquent, si les hélicoïdes de joint recoupaient, eux aussi, le plan de tête (ce qu'ils ne font pas en réalité), les courbes d'intersection auraient leurs tangentes passant par un même point fixe G, dit *foyer des hélicoïdes de joints*. Soit q, la distance O G.

Fig. 224

Section droite
Section d'équilibre
A''
A'
E
Épure des pas réduits
h . r cotg m
D. Développ.t de l'extrados
A. Plan
B. Développ.t de l'intrados.
F
Épure des paramètres p & q.
q . r cotg θ . cotg m
Section droite
πR
π.r
Ligne de joint d'extrados
Ligne de joint d'intrados
Ligne de lit d'extrados
Ligne de lit d'intrados
C. Section de tête
πR/2
π r/2
π r

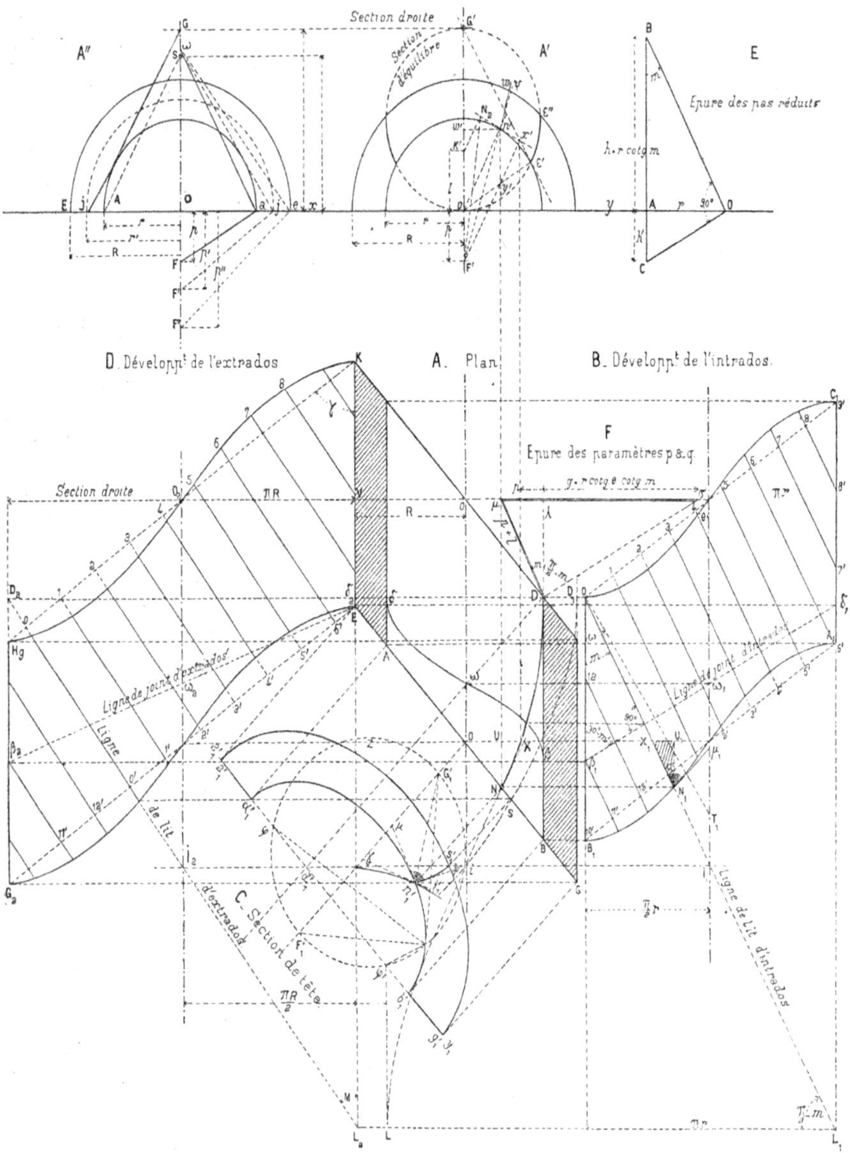

La même formule servira, en y remplaçant l'angle m par $\dfrac{\pi}{2} - m$, puisque les hélices de joint d'intrados sont perpendiculaires sur les hélices de lit, ce qui donnera :

$$q = r . \text{Cotg. } \theta \text{ cotg. } m.$$

Ce foyer G variera aussi avec les cylindres d'après leurs rayons ; et si l'on nomme $q' q'' \ldots$ les distances focales des hélicoïdes de joint, on aura aussi la formule :

$$\frac{q}{q'} = \frac{r^2}{r'^2}, \text{ et, par suite, } \frac{q}{q'} = \frac{p}{p'}.$$

(La démonstration de cette formule est facile à faire. Nous ne la donnons pas ici.)

Reportons (fig. C) les distances p et q sur l'épure qui donne la courbe de tête en vraie grandeur, nous aurons en F'_1 et G'_1 les foyers, et, par suite, en $F'_1 n'_1$, la tangente au joint de tête.

(d) Epure des paramètres. — Les paramètres p et q sont construits (fig. F, épure des paramètres) en $\lambda \mu$ et $\lambda \sigma$. On a évidemment $\overline{D \lambda} = r \text{ cotg. } \theta$; menons $D \mu$ parallèle à $D_1 L_1$ et, par suite, incliné à l'angle m sur les génératrices. On aura :

$$\overline{\lambda \mu} = \overline{D \lambda} \text{ tg. } m \text{ (et, par suite)} = r \text{ cotg. } \theta, \text{ tg. } m = p.$$

En menant $D \sigma$ perpendiculaire sur $D \mu$, on aura :

$$\overline{\lambda \sigma} = \overline{D \lambda} \text{ cotg. } m = r \text{ cotg. } \theta \text{ cotg. } m = q.$$

(e) Relations entre les paramètres p et q et entre les axes a et b de l'ellipse de tête.

On aura :

$$p \, q = r \text{ cotg. } \theta \text{ tg. } m \times r \text{ cotg. } \theta . \text{ cotg. } m = r^2 \text{ cotg.}^2 \theta.$$

Mais pour l'ellipse de tête on a (fig. C), en appelant a et b ses axes :

$$b = r \text{ et } a = \frac{r}{\sin. \theta}.$$

d'où l'on déduit :

$$a^2 - b^2 = \frac{r^2 - r^2 \sin^2. \theta}{\sin^2. \theta} = \frac{r^2 \cos^2. \theta}{\sin^2. \theta} = r^2 \text{ cotg}^2. \theta \; ;$$

mais, $a^2 - b^2$, c'est le carré c^2 de la demi-distance focale de l'ellipse de tête. Soient φ et φ' ses deux foyers. La relation précédente prouve donc que : $p \, q = c^2$, ce qui veut dire géométriquement que la circonférence construite sur $F'_1 G'_1$ (fig. C) comme diamètre passe par les foyers φ et φ' de l'ellipse de tête.

Cette propriété a été démontrée par M. Lucas, ingénieur des ponts et chaussées.

§ 163. — Considérations sur l'équilibre d'un voussoir de tête (même figure 224).

(a) Les trois tangentes au sommet d'un voussoir de tête. — Un voussoir de tête sera d'autant plus acceptable qu'il se rapprochera plus d'un voussoir de l'appareil orthogonal. Nous allons chercher quel est le point de la courbe de tête pour lequel les trois arêtes du voussoir qui l'aurait pour sommet dans l'appareil hélicoïdal se rapprochent le plus des trois arêtes du voussoir orthogonal qu'il est destiné à remplacer.

Etudions le point $N N_1 n'n'_1 \ldots$ et considérons les trois tangentes aux trois courbes qui s'y rencontrent. Ces trois tangentes sont (fig. C) :

1° La tangente $n'_1 \mu$ à l'ellipse de tête. (Le voussoir orthogonal aurait aussi cette tangente) ;

2° La tangente $n'_1 \varphi$ au joint de tête. Elle passe par le foyer F'_1. (Dans le voussoir orthogonal, cette tangente $n'_1 \varphi$ serait remplacée par la normale à l'ellipse, voir A α, fig. 220);

3° La tangente $n'_1 \gamma$ à l'hélice directrice $i'_1 n'_1 d'_1$ (1). (Dans l'appareil orthogonal, cette hélice serait remplacée par la trajectoire orthogonale des courbes parallèles aux têtes et, par suite, $n'_1 \gamma$ serait remplacé par une droite, elle aussi, normale à l'ellipse.)

Il résulte de cette comparaison que si nous pouvions trouver un point ε' sur l'ellipse de tête, pour lequel la tangente $n'_1 \mu$ serait perpendiculaire aux deux autres tangentes γ et ψ, ce point serait le meilleur de toute la courbe de tête ; nous le nommerions le *point d'équilibre*.

(b) Point d'équilibre. — Pour le trouver, remarquons que la tangente $n'_1 \gamma$ à l'hélice est perpendiculaire à la droite $n'_1 G'_1$ qui aboutirait au foyer supérieur des hélices de joint d'intrados.

(1) On voit facilement sur l'épure (fig. C et A) comment ces trois points, i'_1, n'_1 et d'_1, sont obtenus.

En effet, l'hélice de joint et, par suite, la vis de joint, est, sur l'intrados, normale à l'hélice de lit $n'_1 d'_1$ et, par suite, la trace $n'_1 G'_1$ de son plan tangent, sur le plan de tête, est normale à la tangente $n'_1 \gamma$ de l'hélice de lit ; C. Q. F. D.

Cela posé, menons à l'ellipse de tête la tangente $G'_1 \varepsilon'_1$ (1) ; je dis que nous aurons en ε'_1 le point d'équilibre.

En effet, $\varepsilon'_1 F'_1$ aboutissant au milieu F'_1 de l'arc de cercle $\varphi \varphi'$ est la bissectrice des rayons vecteurs $\varepsilon'_1 \varphi$ et $\varepsilon'_1 \varphi'$ et, par suite, est normale à l'ellipse ; elle est donc à la fois la tangente à l'hélice de lit et la tangente au joint de tête, et pour ce point ε'_1 les trois tangentes au sommet du voussoir se confondent dans le système hélicoïdal et dans le système orthogonal.

Remarque. — Cette propriété d'être tangente à la courbe de tête se conserve dans toutes les projections et en particulier en projection sur la section droite (fig. A'). On aura donc le point d'équilibre ε' (fig. A') en menant du point G' la tangente au cercle de section droite.

§ 164. — Lieu des points d'équilibre. — Cylindre d'équilibre.

Le point G'_1 (ou G'), foyer des hélicoïdes de joint pour l'intrados, jouit de la propriété d'être un point par lequel passe la normale à l'hélice de lit d'intrados, parce que sur l'intrados l'hélice de lit est perpendiculaire à l'hélice de joint : c'est ce qui fait que la formule qui a donné q, s'est déduite de la formule qui donnait p.

$$p = r \text{ cotg. } \theta \times \text{ tg. } m,$$

en remplaçant m par $\dfrac{\pi}{2} - m$, ce qui donnait :

$$q = \frac{r \text{ cotg. } \theta}{\text{tg. } m}.$$

A ce titre, le point G' pourrait être appelé foyer conjugué du foyer F'. Il en serait de même pour toute hélice de lit appartenant à un cylindre quelconque de rayon r', ce qui veut dire que si dans la formule qui donne sa distance focale :

$$p' = r' \text{ cotg. } \theta, \text{ tg. } m',$$

on remplaçait m' par $\dfrac{\pi}{2} - m'$, on aurait le conjugué de son foyer, c'est-à-dire un point par lequel passerait, sur l'élévation de tête (fig. C), la normale à cette hélice.

Cela donnerait, pour la distance ρ' conjuguée de p' :

$$\rho' = \frac{r' \text{ cotg. } \theta}{\text{tg. } m'}, \qquad\qquad \text{d'où l'on déduit :}$$

$$\frac{q}{\rho'} = \frac{r}{r'} \times \frac{\text{tg. } m'}{\text{tg. } m} ; \qquad\qquad \text{mais :}$$

$$\frac{r'}{r} = \frac{\text{tg. } m}{\text{tg. } m'}, \qquad\qquad \text{d'où l'on déduit :}$$

$$\frac{q}{\rho'} = 1 \text{ et } q = \rho'.$$

Cela prouve que les normales aux projections des diverses hélices de lit, aux points où ces hélices percent le plan de tête (fig. C), passent par un point fixe G'_1, et que l'on obtiendrait les points d'équilibre des diverses ellipses de tête, intermédiaires entre l'ellipse d'intrados et l'ellipse d'extrados, en menant du point fixe G'_1, chaque fois, une tangente à ces ellipses, lesquelles sont homothétiques et concentriques.

Mais cette propriété d'être tangente se conserve sur toute autre projection ; donc, en particulier, sur la section droite (fig. A'), on aura les points d'équilibre, tels que le point ε'' d'extrados, en menant du point G' une tangente au cercle correspondant de section droite.

Le lieu des points d'équilibre $\varepsilon' \varepsilon''$ est donc, en section droite, le demi-cercle construit sur O'G' comme diamètre.

En réalité, dans tout le corps de la voûte, c'est le cylindre qui a ce cercle pour base. On le nomme le *cylindre d'équilibre*.

§ 165. — Etude d'un trièdre de tête (même figure 224).

(*a*) LES TROIS ANGLES FACES. — Considérons le trièdre formé par les trois tangentes $n'_1 \gamma$, $n'_1 \mu$ et $n'_1 \Psi$, et cherchons-en les éléments. Les trois angles faces sont faciles à connaître.

1° L'angle $\Psi n'_1 \mu$ est en vraie grandeur sur le plan de tête ;

2° L'angle $\mu n'_1 \gamma$ est en vraie grandeur sur le développement de l'intrados (fig. B) en $\mu_1 N_1 X_1$.

---

(1) Par erreur, sur la figure 224, C, la lettre ε'_1 a été omise. Le lecteur devra l'écrire au point de contact, avec l'ellipse de tête, de la tangente issue du point G'_1. De même il faut joindre le point F'_1 au point n'_1.

3° L'angle $\Psi\, n'_1\, \gamma$ s'obtiendra, comme nous allons l'indiquer, en cherchant son rabattement sur le plan de section droite Z O X qui nous a déjà servi pour la recherche du foyer.

A cet effet, remarquons (fig. A') que l'angle que nous cherchons est projeté sur la section droite en $x'n'F'$ et que la droite $F'x'$ est une ligne de front de son plan. Prenons-la comme charnière et rabattons le sommet n' sur le plan de front O Z. Le point n' viendra sur le prolongement de $x'n'$ en un point N_2, et le rayon de rotation $x'N_2$ est en vraie grandeur sur le développement de l'intrados en $N_1 X_1$ (fig. B). Ce qui donne facilement N_1 et, par suite, en vraie grandeur, le troisième angle plan $F'N_2 x'$. Ce tracé très élémentaire peut encore être simplifié par la remarque suivante.

(*b*) Remarque. — Menons, par N_2 (fig. A'), une parallèle $N_2 K'$ à $F'x'$; je dis que le point K', où elle rencontre la verticale du centre, est un point fixe.

Calculons $O'K'$, ou mieux encore $F'K'$.

On a :
$$\frac{\overline{F'K'}}{\overline{F'O'}} = \frac{\overline{x'N_2}}{\overline{x'n'}};$$

mais $\overline{F'O'}$, c'est le paramètre p, et le développement (fig. B) donne $\overline{x'n'} = \overline{X_1 U_1}$ et $\overline{x'N_2} = \overline{N_1 X_1}$; par conséquent :

$$\frac{\overline{x'N_2}}{\overline{x'n'}} = \frac{\overline{X_1 N_1}}{\overline{X_1 U_1}} = \frac{1}{\sin.\ \theta}, \qquad \text{d'où l'on conclut :}$$

$$\overline{F'K'} = \frac{p}{\sin.\ m}, \text{ quantité constante.} \quad \text{C.Q.F.D.}$$

Il est facile de voir que sur l'épure des paramètres (fig. F) la ligne D μ donne la longueur $F'K'$.

Le point K' sera nommé le *point de convergence*; il nous servira pour trouver facilement le troisième angle face de tous les trièdres des voussoirs de tête, ce qui nous permettra de tailler les voussoirs de tête comme nous l'indiquerons plus loin.

Résumons la construction à faire pour cela (fig. 225 ci-contre) :

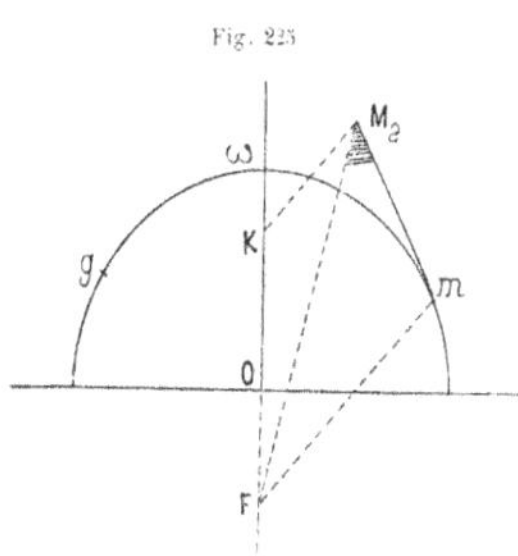

Fig. 225

Soit à trouver cet angle, c'est-à-dire l'angle de l'hélice de lit d'intrados, avec la ligne de joint de tête pour un point m quelconque.

On joint F m (d'après la théorie du foyer, c'est la tangente au joint de tête) ; on mène par le point K, de convergence, la ligne K M_2 parallèle à cette droite jusqu'à la rencontre en M_2 avec la tangente au cercle et on obtient en F $M_2\, m$ l'angle cherché.

Il est facile de voir, par cette construction, que cet angle est aigu pour tous les points à droite du point le plus haut ω, obtus pour ceux de gauche, et qu'il n'est droit que pour le point le plus haut ω.

(*c*) Les trois angles trièdres. — Connaissant les trois angles faces d'un trièdre de tête, on en déduirait facilement les trois angles dièdres. Dans l'appareil orthogonal, un de ces dièdres, celui formé par la surface de lit et par le plan de tête, c'est-à-dire celui qui aurait pour arête la droite qui correspond à $n'_1 \Psi$, serait toujours droit. Les autres varieraient, car ils dépendent du biais de la voûte.

Dans l'appareil hélicoïdal le dièdre correspondant à l'arête $n'_1 \Psi$ ne sera droit que pour le point d'équilibre.

§ 166. — Résumé de l'étude qui précède.

1° L'angle intradossal rectifié ayant été pris plus petit que l'angle intradossal naturel, cela nous donne pour le paramètre $q = r$ cotg. θ cotg. m, une valeur assez grande qui met le point G, foyer supérieur, forcément en dehors du cercle d'intrados, et, par suite, permet d'obtenir des points d'équilibre, en menant les tangentes à ce cercle.

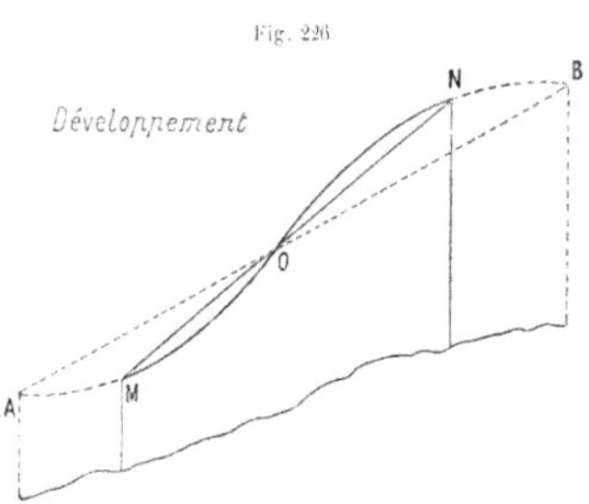

Fig. 226

2° Ces points d'équilibre seront d'autant plus bas que le point G sera plus haut ; ce qui est un avantage, car il serait facile de se rendre compte que l'appareil hélicoïdal s'écarte d'autant plus de l'appareil orthogonal que l'on se rapproche plus des naissances.

3° On aura donc intérêt soit à descendre dans une mesure raisonnable le point d'équilibre, si l'on emploie une voûte plein cintre, soit à supprimer la portion de voûte située au-dessous des points d'équilibre, c'est-à-dire à prendre pour section droite un arc de cercle au lieu d'un cercle complet

4° Le choix d'un arc de cercle au lieu du plein cintre aurait encore un autre avantage : c'est que (fig. 226), si l'on emploie l'arc de cercle, au lieu d'une sinusoïde complète A O B, on n'aura, en développement, qu'une portion réduite de sinusoïde M O N dont la corde M N se rapprochera bien plus de cette portion de sinusoïde que la corde A B ne se rapproche de la sinusoïde complète. Par conséquent, les trajectoires orthogonales des cordes M N se rapprocheront plus encore des trajectoires orthogonales des sinusoïdes et l'appareil hélicoïdal différera moins, dans ce cas, de l'appareil orthogonal.

C. DESSIN DES ARCHES BIAISES. — TAILLE DES VOUSSOIRS

§ 167. — **Dessin des arches biaises** (fig. 227).

(a) ÉPURE EN DÉVELOPPEMENT. — Comme dessin d'ensemble, on donne, en général, le plan (fig. B), la section droite

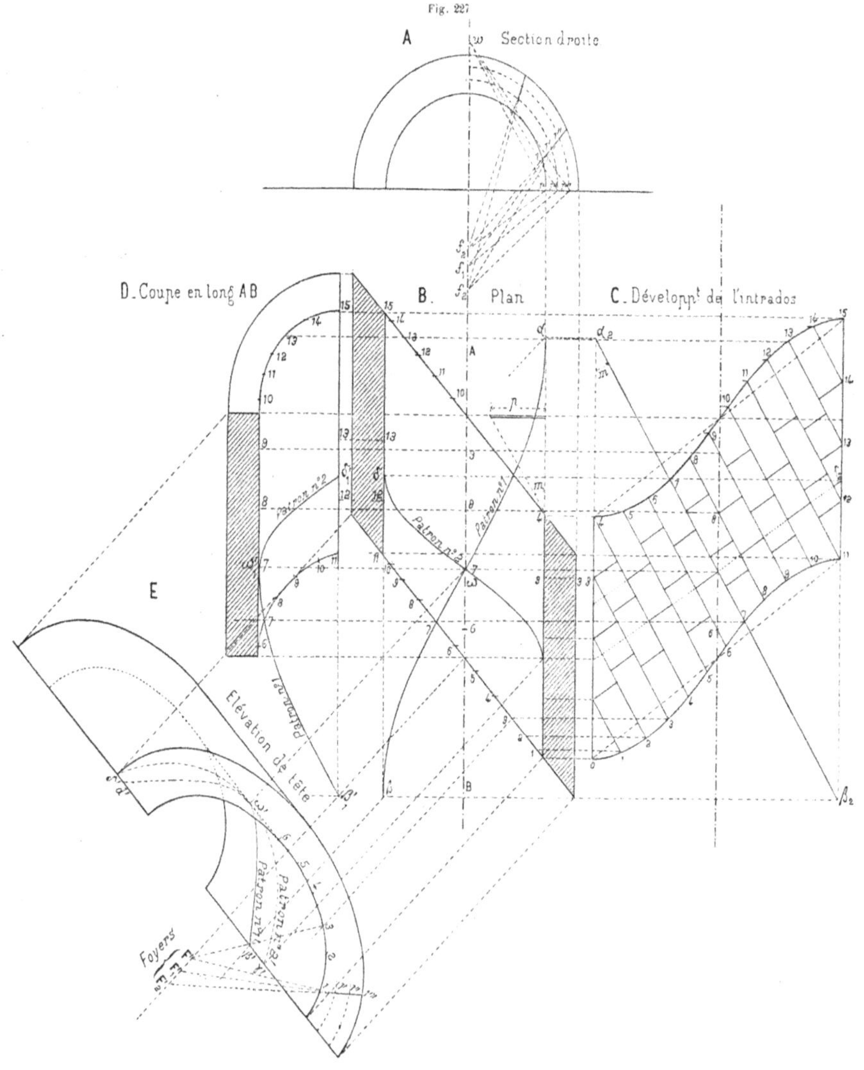

(fig. A), le développement de l'intrados (fig. C), l'élévation sur un plan parallèle aux têtes (fig. E) et une coupe longitudinale passant par l'axe du cylindre (fig. D).

Sur le développement (fig. C), on a tracé les sinusoïdes, transformées des courbes de tête ; on a mené leurs cordes, on a divisé ces cordes en un nombre impair (11 sur l'épure) de parties égales et, opérant comme il a été dit plus haut, on a déterminé en $\alpha_2 \beta_2$ une première hélice de lit et en $\gamma_2 \delta_2$, perpendiculaire à $\alpha_2 \beta_2$, une hélice de joint.

On a fait ensuite, sur le développement (fig. C), la délimitation des voussoirs par des droites parallèles à $\alpha_2 \beta_2$ et à $\gamma_2 \delta_2$.

(*b*) Enroulement de l'intrados. — Préparation des patrons. — On commence par enrouler les deux hélices précédentes.

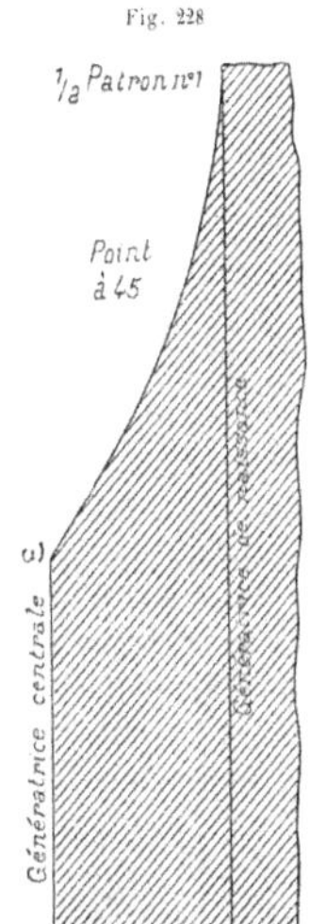

C'est un problème connu et complètement résolu en géométrie descriptive. Nous conseillons pour tracer sur les divers plans, élévations ou coupes, les projections $(\alpha\beta - \gamma\delta)$, $(\alpha'\beta' - \gamma'\delta')$, $(\alpha'_1 \beta'_1 - \gamma'_1 \delta'_1)$, des deux hélices types, de se servir : 1° des points de naissance ; 2° des points ω sur la génératrice centrale ; 3° des points situés sur les génératrices à 45° et qui répondent à un quart de pas.

Cela fait, on découpera dans du carton bristol ou sur du bois de placage, quatre patrons distincts, savoir :

1° Le patron n° 1, qui servira pour les hélices de lit sur le plan et sur la coupe en long, et le patron n° 1′, qui servira pour les mêmes hélices en projection sur le plan de tête ;

2° Les patrons n° 2 et n° 2′, qui répondront aux hélices de joint.

Il est à remarquer que (fig. 228) il suffirait, à cause de la symétrie, de ne tailler que la moitié du patron ; à la condition de s'en servir une seconde fois par retournement. Mais si l'on peut tracer le patron complet, cela vaudra mieux.

Les lignes de repère du patron seront la génératrice de naissance α A et la génératrice centrale ω B.

(*c*) Repérage des patrons sur l'épure. — Comme points de repère, sur l'épure, on aura déterminé sur toutes les projections les points 1 2 3..... 14 15 par lesquels doivent passer les hélices, points situés soit sur les courbes de tête, soit sur la génératrice centrale, soit sur les naissances.

Nous pensons qu'il est inutile d'insister davantage sur ce problème, purement graphique. On devra profiter, comme toujours, de toutes les occasions de vérification qui se présenteront.

(*d*) Joints de tête et panneaux de tête (fig. 227). — Les joints courbes de tête, tels que 1, 1′, 1″, 1‴ (fig. E et A), se traceront approximativement, en utilisant la propriété des foyers, de la manière suivante :

Imaginons que nous ayons divisé l'intervalle entre l'intrados et l'extrados en trois couronnes cylindriques d'égale épaisseur (fig. A) par des cylindres de rayon r' et r''. Nous avons vu plus haut (fig. 224, A″) qu'à chacun d'eux répondait un foyer F′ ou F″ et nous avons donné la manière de les obtenir.

Reportons ces foyers (fig. 227, E) en $F'_1 F'_2$.

Cela fait, joignons F′ au point 1. Nous avons la tangente au départ du joint de tête.

Nous confondons cette tangente avec la courbe, sur un tiers de l'épaisseur de la voûte, ce qui nous conduit en 1′.

Puis nous joignons 1′ au second foyer F'_1 et sur le second tiers de l'épaisseur, c'est-à-dire de 1′ en 1″, nous confondons cette tangente avec la courbe. Enfin nous joignons le point 1″ au troisième foyer F'_2, et, pour terminer, nous arrondissons les angles du polygone 1, 1′, 1″, 1‴ ainsi formé, ce qui nous donne, avec une exactitude bien suffisante, le joint de tête.

Les indications qui précèdent sont suffisantes pour faire comprendre la marche à suivre dans le dessin d'une arche biaise. Pour ne pas embrouiller l'épure, sur les figures B, E et D, nous n'avons représenté que les hélices types et les principaux points de repère.

§ 168. — Taille d'un voussoir courant. — Méthode par équarrissement.

(*a*) Représentation du voussoir. — Nous opérerons à peu près comme nous l'avons fait pour la taille du limon d'escalier.

Soit (fig. 229, A) le plan de l'intrados, vu par dessous. Sur le développement de l'intrados (non représenté ici), on a fait la répartition des pierres et on en a déduit la longueur et la largeur d'un voussoir courant, comptées sur deux hélices $\alpha\beta$ et $\gamma\delta$, que nous nommerons, la première $(\alpha\beta)$ l'hélice moyenne de lit d'intrados, et la seconde $(\gamma\delta)$ l'hélice moyenne de joint.

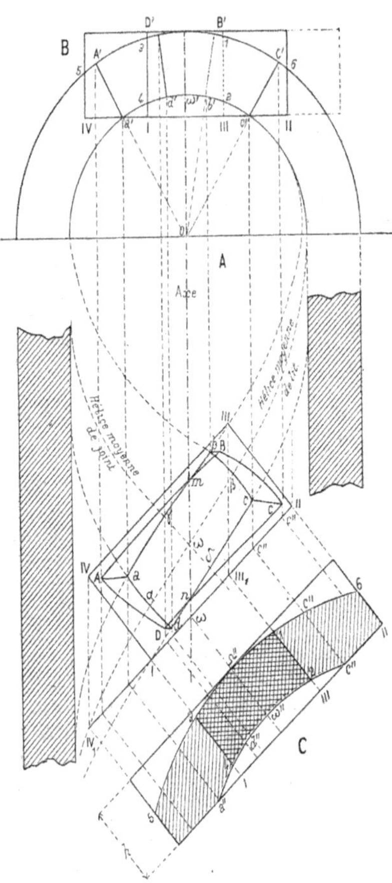

Fig. 229

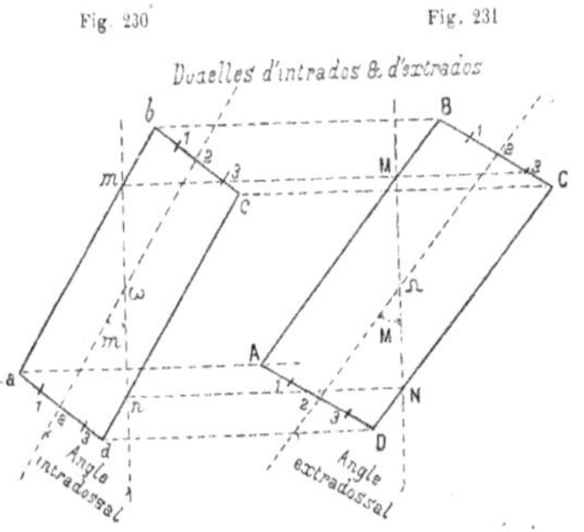

Fig. 230

Fig. 231

Cela fait, on suppose que, faisant glisser le voussoir dans l'assise hélicoïdale à laquelle il appartient, on ait amené le point de croisement ω, des deux hélices moyennes, sur la génératrice milieu du cylindre. Dans cette position, le voussoir présentera une sorte de symétrie qui fera qu'il débordera autant à gauche qu'à droite, et, qu'en élévation (fig. 69, B), ses points les plus bas a' et c' seront au même niveau.

En se servant des patrons de lit et de joint d'intrados et d'extrados, on a pu tracer, en plan, les hélices de lit d'intrados ab, cd, celles d'extrados A B, C D, répondant aux mêmes normales a A, b B, c C, d D, et, de même, les hélices de joint d'intrados et d'extrados, et cela aussi bien en plan (fig. A) qu'en élévation (fig. B). Le voussoir courant est donc complètement représenté.

(*b*) Solide capable. — On enferme alors le voussoir dans un parallélipipède capable de le contenir et le serrant d'aussi près que possible. En élévation, ses faces de dessus et de dessous sont horizontales ; en plan, ses quatre faces verticales I, II, III, IV, sont parallèles aux deux directions générales du voussoir.

(*c*) Cylindres d'intrados et d'extrados. — On procède comme nous avons fait pour le limon d'escalier.

On prolonge les cylindres d'intrados et d'extrados jusqu'à leurs rencontres avec les faces du solide capable ; ce qui donnera, comme intersection, deux ellipses, ou plutôt deux arcs d'ellipse. Sur les faces parallèles I, II et III, IV, supposées indéfinies, les ellipses obtenues seraient superposables.

Pour n'avoir donc à les tracer qu'une seule fois, on suppose que la face III, IV a été entraînée parallèlement aux génératrices du cylindre et est venue se placer en III₁, IV₁ sur le prolongement de la face I, II (1). On cherche ensuite (fig. C), par des reports de hauteurs, la vraie grandeur de ces deux ellipses $a''\ \omega''\ c''$, pour l'intrados, et 5 A'', 3, Ω'', 1, c'' 6 pour l'extrados. Le panneau elliptique ainsi déterminé servira en partie pour la face I, II, en partie pour la face III, IV. On voit (fig. C) par le sens des hachures les portions à affecter à chacune des faces du solide. Le panneau est commun aux deux faces, là où les hachures se croisent.

Ces panneaux une fois appliqués sur les faces du solide et les points qui répondent aux mêmes génératrices numérotés des mêmes chiffres, on prend ces ellipses comme directrices, et les cylindres d'intrados et d'extrados peuvent être taillés.

(*d*) Recherche et application des douelles. — On aura eu soin d'indiquer soigneusement la génératrice centrale d'intrados ω, et celle d'extrados Ω. Puis, on relèvera sur le développement de l'intrados le rectangle qui répond à la douelle d'intrados (fig. 230, a, b, c, d), en ayant soin de marquer la génératrice médiane $m\ \omega\ n$, qui servira de repère.

On aura facilement aussi le parallélogramme (fig. 231), développement de la douelle d'extrados. Il est facile de le déduire du précédent par la considération de l'angle intradossal m et de l'angle extradossal M (construction indiquée sur les figures 230 et 231).

On appliquera ensuite ces deux panneaux flexibles sur les cylindres taillés, en les repérant sur les génératrices médianes $m\,n$ et M N.

(*e*) Taille des vis de lit et de joint. — Les hélices de lit et de joint seront donc, par l'opération qui précède, indiquées sur leurs cylindres respectifs, avec des numéros 1 2 3.... 1 2 3 qui les divisent en parties égales. Il suffira de joindre, par des lignes droites, les points numérotés de même, pour avoir les surfaces de vis.

Coupe des pierres.
Vingt-troisième Leçon

§ 169. - **Taille par la méthode directe.**

(*a*) Esprit de la méthode. — Cette méthode est basée sur la remarque suivante :

Si l'on considère dans une surface gauche quelconque, à plan directeur, trois génératrices suffisamment rapprochées, et si on prend ces trois droites (parallèles à un même plan) pour directrices d'une surface réglée qui, dès lors, sera forcément un paraboloïde, cette dernière surface se rapprochera beaucoup de la première et, dans la pratique, pourra la remplacer.

Dans le procédé de taille directe, que nous allons indiquer et qui est presque exclusivement employé sur les chantiers, on opère comme suit :

1° On commence, en se servant d'une *règle gauche* (1), par tailler une des *vis de lit*, ou plutôt un paraboloïde s'en rapprochant suffisamment ;

2° De cette surface de lit on passe, en se servant d'un *panneau monté* (1), à la douelle d'intrados ;

3° De la douelle d'intrados, en se servant encore d'un panneau monté, on passe à la seconde surface de lit ;

4° On taille les surfaces de joint, qui sont très sensiblement planes ;

5° On termine par l'extrados que l'on se contente souvent de dégrossir.

(*b*) Le paraboloïde substitué a la vis de lit. — Soit (voir le plan fig. 232, A), en $a\,\omega\,b$, une hélice de lit d'intrados (non plus, comme tout à l'heure, l'hélice moyenne d'une douelle, mais une hélice du contour de cette douelle). Prenons sur cette hélice deux points, a et b, équidistants du point milieu ω et pas trop éloignés de ce point ; menons les trois normales $(a\,A — a'\,A')$, $(\omega\,\Omega — \omega'\,\Omega')$, $(b\,B — b'\,B')$. L'une d'elles, $\omega\,\Omega$, est verticale et est projetée tout entière en un point $\omega\,\Omega$ sur le plan horizontal.

Prenons-les pour directrices d'un paraboloïde ; ce dernier se confondra sensiblement avec la vis de lit et pourra lui être substitué pour la taille.

On remarquera que le paraboloïde aurait ses génératrices du second système $(1\,1 — 1'\,1')$, $(2\,2 — 2'\,2')$, etc., horizontales, et ses deux plans directeurs seraient, l'un, le plan horizontal, l'autre, le plan vertical. En réalité, c'est un paraboloïde droit, puisque ses deux plans directeurs sont perpendiculaires l'un sur l'autre.

Remarquons aussi que la directrice centrale $\omega\,\Omega$ est inutile à considérer et qu'il suffirait, pour engendrer ce paraboloïde, de diviser en un même nombre de parties égales, aux points 1 2 3... . 1 2 3....., les segments a A et b D des génératrices, et de joindre par des droites les points correspondants (2).

Les droites de l'espace, a A et b B, occupent, l'une par rapport à l'autre, des positions relatives bien déterminées. Si nous pouvions, dans l'intérieur d'une pierre, non équarrie à l'avance, faire apparaître deux droites occupant ces mêmes positions relatives, il nous serait facile, ensuite, de tailler cette pierre en forme de paraboloïde.

(*c*) Règle gauche. — A cet effet : Imaginons (fig. 232, A) que nous ayons une masse de pierre sur l'emplacement où devra se trouver le voussoir et que, dans cette masse, les deux directrices a A et b B aient été trouvées.

Supposons aussi, pour la facilité du raisonnement, qu'une face H K de cette pierre ait été dressée bien plane ; que sur cette face H K nous ayons appliqué une planche et que nous ayons cloué normalement à cette planche deux autres planchettes en forme de trapèzes A A″ $a\,a$″ et B B″ $b\,b$″ qui seraient les trapèzes projetant les génératrices A a, B b sur la face H K ; nous aurons ainsi (fig. 233) ce que l'on nomme une *règle gauche*.

Pour la construire, on cherchera (fig. 232, B), en A′₁ a′₁ — B′₁ b₁, la vraie grandeur de la face H K.

Elle est obtenue facilement en donnant quartier à la pierre et en y reportant les hauteurs prises sur la figure 232, C.

Quant aux trapèzes A₁ A₂ a₁ a₂, on en a cherché en X et Y (fig. 232, B) les rabattements.

On a : A′₁ A₂ (fig. B) $=$ A A″ (fig. A), etc.

On découpera donc des planchettes ou mieux des lames de zinc épaisses à la grandeur de ces trapèzes X et Y ; on les

---

(1) Nous indiquons plus loin la construction et l'usage de la règle gauche et du panneau monté.

(2) Remarquons aussi, en passant, que l'arc d'hélice, $a\,b$, se confondra sensiblement avec l'arc d'ellipse, section du cylindre, par le plan vertical J L.

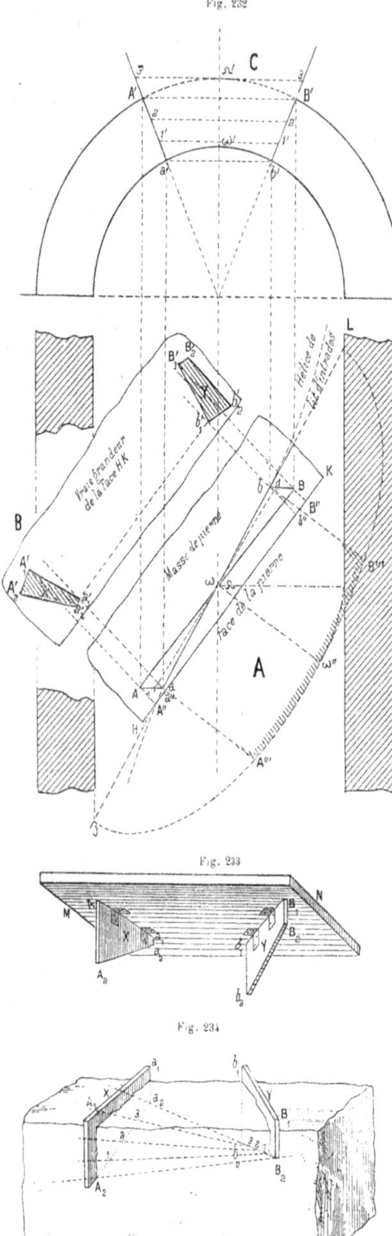

Fig. 232

Fig. 233

Fig. 234

placera (fig. 233) normales à la planche M N, en en appliquant la tranche sur les droites $A_1 a_1 - B_1 b_1$, et on les consolidera, si cela est nécessaire, par de petites équerres. La règle gauche sera construite.

(*d*) Taille du premier lit. — Après quoi, prenant une pierre (fig. 234) grossièrement équarrie, comme elle l'est sortant de la carrière, il suffira de pratiquer deux jouées $A_2 a_2 - B_2 b_2$, telles que, en y présentant la règle gauche, les deux trapèzes X et Y de cette dernière viennent y occuper rigoureusement leur place. Le fond $A_2 a_2 - B_2 b_2$ des jouées ainsi pratiquées donnera les deux génératrices du paraboloïde, que l'on substitue à la vis.

Pour tailler le paraboloïde, on divisera ensuite les droites $A_2 a_2 - B_2 b_2$ en un même nombre de parties égales, aux points 1 2 3..... 1 2 3..... (fig. 234), ce qui permettra d'obtenir autant de génératrices du deuxième système que l'on voudra.

(*e*) Panneau monté. — On voit (fig. 235) sur la perspective cavalière d'une partie du cylindre d'intrados, en $a \omega b$ l'arc d'hélice considéré déjà, et en a A, b B, les normales à l'intrados. De plus on a ajouté, en a M et b N, deux sections droites. Reportons-nous à la figure 232, A, et remarquons que les trois points a, ω et b de la sinusoïde étant en ligne droite, nous pouvons, sans erreur sensible, remplacer l'arc d'hélice $a \omega b$ par l'arc d'ellipse, suivant lequel le cylindre d'intrados serait coupé par le plan J L qui projette horizontalement la droite $a b$ (1). Cette cerce elliptique $a \omega b$ serait facile à établir (fig. 232, A) en rabattant en $A''' B''$ la section faite dans le cylindre d'intrados par le plan vertical qui aurait J $a \omega b$ L pour trace.

Cela posé, matérialisons, pour ainsi dire, toutes ces lignes en construisant le *panneau monté* (fig. 235).

A a M et B b N seront deux *biveaux-cerces* circulaires, en bois ; $a \omega b$ sera une cerce elliptique rattachée en biais aux deux premières. Des traverses de consolidation, non indiquées sur la figure 235, assureront l'invariabilité du système.

Enfin, sur un carton flexible, on relèvera la contre-cerce elliptique F G $a \omega b$, dont la vraie grandeur est fournie en A″ B″ (fig. 232).

(*f*) Taille de la douelle d'intrados. — Le paraboloïde de lit ayant les normales a A et b B pour directrices est supposé taillé comme nous l'avons dit plus haut. On y applique alors, en se repérant sur les deux points a et b, le panneau flexible F G et, en suivant le contour elliptique $a \omega b$, on y marque, avec une pointe traçante, la courbe $a \omega b$, qui nous remplace, sans erreur sensible, l'arc d'hélice.

(1) Voir la note (2) au bas de la page 158.

Cela fait, on présente le panneau monté en appliquant a A sur la normale, génératrice du paraboloïde, et la cerce elliptique sur la courbe qui vient d'être tracée. La cerce circulaire M a prend forcément alors la position d'une section droite, ce qui permet de pratiquer dans la pierre une jouée susceptible de la recevoir exactement.

En déplaçant ensuite le sommet a du panneau monté sur l'arc d'hélice a ω b, et le mettant successivement en a, ω, etc., on pratiquera autant de jouées de section droite que l'on voudra et on en déduira l'intrados en reliant ces sections droites par des génératrices.

(*g*) Taille du second paraboloïde de lit. — Soit en prenant sur les sections droites des arcs égaux entre eux, soit en appliquant sur la douelle qui vient d'être taillée un panneau de forme rectangulaire relevé sur le développement de l'intrados, on pourra tracer l'hélice, ou plutôt la seconde ellipse de lit qui limite la douelle.

Après quoi, en se servant du panneau monté en ordre inverse, c'est-à-dire : appliquant la cerce diagonale a ω b sur cette ellipse et l'autre cerce circulaire sur une des sections droites déjà faites, on pourra faire apparaître deux génératrices du second paraboloïde de lit, ce qui suffira pour en terminer la taille.

Nota. — On voit que le panneau monté peut ne contenir ni la seconde cerce circulaire b N, ni la seconde normale b B. Nous les avons indiquées sur la figure 235, afin de mieux faire comprendre la position du panneau monté ; mais en réalité ce panneau ne comporte que les trois branches aA (ligne droite), aM (arc de cercle) et $a b$ (arc d'ellipse).

(*h*) Surfaces de joint. — Les normales qui les limitent sont apparues sur la pierre par la taille déjà faite. On les divisera en parties égales et, joignant les points de division par des droites, on aura les paraboloïdes de joint. (Ils diffèrent très peu de plans.)

(*i*) Extrados. — L'extrados s'achève ensuite grossièrement et en général sur les voussoirs mis en place.

§ 170. — Voussoirs de tête.

(*a*) Douelle d'intrados. — Pour avoir un voussoir de tête, on commence d'abord par tailler, par l'une des deux méthodes précédentes, un voussoir courant, suffisamment long pour contenir le voussoir de tête demandé.

Puis, se reportant au développement de l'intrados, on voit (fig. 236) qu'un voussoir de tête, limité du côté de l'intérieur de la voûte par une hélice $a b$ normale aux lignes de lit $a c$ et $b d$, est limité du côté de la tête par la sinusoïde $m n$, développement de l'ellipse de tête. Le panneau flexible $a b m n$, relevé sur le développement, sera donc appliqué sur la douelle d'intrados du voussoir courant, et avec une pointe traçante on obtiendra l'arc de tête $m n$.

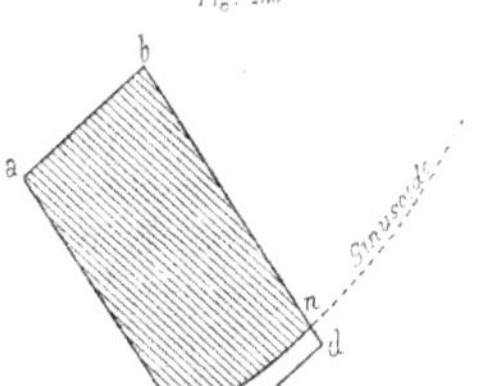

(*b*) Plan de tête. — Pour faire apparaître le plan de tête, il suffirait, puisque l'on a déjà un arc d'ellipse qui lui appartient, d'en connaître une autre droite, ou une autre courbe.

Or, nous avons indiqué plus haut (fig. 225) la manière d'obtenir l'angle que font, entre elles, la tangente à l'hélice de lit et la tangente au joint de tête.

Relevons cet angle sur un carton flexible et, après avoir remarqué que l'hélice de lit et la courbe de tête appartiennent toutes deux au paraboloïde de lit déjà taillé, nous appliquerons ce carton sur le paraboloïde (quoique ce dernier ne soit pas une surface développable). En faisant coïncider un des côtés de l'angle avec la tangente à l'ellipse de tête, l'autre côté nous donnera la direction du joint de tête. Nous pourrons donc faire apparaître ensuite le plan de tête, et, finalement, vérifier la taille en appliquant le panneau de tête sur le voussoir terminé.

(*c*) Voussoirs des naissances. — Les voussoirs de naissance se tailleront d'une manière analogue.

D. ARCHES BIAISES APPAREILLÉES SUR LA TÊTE SEULEMENT

Taille des pierres.
Quatrième Leçon

§ 171. — Appareil dit : « hélicoïdal simplifié ».

(*a*) Description. — Lorsque le corps de la voûte doit être construit en moellons ou en briques, on se contente d'appareiller en pierres de taille les arcs de tête et les sommiers. Alors on simplifie encore les tracés, et aux surfaces de lits et de joints en forme de vis à filets carrés on substitue des lits et des joints plans.

Nous supposerons que la voûte est surbaissée, ce qui est favorable à la simplification que nous allons indiquer (fig. 237).

Le plan A donne en $O\,Z_1$ l'axe de la voûte. La section droite (C) montre en $c'\,a'\,\omega'\,b'\,d'$ le cercle complet de section droite.

Mais la voûte étant surbaissée, on se donne la flèche h de la voûte, c'est-à-dire sa montée, et la partie utile de la section droite est réduite à l'arc de cercle $a'\,\omega'\,b'$.

Néanmoins, nous appellerons r le rayon $o'\,c'$ du cercle complet.

Le plan (A) donne en C D le mur de tête, lequel fait avec l'axe l'angle du biais, θ. On trouve facilement, par des reports de cotes (fig. B) sur l'élévation, la vraie grandeur $C'\,A'\,\Omega'\,B'\,D'$ de l'ellipse de tête, dont la seule partie $A'\,\Omega'\,B'$ est utile. On fait comme à l'ordinaire le développement de l'intrados (fig. D) et l'on obtient, pour transformée de l'arc d'ellipse de tête, l'arc de sinusoïde $A_1\,\Omega_1\,B_1$.

On remarquera combien cet arc de sinusoïde se rapproche de la droite $A_1\,\Omega_1\,B_1$ qui réunit ses extrémités, de sorte qu'en prenant pour lignes de lit les perpendiculaires telles que $\alpha_1\,\beta_1$ à la corde, au lieu des perpendiculaires à la sinusoïde, on commettra une erreur peu sensible.

Dès lors, on divise la corde $B_1\,A_1$ en un nombre impair, neuf par exemple, de parties égales, aux points $1'\,2'\,3'\ldots\,8'\,9'$; on mène par les points de division des perpendiculaires à cette corde ; elles recoupent aux points $1\,2\,3\ldots\,8\,9$ la sinusoïde, ce qui permet, par des lignes de rappel, de déterminer, en plan (fig. A) et en élévation (fig. B), les limites des voussoirs.

Remarque. — Les arcs de sinusoïde $1\,2 - 2\,3$, etc., de la figure D, sont égaux aux arcs de l'ellipse de tête de la figure B, puisque les longueurs se conservent dans le développement.

Sur le développement, les douelles des voussoirs sont limitées aux sinusoïdes $K_1\,K_2$, $L_1\,L_2$ et $M_1\,M_2$, parallèles à la sinusoïde de tête, de telle sorte que, en réalité, dans l'espace, les voussoirs seront limités par des plans de découpe tels que M m, L l, et K k, parallèles au plan de tête (fig. A).

On enroule l'intrados et l'on obtient facilement, sur le plan et sur l'élévation, les projections des hélices qui résultent de l'enroulement des lignes de lit telles que $\alpha_1\,\beta_1$.

(*b*) Plans de lit. — Nous avons vu plus haut que, dans le véritable appareil hélicoïdal, les tangentes aux lignes de sortie des surfaces de lit, sur le plan de tête, passaient par un point fixe F', nommé foyer, et situé à une distance $p = O'\,F'$ (fig. B), au-dessous de l'axe du cylindre, donnée par la formule :

$$p = r,\ \mathrm{cotg.}\ \theta \times \mathrm{tg.}\ m.$$

Nous construirons en S P (fig. A, à droite) la quantité p, comme il a été indiqué, et la reportant (fig. B) de O' en F', nous aurons le foyer.

Dans l'appareil hélicoïdal simplifié, on prend pour lignes de lit, sur la tête, les droites telles que $A'\,F' - g'\,F' - e'\,F'\ldots$ qui aboutissent au foyer. Et, de plus, on s'impose d'avoir des lits plans, au lieu d'avoir des lits en surfaces de vis.

Fig. 237

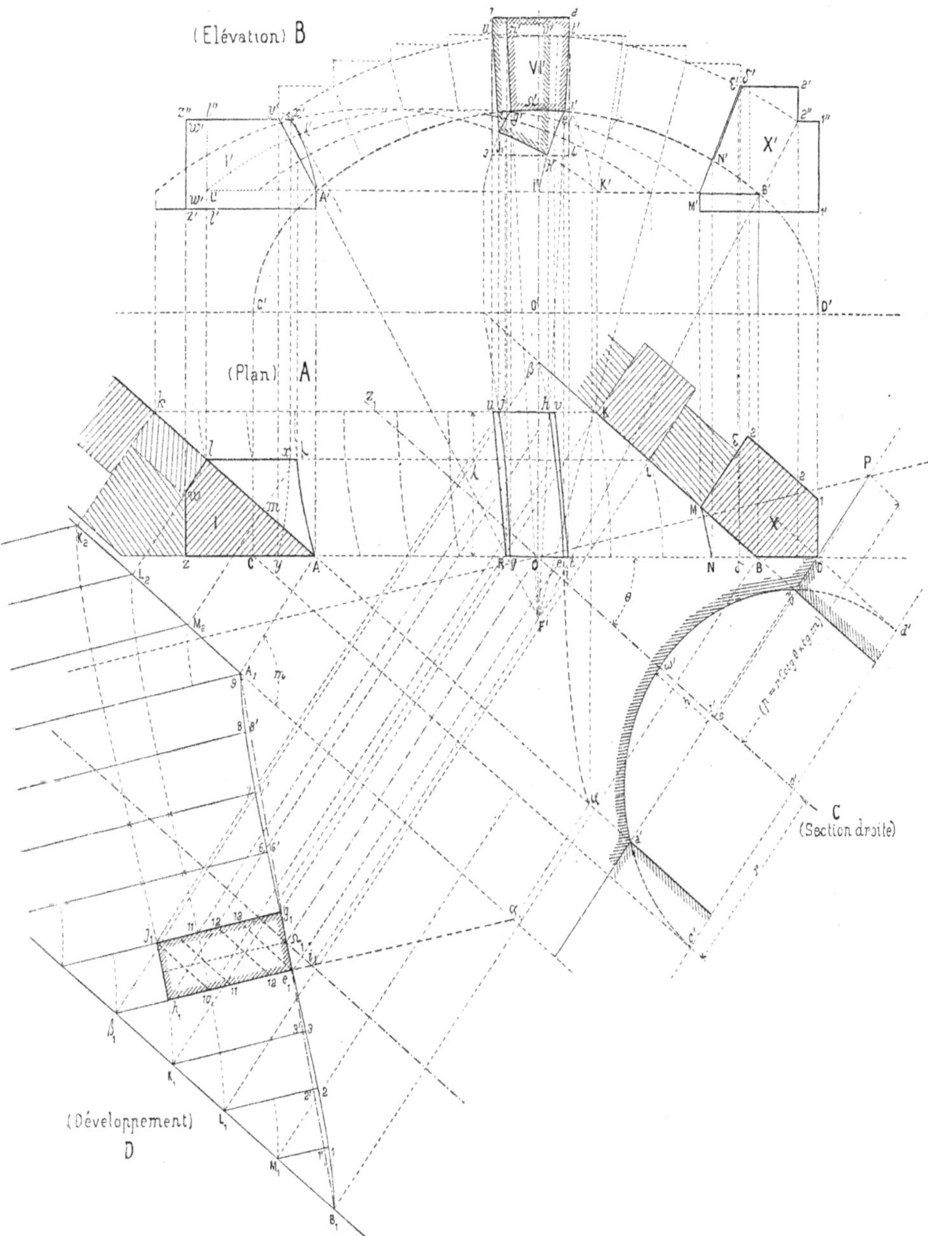

Par conséquent (fig. B), si $j\,g'$ et $h'\,e'$..... sont les projections des arcs d'hélice de lit $j\,g$ et $h\,e$, qui sont les enroulements des droites $j_1\,g_1$ et $h_1\,e_1$ du développement, cette convention d'avoir des lits plans revient à admettre :

1° Qu'un plan de lit, celui de gauche, par exemple, du voussoir VI, est défini par la droite $n'\,g'$ qui converge au foyer et par le point J ', extrémité de l'arc d'hélice ;

2° Que, comme conséquence, ce plan de lit recoupe le plan arrière du voussoir K k, qui est parallèle au plan de tête, suivant une droite J ' u' parallèle à $g'\,n'$;

3° Que, à l'arc d'*hélice* g' J', on substitue l'arc d'*ellipse* suivant lequel ce plan de lit $g'\,u' - n'$ J' recoupe le cylindre d'intrados. Ces deux courbes ne diffèrent pas sensiblement l'une de l'autre.

§ 172. — Taille d'un voussoir.

(*a*) Solide capable et abattage des plans de lit. — Prenons le voussoir n° VI, lequel est figuré à une échelle double (fig. 238). On l'entoure dans un solide capable qui est un parallélipipède rectangle dont la base, prise sur l'élévation (fig. B), est le rectangle 1 2 3 4, et dont la profondeur, λ, est donnée sur le plan (fig. A).

L'élévation donne en $n'\,t'\,e'\,g'$ le panneau de la tête d'avant et en $u'\,j'\,h'\,v'$ celui de la tête d'arrière. On applique les panneaux sur les faces d'avant et d'arrière du solide capable et, dès lors, ayant des directrices telles que $n'\,g'$ et $u'\,j'$, du plan de lit de gauche, cela permet d'abattre les plans de lit.

(*b*) Panneaux de lit. — On cherche alors les vraies grandeurs des panneaux. C'est le problème du rabattement étudié en géométrie descriptive. Pour le résoudre, on pourra rabattre sur un plan horizontal, en prenant comme charnière une horizontale du plan de lit ; mais il vaudra mieux rabattre sur un plan de front, comme l'indique la figure 238. Cette figure reproduit, à une échelle double, le plan et l'élévation du voussoir étudié.

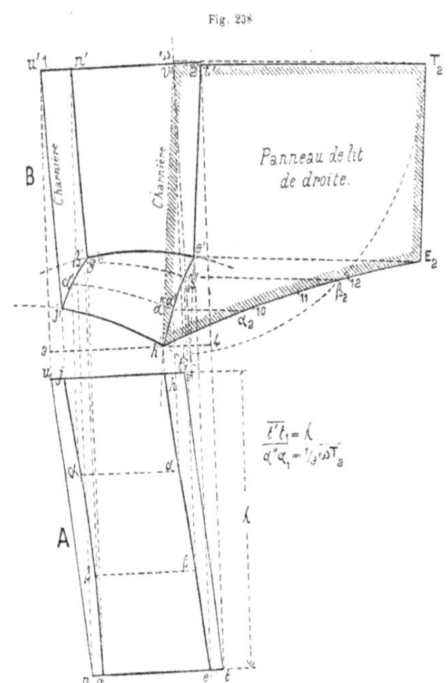

Soit à rabattre, par exemple, le plan de lit de droite, $h'\,e'\,v'\,t'$. On prend, comme charnière, la ligne de front $h'\,v'$ et on rabat sur le plan d'arrière du voussoir.

Le point t' vient en T₂ sur une perpendiculaire $\omega\,t'$ T₂ à la charnière et à une distance ω T₂ de cette charnière, qui est l'hypoténuse $\omega\,t_1$ d'un triangle rectangle qui a pour premier côté de l'angle droit $t'\,\omega$, le rayon de rotation projeté sur le plan vertical, et pour second côté, $t\,t_1 = \lambda'$ la profondeur du point $t\,t'$ en avant du plan de front sur lequel on rabat.

On rabat de même le point e' en E₂ et les points $\alpha'\,\beta'$ de l'ellipse en α_2 et β_2, par la même méthode.

On remarquera que α et β étant dans des plans de front qui sont à 1/3 et à 2/3 de l'épaisseur λ, leurs rayons de rotation sont le 1/3 et les 2/3 du rayon de rotation ω T₂ du point $t\,t'$.

Dès lors, le panneau de lit de droite est connu.

Nota. — Comme vérification, la droite v' T₂ doit être égale à la ligne $r\,t$ du plan ; ce qui permet d'obtenir le point T₂ sans faire la construction du triangle rectangle. On mène la droite $t'\,\omega$ perpendiculaire sur la charnière $r'\,h'$; on met une pointe de compas en v' et avec une ouverture égale à la ligne $v\,t$ du plan, on trace un arc de cercle qui recoupe en T₂ la perpendiculaire $\omega\,t'$ prolongée.

On chercherait de même le panneau de gauche.

Cela fait, on applique les panneaux sur les plans de lit qui sont taillés et, en suivant, avec un crayon, le contour des parties elliptiques telles que $\alpha_2 \beta_2\ldots$, on a des courbes qui appartiennent au cylindre d'intrados.

Pour tailler ce dernier, on aura, sur le développement (fig. 237, D), marqué des génératrices telles que $J_1 10 — 11, 11 — 12, 12$, etc. On aura pris sur ce développement les longueurs $h_1 10 — 10, 11 — 11, 12$, etc., interceptées sur les lignes de lit, et comme, dans l'enroulement, les longueurs se conservent, on les reportera (fig. 238) en $h 10 — 10, 11 — 11, 12$, sur l'ellipse $h' E_2$. On fera de même sur les deux panneaux de lit et, dès lors, ayant les points de départ et les points d'arrivée d'autant de génératrices du cylindre que l'on voudra, ce dernier sera facilement taillé.

Nota. — Les deux sommiers n° I et n° X s'étudieront d'une manière analogue. On remarquera que, afin d'avoir une pierre d'angle plus massive, le sommier de droite n° X, placé du côté de l'angle obtus, est en réalité la réunion de deux voussoirs.

Sur le sommier de droite n° X', l'hélice M N a pour projection verticale une ligne M'N' presque droite et presque normale à l'ellipse de tête. Cela tient à ce que le point N' est très voisin du point d'équilibre.

§ 173. — Cornes de vaches.

(*a*) Définition et utilité. — Considérons une arche biaise (fig. 239). Il est facile de se rendre compte que du côté de l'angle aigu D, les pierres auront leur arête D très fragile. Il est donc nécessaire, surtout si le biais est très prononcé, d'abattre cet angle aigu sur une certaine longueur. On nomme *corne de vache* la surface suivant laquelle l'intrados sera modifié pour obtenir ce résultat.

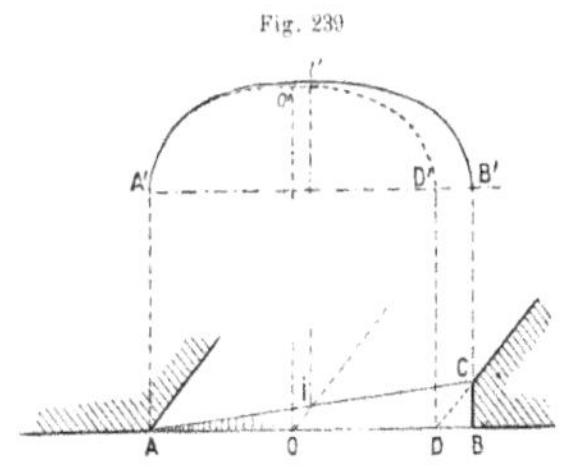

Fig. 239

(*b*) Corne de vache cylindrique (fig. 239). — On coupe l'angle aigu D, par une droite C B perpendiculaire au plan de tête. On joint A C par une droite qui est prise pour trace horizontale d'un plan vertical, lequel recoupe le cylindre d'intrados de l'arche biaise suivant une ellipse A I C — A' I' B'.

La corne de vache est formée par un cylindre qui a cette ellipse pour base et dont les génératrices sont perpendiculaires au plan de tête.

(*c*) Corne de vache conique, dite en bouche de cloche (fig. 240). — On coupe le berceau par un plan C D, parallèle au plan de tête et situé à une profondeur suffisante. Il donne comme section une ellipse C D — C' G' D'. On la prend pour directrice d'un cône dont le sommet S S' est, d'une part, sur la ligne de naissance A C S, et, d'autre part, sur la perpendiculaire élevée au milieu de C D.

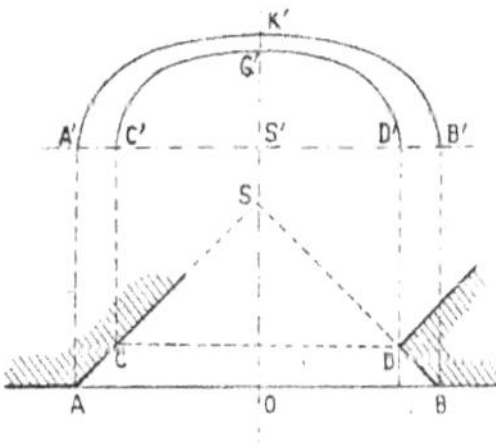

Ce cône recoupe le plan de tête suivant une autre ellipse A B — A' K' B', qui est semblable à l'ellipse C' G' D'. Les axes de ces deux ellipses sont proportionnels. On a donc :

$$\frac{S'\,D'}{S'\,B'} = \frac{S'\,G'}{S'\,K'}.$$

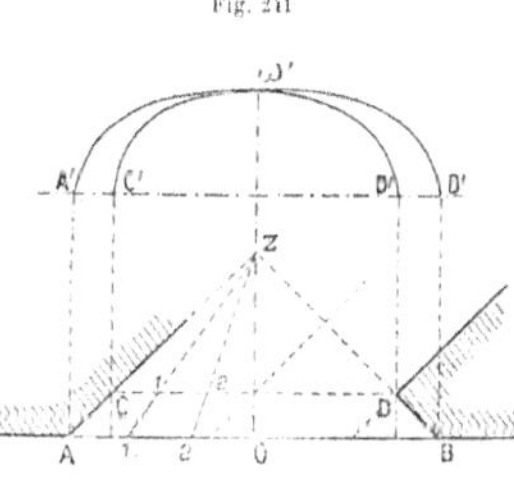

Fig. 240

Fig. 241

(*d*) Corne de vache conoïde (fig. 241). — On coupe, comme ci-dessus, la voûte par un plan C D, parallèle au plan de tête.

L'ellipse C' ω' D', ainsi obtenue, est prise pour directrice d'un conoïde, dont le plan directeur est le plan horizontal, et dont l'axe est la verticale qui a pour pied le point Z.

Ce conoïde recoupe le plan de tête suivant une ellipse A B — A' ω' B', qui a la même montée que l'ellipse C D — C' ω' D'.

TABLE DES MATIÈRES

Bar-le-Duc. — Imprimerie et Lithographie Comte-Jacquet, rue de la Rochelle, 58.